进入21世纪的大气科学

美国大气科学和气候专业委员会
美国地球科学、环境和资源委员会
美国国家研究委员会

郑国光　陈洪滨　卞建春　夏祥鳌　罗云峰　译
陈洪滨　卞建春　郑国光　校

气象出版社

The Atmospheric Sciences Entering the Twenty-First Century is available from the National Academy Press, 2101 Constitution Avenue, N.W., Box 285, Washington, D C 20418(1-800-624-624; http://www.nap.edu).

Copyright 1998 by the National Academy of Sciences. All rights reserved.

Chinese translation copyright@ China Meteorological Press

All right reserved

进入21世纪的大气科学由国家学术出版社出版

原著版权@美国国家科学院

中译本(简体中文)版权@气象出版社 2008

保留所有权利

图书在版编目(CIP)数据

进入21世纪的大气科学/美国大气科学和气候专业委员会等著;郑国光等译. —北京:气象出版社,2008.6
(2009.8重印)

书名原文:The Atmospheric Sciences Entering the Twenty-First Century

ISBN 978-7-5029-4546-6

Ⅰ. 进… Ⅱ.①美…②郑… Ⅲ. 大气科学 Ⅳ. P4

中国版本图书馆CIP数据核字(2008)第093379号

北京市版权局著作权合同登记:图字01-2008-3050号

出 版 者:	气象出版社	地 址:	北京市海淀区中关村南大街46号
网 址:	http://www.cmp.cma.gov.cn	邮 编:	100081
E-mail:	qxcbs@263.net	电 话:	总编室:010-68407112
			发行部:010-68409198
责任编辑:	俞卫平	终 审:	纪乃晋
封面设计:	王 伟		
印 刷 者:	北京中新伟业印刷有限公司		
开 本:	787mm×1092mm 1/16	印 张:	17.25 字 数:450千字
版 次:	2008年6月第1版 2009年8月第2次印刷		
印 数:	2001~5000		
定 价:	60.00元		

本书如存在文字不清、漏印以及缺页、倒页、脱页等,请与本社发行部联系调换。

译 者 的 话

我们已经进入了21世纪。在新的世纪里,我国的大气科学该如何发展?优先发展领域及其效益是什么?优先领域的主要科学问题是什么?解决这些科学问题所需要的关键研究手段和方法是什么?这些都是大气科学界研究人员和管理人员需要了解和不断思考的问题。

在21世纪到来之前,美国大气科学和气候专业委员会(BASC)、地球科学、环境和资源委员会(CGER)以及美国国家研究委员会(NRC),召集了十多位大气科学和气候学家以及十多位资深项目管理者编写《进入21世纪的大气科学》一书,于世纪之交正式出版。我们在读了该书之后,觉得它对我国从事大气科学的研究人员和管理人员都有一定的参考价值,他山之石可以攻玉,所以决定翻译此书,以便更多的科技工作者和刚步入大气科学领域的研究生们参阅。

本书翻译工作的分工是:

郑国光博士翻译"前言"和"概要"的大部分;

罗云峰博士翻译"概要"中的"对大气科学研究的领导"和"领导和管理规划"两节;

郑国光博士和陈洪滨博士翻译第一部分的第一章"引言";

陈洪滨博士翻译第一部分的第二至第四章;

卞建春博士翻译第二部分的第一和第三章;

夏祥鳌博士翻译第二部分的第二章;

陈洪滨博士翻译第二部分的第四和第五章;

陈洪滨博士翻译附录A和B。参考文献未译,列在书的后面。

陈洪滨、卞建春和郑国光对全稿进行了统校。译者还改正了原书中的一些明显文字错误。

由于译者的日常工作都比较繁忙,此书翻译工作多是在晚上或周末完成的,未及逐字逐句地仔细推敲,加之译者的知识面和中英文水平的局限性,书中难免有差错之处,距离"信达雅"甚远。欢迎大家批评指正。如果本书的中译本对读者有些许参考价值,那么译者就深感欣慰,我们的劳动没有白费。

最后,译者感谢陈英女士,近三分之一的译稿由她打字输入;特别感谢俞卫平编审,她负责了本书出版前的校对和编辑工作。

2008年春节完成翻译初稿。

2008年五一节完成校稿。

郑国光、陈洪滨、卞建春、夏祥鳌、罗云峰

2008年5月4日于北京

现任大气科学和气候专业委员会成员

ERIC J. BARRON,(联合主席),Pennsylvania State University,University Park
JAMES R. MAHONEY,(联合主席),International Technology Corporation,Washington,D. C.
SUSAN K. AVERY,Cooperative Institute for Research in Environmental Sciences,University of Colorado,Boulder
LANCE F. BOSART,State University of New York,Albany
MARVIN A. GELLER,State University of New York,Stony Brook
DONALD M. HUNTEN,University of Arizona,Tucson
JOHN IMBRIE,Brown University,Providence,Rhode Island
CHARLES E. KOLB,Aerodyne Research,Inc.,Billerica,Massachusetts
THOMAS J. LENNON,Weather Services International Corp.,Billerica,Massachusetts
MARK R. SCHOEBERL,NASA Goddard Space Flight Center,Greenbelt,Maryland
JOANNE SIMPSON,NASA Goddard Space Flight Center,Greenbelt,Maryland
NIEN DAK SZE,Atmospheric and Environmental Research,Inc.,Cambridge,Massachusetts

工作人员
ELBERT W. (JOE) FRIDAY,JR.,主任
H. FRANK EDEN,高级项目官员 Senior Program Officer
LOWELL SMITH,高级项目官员 Senior Program Officer
DAVID H. SLADE,高级项目官员 Senior Program Officer
LAURIE GELLER,官员 Staff Officer
PETER SCHULTZ,官员 Staff Officer
TENECIA A. BROWN,高级项目助理 Senior Program Assistant
DIANE GUSTAFSON,行政助理 Administrative Assistant

起草本报告的大气科学和气候专业委员会成员

JOHN A. DUTTON（主席），Pennsylvania State University，University Park
ERIC J. BARRON，Pennsylvania State University，University Park
WILLIAM L. CHAMEIDES，Georgia Institute of Technology，Atlanta
CRAIG E. DORMAN，Office of Naval Research，Arlington，Virginia
FRANCO EINAUDI，Goddard Space Flight Center，Greenbelt，Maryland
MARVIN A. GELLER，State University of New York，Stony Brook
PETER V. HOBBS，University of Washington，Seattle
WITOLD F. KRAJEWSKI，The University of Iowa，Iowa City
MARGARET A. LEMONE，National Center for Atmospheric Research，Boulder，Colorado
DOUGLAS K. LILLY，University of Oklahoma，Norman
RICHARD S. LINDZEN,[*] Massachusetts Institute of Technology，Cambridge
GERALD R. NORTH，Texas A&M University，College Station
EUGENE M. RASMUSSON，University of Maryland，College Park
ROBERT J. SERAFIN，National Center for Atmospheric Research，Boulder，Colorado

工作人员
DAVID H. SLADE，高级项目官员、研究主任 Senior Program Officer and Study Director
DORIS BOUADJEMI,[†] 行政助理 Administrative Assistant
GREGORY H. SYMMES，代理主任 Acting Director
WILLIAM A. SPRIGG,[†] 主任 Director
H. FRANK EDEN，高级项目官员 Senior Program Officer
KENT L. GRONINGER,[†] 高级项目官员 Senior Program Officer
PETER SCHULTZ，官员 Staff Officer
LAURIE S. GELLER，官员 Staff Officer
ELLEN F. RICE，报告官员 Reports Officer
TENECIA A. BROWN，高级项目助理 Senior Program Assistant
KELLY NORSINGLE,[†] 高级项目助理 Senior Program Assistant
ANDREW E. EVANS,[†] 项目夏季实习生 Program Summer Intern

---

[*] 没有参与起草本报告
[†] 表示起草本报告期间参与工作的过去的工作人员

地球科学、环境和资源委员会

GEORGE M. HORNBERGER（主席），University of Virginia，Charlottesville
PATRICK R. ATKINS，Aluminum Company of America，Pittsburgh，Pennsylvania
JERRY F. FRANKLIN，University of Washington，Seattle
B. JOHN GARRICK，PLG，Inc.，Newport Beach，California
THOMAS E. GRAEDEL，Yale University，New Haven，Connecticut
DEBRA S. KNOPMAN，Progressive Foundation，Washington，D.C.
KAI N. LEE，Williams College，Williamstown，Massachusetts
JUDITH E. MCDOWELL，Woods Hole Oceanographic Institution，Massachusetts
RICHARD A. MESERVE，Covington & Burling，Washington，D.C.
HUGH C. MORRIS，Canadian Global Change Program，Delta，British Columbia
RAYMOND A. PRICE，Queen's University at Kingston，Ontario
H. RONALD PULLIAM，University of Georgia，Athens
THOMAS C. SCHELLING，University of Maryland，College Park
VICTORIA J. TSCHINKEL，Landers and Parsons，Tallahassee，Florida
E-AN ZEN，University of Maryland，College Park
MARY LOU ZOBACK，United States Geological Survey，Menlo Park，California

工作人员

ROBERT M. HAMILTON，执行主任 Executive Director
GREGORY H. SYMMES，助理执行主任 Assistant Executive Director
JEANETTE A. SPOON，行政官员 Administrative Officer
SANDI S. FITZPATRICK，行政副助理 Administrative Associate
MARQUITA S. SMITH，行政助理/技术分析员 Administrative Assistant/Technology Analyst

美国国家科学院(NAS)是由从事科学技术研究的杰出学者组成的、非营利的自我更新的民间机构,旨在推动科学技术研究及其在公共事业中的应用。根据1863年国会对国家科学院的授权,科学院负有为联邦政府提供与科学技术有关的咨询的责任。Bruce M. Alberts博士是美国国家科学院院长。

美国工程院成立于1964年,与美国科学院类似,该组织荟萃了杰出工程人员。工程院有自主行政权和成员遴选权,与美国科学院一道为联邦政府提供咨询服务。美国工程院还资助为满足国家需求的工程项目,鼓励教育和研究,评选工程人员的突出成果。Willian A. Wulf博士是美国工程院院长。

1970年,美国国家科学院组建医学科学院,为那些从事与公众健康相关的政策事务审查工作的杰出学者提供支持。在国会宪章规定的美国国家科学院授权范围内,医学科学院为联邦政府提供咨询,积极提出与医疗保健、医学研究和教育有关的问题。Kenneth I. Shine是美国医学科学院院长。

国家研究委员会于1916年由美国科学院组建,旨在联系更广泛的科学和技术团体,更好地推动科学技术研究,为联邦政府服务。在美国国家科学院确立的方针之下,委员会已成为美国科学院和美国工程院的主要运行机构,为政府、公众和科学技术界提供服务。委员会由科学院和医学科学院联合管理。Bruce M. Alberts和Willian A. Wulf分别是委员会的主席和副主席。

前　　言

在20世纪，大气科学已从一个新兴的学科发展成为一个全球化事业，为个人、实业和政府提供大量有益信息。通过研究和应用，大气科学为保护生命财产、农业、经济活力和工业活力、空气质量管理、战场决策以及涉及能源和环境的国家政策提供信息。

这篇报告提出一些建议，旨在加强大气科学研究和服务并使其更有益于国家。主要针对那些负责制定大气科学发展计划的人，包括公共部门的领导人和决策人（如立法者和相关联邦机构的负责人），大气科学私营部门的决策者，依赖于大气信息的经济实体的负责人，当然也包括有大气科学专业的大学院系。

现在，大气科学已经从对基础知识的探索扩展到在天气、气候、空气质量和其他环境问题等很宽领域的具体应用。而且，美国大气科学和气候专业委员会(Board on Atmospheric Sciences and Climate；BASC)相信，政府、私营企业以及研究机构之间的联合正在迅速发展并将推动大气科学研究和服务。不管怎样，联邦政府仍然在科研支持方面起着关键而持久的作用，从而保证改进天气预报和警报的能力、减小对有关气候变化和空气质量认识的不确定性，以及为保证国家安全和人民生命能够及时确定未来大气变化所带来的危害和好处。

这项研究得到农业部、能源部、国防部、环保局、国家航空航天局、国家海洋大气局和国家科学基金会的支持。这项研究是由很多科学和工程方面的领导者发起的，旨在获得对于大气科学的问题和优先发展方面的认识。

接着，BASC委员会要求其化学、日地和气候研究常务委员会以及两个特别专家组（大气物理和动力/天气预报）来为BASC评估各个学科所面临的科学挑战、每个学科对国家利益的贡献以及为面对这些挑战所需做的研究。这五个"学科评估"技术报告送交BASC审阅。这里出版这些报告，是因为它们包含很多有价值的观点和建议，可能会引起科研人员和联邦机构的兴趣。

然后，BASC委员会以这些学科评估和源自不同领域的意见为基础，来评价整体大气科学所面临的主要变化。这五个学科评估之中出现了一些显著一致的主题,BASC 以这些主题为依据得以描绘大气科学的未来发展蓝图。

BASC 委员会对大气科学研究和服务的结论和建议既是对学科评估和建议的综合和总结,也是本报告的第一部分。在第一部分中,委员会也指出了通过自身对大气科学现状和将来的广泛调查所得出的一些机遇和挑战。尽管这篇报告主要集中于科学问题,第一部分仍然提出了大气科学研究和服务的国家计划的其他一些关键因素。

第二部分"学科评估"包含五个部分,每一部分分别涉及大气科学的一个主要研究领域。这些领域和研究组的主席分别为:大气物理学,William A. Cooper;大气化学,William Chameides;动力学和天气预报,Kerry Emanuel;高层大气和近地空间,Marvin Geller;气候和气候变化,Eric J. Barron。委员会感谢所有为本研究做出贡献的人,他们的名字将在第二部分相关章节列出。本报告第二部分中学科评估的部分内容已经形成摘要,并用于即将推出的 NRC 报告"全球环境变化:未来十年的研究方向"。

根据 NRC 报告评审委员会批准的程序,21 世纪报告已经由很多具有不同阅历和技术专长的个人审阅。这种独立审阅的目的在于提供公正的鉴定意见,从而有助于作者和 NRC 尽可能地完善所出版的报告,并且保证报告符合公共准则:客观、明白、易于响应。为了保护审议过程的完整和公正性,审阅意见和草稿的内容保密。我们感谢以下参与审阅本报告的个人:

Bruce Albrecht, University of Miami

Richard A. Anthes, University Corporation for Atmospheric Research

Eugene W. Bierly, American Geophysical Union

John S. Chipman, Department of Economics, University of Minnesota

Ralph J. Cicerone, University of California, Irvine

Paul J. Crutzen, Max-Planck-Institut für Chemie

Richard M. Goody, Jet Propulsion Laboratory, California Institute of Technology

Thomas E. Graedel, Yale University

John Hallet, Desert Research Institute

Dennis L. Hartmann, University of Washington

D. A. Henderson, School of Hygiene and Public Health, Johns Hopkins University

James R. Holton, University of Washington

Donald Hornig, Harvard School of Public Health (emeritus)

Donald R. Johnson，University of Wisconsin

Richard S. Lindzen，Massachusetts Institute of Technology

Syukuro Manabe，Institute for Global Change Research Program，Tokyo，Japan

Marcia M. Neugebauer，Jet Propulsion Laboratory，California Institute of Technology

Edward S. Sarachik，University of Washington

Joanne Simpson，Goddard Space Flight Center，National Aeronautics and Space Administration

George Siscoe，retired

Robert M. White，President，Washington Advisory Group

尽管以上所列专家提出了许多建设性意见和建议,但本报告的最终内容的责任仅由作者委员会和NRC承担。

BASC委员会和我本人感谢David H. Slade(资深项目官员和研究主任),他对本报告的组织与撰写贡献很多智慧和精力;感谢Doris Bouadjemi行政助理,她为本报告的出版贡献了很多经验和投入;感谢William A. Sprigg(BASC的前主任),他对委员会的工作及近年来的成就贡献了很多精力、奉献和创新。

专业委员会主席
John A. Dutton

注：以本报告为内容的项目得到美国国家研究协会执行委员会的批准,该执委会成员选自国家科学院、国家工程院和医学科学院。起草本报告成员的选择是基于他们的专业能力及学科间平衡上的考虑。

本项目得到以下部门的资助：农业部、能源部、环境保护局、国防部海军研究所、空军科学研究所、国家航空航天局、国家海洋和大气局以及国家科学基金会(批准号：ATM-9526208)。本出版物中所发表的任何观点、发现和结论都是作者个人的,并不一定反映上述机构部门的观点。

目 录

译者的话
前 言
概 要 ……………………………………………………………………………… (1)
  1 大气科学和其他学科 ………………………………………………………… (1)
  2 大气科学的机遇和使命 ……………………………………………………… (1)
    2.1 大气科学使命1:提高观测能力 ……………………………………… (1)
    2.2 大气科学使命2:研制新的观测手段 ……………………………… (2)
  3 大气研究建议 ………………………………………………………………… (2)
    3.1 大气科学研究建议1:解决在大气边界层中和不同尺度气流之间的
        相互作用 …………………………………………………………………… (2)
    3.2 大气科学研究建议2:拓展既定预报过程至新的领域 ……………… (2)
    3.3 大气科学研究建议3:启动新兴问题的研究 ………………………… (3)
  4 对大气科学领域领导和管理的建议 ………………………………………… (3)
    4.1 领导和管理建议1:发展提供大气信息的战略 ……………………… (3)
    4.2 领导和管理建议2:确保大气信息的通畅获取 ……………………… (3)
    4.3 领导和管理建议3:评估效益和代价 ………………………………… (4)
  5 领导和管理计划 ……………………………………………………………… (4)
  6 学科评估 ……………………………………………………………………… (4)
    6.1 大气物理学研究 ………………………………………………………… (4)
    6.2 大气化学研究 …………………………………………………………… (5)
    6.3 大气动力学和天气预报研究 …………………………………………… (5)
    6.4 高层大气和近地空间研究 ……………………………………………… (6)
    6.5 气候和气候变化研究 …………………………………………………… (6)

第一部分　进入21世纪的大气科学的概述和建议

  Ⅰ.1 引言 …………………………………………………………………………… (9)
    Ⅰ.1.1 四个世纪的历程 ……………………………………………………… (9)
    Ⅰ.1.2 大气科学和其他学科 ……………………………………………… (10)
    Ⅰ.1.3 展望21世纪 …………………………………………………………… (10)

Ⅰ.2 大气科学对国家公益的贡献 ··(12)
　Ⅰ.2.1 生命和财产的保护 ··(12)
　　Ⅰ.2.1.1 预报和预警的需求 ···(13)
　　Ⅰ.2.1.2 气象服务的进步 ···(15)
　Ⅰ.2.2 环境质量保护 ··(16)
　　Ⅰ.2.2.1 氯氟碳化物(CFCs)和臭氧 ···(16)
　　Ⅰ.2.2.2 温室气体和全球变化 ···(16)
　　Ⅰ.2.2.3 气溶胶 ··(17)
　　Ⅰ.2.2.4 大气科学在环境问题中的作用 ···································(17)
　Ⅰ.2.3 增强国家经济活力 ··(17)
　　　附件 天气和气候服务信息的效益 ···(18)
　Ⅰ.2.4 增强基础认识 ··(19)
Ⅰ.3 未来几十年的科学迫切需求和建议 ··(20)
　Ⅰ.3.1 大气科学的迫切需求1：优化和集成观测能力 ·······················(21)
　　Ⅰ.3.1.1 新的观测机遇 ···(21)
　　Ⅰ.3.1.2 观测系统优化和集成的需求 ·······································(22)
　　Ⅰ.3.1.3 观测系统的模拟实验 ···(23)
　Ⅰ.3.2 大气科学的迫切需求2：发展新的观测能力 ···························(23)
　　Ⅰ.3.2.1 大气中的水 ···(23)
　　Ⅰ.3.2.2 风的观测 ···(24)
　　Ⅰ.3.2.3 平流层观测 ···(25)
　　Ⅰ.3.2.4 近地空间观测 ···(25)
　Ⅰ.3.3 大气研究建议1：解决大气边界层及不同尺度气流之间的
　　　　　相互作用 ··(26)
　　Ⅰ.3.3.1 地表过程 ···(26)
　　Ⅰ.3.3.2 与海洋的长期相互作用 ···(26)
　　Ⅰ.3.3.3 云及其效应 ···(27)
　　Ⅰ.3.3.4 气溶胶和大气化学 ···(27)
　　Ⅰ.3.3.5 非线性的基本问题 ···(28)
　Ⅰ.3.4 大气研究建议2：将既有预报过程拓展到新的领域 ···············(28)
　Ⅰ.3.5 大气研究建议3：启动新出现问题的研究 ·······························(30)
　　Ⅰ.3.5.1 气候、天气和健康 ···(30)
　　Ⅰ.3.5.2 水资源 ··(30)
　　Ⅰ.3.5.3 快速增加的大气排放 ···(31)
Ⅰ.4 未来几十年对领导和管理的挑战 ··(32)
　Ⅰ.4.1 领导和管理的建议1：制定提供大气信息的战略 ···················(32)
　　Ⅰ.4.1.1 一个提供天气服务的动态系统 ···································(33)

Ⅰ.4.1.2　大气信息的前景 …………………………………………………… (33)
　　Ⅰ.4.1.3　分发大气信息服务的意义 ………………………………………… (34)
　Ⅰ.4.2　领导和管理的建议2:确保大气信息通畅 ……………………………… (35)
　Ⅰ.4.3　领导和管理的建议3:评估收益与成本 ………………………………… (35)
　　附件　大气研究和服务的联邦资助 …………………………………………… (36)
　Ⅰ.4.4　领导和管理规划 …………………………………………………………… (40)

第二部分　学科评估

Ⅱ.1　进入21世纪的大气物理学研究 ……………………………………………… (45)
　Ⅱ.1.1　概　要 ……………………………………………………………………… (45)
　　Ⅱ.1.1.1　主要的科学目标和挑战 ……………………………………………… (45)
　　Ⅱ.1.1.2　科学战略的关键组成部分 …………………………………………… (45)
　　Ⅱ.1.1.3　支持战略的启动计划 ………………………………………………… (46)
　　Ⅱ.1.1.4　对国家利益的预期效益和贡献 ……………………………………… (46)
　　Ⅱ.1.1.5　推荐的大气物理学研究项目 ………………………………………… (46)
　Ⅱ.1.2　引　言 ……………………………………………………………………… (48)
　　Ⅱ.1.2.1　任务 …………………………………………………………………… (48)
　　Ⅱ.1.2.2　主要研究课题及历史成就 …………………………………………… (48)
　　Ⅱ.1.2.3　未来前景 ……………………………………………………………… (49)
　Ⅱ.1.3　科学挑战和问题 …………………………………………………………… (50)
　　Ⅱ.1.3.1　大气辐射 ……………………………………………………………… (50)
　　Ⅱ.1.3.2　云物理学 ……………………………………………………………… (51)
　　Ⅱ.1.3.3　大气电学 ……………………………………………………………… (53)
　　Ⅱ.1.3.4　边界层气象学 ………………………………………………………… (54)
　　Ⅱ.1.3.5　小尺度大气动力学 …………………………………………………… (56)
　　Ⅱ.1.3.6　学科研究的挑战 ……………………………………………………… (57)
　Ⅱ.1.4　对国家目标的贡献 ………………………………………………………… (70)

Ⅱ.2　进入21世纪的大气化学研究 ………………………………………………… (71)
　Ⅱ.2.1　概　要 ……………………………………………………………………… (71)
　　Ⅱ.2.1.1　主要科学问题和挑战 ………………………………………………… (72)
　　Ⅱ.2.1.2　重要研究挑战 ………………………………………………………… (72)
　　Ⅱ.2.1.3　学科研究挑战 ………………………………………………………… (73)
　　Ⅱ.2.1.4　基础设施启动项目 …………………………………………………… (73)
　　Ⅱ.2.1.5　对国家利益的预期效益和贡献 ……………………………………… (73)
　Ⅱ.2.2　前言和综述 ………………………………………………………………… (74)
　　Ⅱ.2.2.1　使命 …………………………………………………………………… (74)
　　Ⅱ.2.2.2　20世纪回顾 …………………………………………………………… (76)

Ⅱ.2.2.3　学科研究挑战 …………………………………………… (80)
　　　　Ⅱ.2.2.4　突出的研究难题 …………………………………………… (89)
　　　　Ⅱ.2.2.5　基础设施建设项目 ………………………………………… (90)
　　　　Ⅱ.2.2.6　结论 ………………………………………………………… (93)
　　Ⅱ.2.3　环境重要的大气物种:科学问题和研究战略 ……………………… (94)
　　　　Ⅱ.2.3.1　平流层臭氧 ………………………………………………… (94)
　　　　Ⅱ.2.3.2　大气温室气体 ……………………………………………… (98)
　　　　Ⅱ.2.3.3　光化学氧化剂 ……………………………………………… (104)
　　　　Ⅱ.2.3.4　大气气溶胶 ………………………………………………… (107)
　　　　Ⅱ.2.3.5　有毒物质和营养成分 ……………………………………… (109)
Ⅱ.3　21世纪大气动力学和天气预报研究 ………………………………………… (112)
　　Ⅱ.3.1　概　要 …………………………………………………………………… (112)
　　　　Ⅱ.3.1.1　新的研究机遇 ……………………………………………… (113)
　　　　Ⅱ.3.1.2　推荐的关键 ………………………………………………… (114)
　　Ⅱ.3.2　引　言 …………………………………………………………………… (116)
　　　　Ⅱ.3.2.1　基础研究焦点 ……………………………………………… (116)
　　　　Ⅱ.3.2.2　技术发展 …………………………………………………… (123)
　　Ⅱ.3.3　结　论 …………………………………………………………………… (129)
Ⅱ.4　21世纪的高层大气和近地空间研究 ………………………………………… (131)
　　Ⅱ.4.1　概　要 …………………………………………………………………… (131)
　　　　Ⅱ.4.1.1　主要的科学目标和挑战 …………………………………… (131)
　　　　Ⅱ.4.1.2　科学战略的关键部分 ……………………………………… (132)
　　　　Ⅱ.4.1.3　未来十年及数十年的科学需求 …………………………… (132)
　　　　Ⅱ.4.1.4　对国家福祉的预期效益和贡献 …………………………… (133)
　　　　Ⅱ.4.1.5　高层大气和近地空间研究任务 …………………………… (133)
　　Ⅱ.4.2　引　言 …………………………………………………………………… (134)
　　　　Ⅱ.4.2.1　太阳 ………………………………………………………… (134)
　　　　Ⅱ.4.2.2　行星际空间 ………………………………………………… (134)
　　　　Ⅱ.4.2.3　磁层 ………………………………………………………… (135)
　　　　Ⅱ.4.2.4　电离层和高层大气 ………………………………………… (135)
　　　　Ⅱ.4.2.5　中层大气 …………………………………………………… (136)
　　　　Ⅱ.4.2.6　宇宙射线 …………………………………………………… (136)
　　　　Ⅱ.4.2.7　优先研究 …………………………………………………… (136)
　　Ⅱ.4.3　对气候和生物圈重要的平流层过程 ……………………………… (139)
　　　　Ⅱ.4.3.1　平流层臭氧 ………………………………………………… (141)
　　　　Ⅱ.4.3.2　火山效应 …………………………………………………… (144)
　　　　Ⅱ.4.3.3　太阳效应 …………………………………………………… (145)

Ⅱ.4.3.4　准两年振荡效应 ………………………………………… (145)
　　Ⅱ.4.3.5　飞机的大气效应 ………………………………………… (146)
　　Ⅱ.4.3.6　平流层在气候和天气预报中的作用 …………………… (147)
　　Ⅱ.4.3.7　关键创新点 ……………………………………………… (148)
　　Ⅱ.4.3.8　成功的度量 ……………………………………………… (149)
　Ⅱ.4.4　空间天气 ……………………………………………………………… (149)
　　Ⅱ.4.4.1　科学基础 ………………………………………………… (151)
　　Ⅱ.4.4.2　关键的科学问题 ………………………………………… (158)
　　Ⅱ.4.4.3　过去和现在的研究活动 ………………………………… (160)
　　Ⅱ.4.4.4　关键的创新 ……………………………………………… (161)
　Ⅱ.4.5　中高层大气全球变化 ………………………………………………… (162)
　　Ⅱ.4.5.1　科学背景 ………………………………………………… (163)
　　Ⅱ.4.5.2　关键的科学问题 ………………………………………… (165)
　　Ⅱ.4.5.3　关键创新点 ……………………………………………… (165)
　　Ⅱ.4.5.4　对解决社会问题的贡献 ………………………………… (168)
　　Ⅱ.4.5.5　成功的测度 ……………………………………………… (169)
　Ⅱ.4.6　太阳的影响 …………………………………………………………… (169)
　　Ⅱ.4.6.1　在一个太阳周期的太阳能量输出 ……………………… (170)
　　Ⅱ.4.6.2　区分太阳和人为效应 …………………………………… (171)
　　Ⅱ.4.6.3　太阳对地球高中层大气的影响 ………………………… (174)
　　Ⅱ.4.6.4　太阳活动周期的物理基础 ……………………………… (176)
　　Ⅱ.4.6.5　太阳行为的长期变化:太阳型恒星(solar-type star) … (177)
　　Ⅱ.4.6.6　关键创新点 ……………………………………………… (180)
　　Ⅱ.4.6.7　对解决社会问题的贡献 ………………………………… (180)
Ⅱ.5　进入21世纪气候和气候变化研究 ……………………………………………… (181)
　Ⅱ.5.1　概　要 ………………………………………………………………… (181)
　Ⅱ.5.2　引　言 ………………………………………………………………… (184)
　Ⅱ.5.3　使　命 ………………………………………………………………… (185)
　Ⅱ.5.4　21世纪展望 …………………………………………………………… (185)
　　Ⅱ.5.4.1　20世纪回顾 ……………………………………………… (186)
　　Ⅱ.5.4.2　科学问题 ………………………………………………… (200)
　　Ⅱ.5.4.3　21世纪气候研究的关键驱动力 ………………………… (200)
　Ⅱ.5.5　气候研究的目标和需求 ……………………………………………… (204)
　　Ⅱ.5.5.1　目标1 …………………………………………………… (204)
　　Ⅱ.5.5.2　目标2 …………………………………………………… (207)
　　Ⅱ.5.5.3　目标3 …………………………………………………… (209)
　　Ⅱ.5.5.4　目标4 …………………………………………………… (210)

　　　　Ⅱ.5.5.5　目标 5 ……………………………………………………… (211)
　　　　Ⅱ.5.5.6　目标 6 ……………………………………………………… (212)
　　　　Ⅱ.5.5.7　目标 7 ……………………………………………………… (214)
　　Ⅱ.5.6　气候研究优先领域 ………………………………………………… (215)
　　　　Ⅱ.5.6.1　建立一个永久气候观测系统 ……………………………… (215)
　　　　Ⅱ.5.6.2　通过集成历史和替代资料的发展扩展器测气候记录 ……… (216)
　　　　Ⅱ.5.6.3　继续和加强诊断分析和过程研究以揭示关键气候变率和
　　　　　　　　　变化过程 …………………………………………………… (216)
　　　　Ⅱ.5.6.4　建立和评估气候模式,使模式更加综合,包括气候系统的
　　　　　　　　　所有主要子系统 …………………………………………… (217)
　　　　Ⅱ.5.6.5　交叉需求 …………………………………………………… (218)
　　Ⅱ.5.7　对国家目标和需求的贡献 ………………………………………… (218)

参考文献 ………………………………………………………………………… (220)
附录 A　缩写词索引 …………………………………………………………… (233)
附录 B　大气科学委员会和大气科学与气候委员会自 1958 年以来的
　　　　　　报告一览表………………………………………………………… (238)
中文索引 ………………………………………………………………………… (241)

概　　要

在20世纪,大气科学在帮助社会预测大气现象和事件的能力方面已经取得了显著进展。今天,由于观测和遥感能力的提高为大气过程提供了更加精细的资料,大气科学仍然在不断进步。此外,对物理机制的进一步认识、新一代模式的发展和高性能计算机的结合使得大气模拟和预报能力得到很大提高。这些进步使得大气科学和气候专业委员会(BASC)对进入21世纪的大气科学有了以下认识:

>   大气观测手段的进步,对大气过程的进一步认识以及技术的提高将会持续提高大气分析和预报的分辨率和准确度。因此,社会对气象信息和预报的信任度将会提高,并能够做出更果断和有效的反应。

1　大气科学和其他学科

从设计上看,这篇报告聚焦于大气,但仍考虑到大气与地球的其他部分及其环境之间的密切相互作用。在大气与海洋、地球表面、地球生物圈以及近地空间环境之间的质量和能量通量决定了大气过程和事件的结构和演变。这个报告侧重大气研究,但也强调大气科学的社会影响,包括大气过程认识的进步对环境和社会健康和福利带来的效益。

2　大气科学的机遇和使命

在BASC研究大气科学的进展和未来的时候,集成观测系统和关键变量的新观测结果变得越发重要显然成为一个当代重要议题,它们也就形成了委员会两个最优先建议的主题,称为"使命"。

2.1　大气科学使命1：提高观测能力

>   大气科学团体和相关的联邦部门应该为优化全球大气、海洋和陆地的观测制订一个具体的计划。该计划应该考虑到天气、气候和空气质量的监测需要以及为改进天气、气候、大气化学、空气质量以及近地空间物理现象数值预报模式提供信息的需要。这个过程应该涉及研究与业务部门之间的持续互动,并且应该描绘关键的科学和工程问题。所提出的国内和国际观测系统的框架应在观测系统模拟实验的帮助下加以检验。

此外,科研和服务发展的新机会导致了第二个使命。

2.2 大气科学使命 2：研制新的观测手段

与大气科学有关的联邦部门应该制订一个策略、重点和计划用以发展新的观测手段来观测一些关键变量,包括各个相态的水、风、气溶胶以及与近地空间现象相关的化学成分和变量,所有这些观测均包括与预报和应用相关的各种空间和时间尺度。获取这些观测结果的可能性应在使命1中的最优观测系统的研究中加以考虑。

当代大气数值模式充分可调且强大,可以预报或模拟各种不同尺度的现象,如气候变化、空气污染以及天气预报。然而,对与预报相关的时间和空间尺度的关键变量的观测结果,对提高这类数值模拟和预报是十分重要的。

3 大气研究建议

本报告第二部分五个学科评估的共同主题可归纳为两组非常不同的建议：一个直接关系到大气研究和相关问题；另一个则涉及领导和管理。

3.1 大气科学研究建议 1：
解决在大气边界层中和不同尺度气流之间的相互作用

联邦政府和国际机构支持的主要天气、气候和全球观测计划应该侧重于提高对大气与地球系统其他部分之间以及不同尺度大气现象之间的相互作用的认识。这些计划包括美国天气研究计划、美国全球变化研究计划以及其他一些支持大气研究的机构,都需要对这些相互作用进行观测、理论和模式研究。

当代大气研究认识到必须把地球环境各个部分作为一个耦合系统来认识、模拟和预报。关键科学问题聚焦于对流层与地表以及与对流层以上各层之间的能量、动量和化学成分之间的交换。

3.2 大气科学研究建议 2：
拓展既定预报过程至新的领域

有关部门和科学机构应该制定一个战略和实施计划,来启动气候变化、关键化学成分、空气质量和空间天气事件的试验预报并充分利用既定预报过程。

随着大气过程数值模拟的发展,既定预报过程(观测、预报、评估准确度、改进方法)的影响已经大大增强,因为可以很容易地精确定量比较预报和实际观测结果,而且模式的不同修改方案可以不断地用来研究复杂个例,大气科学的几个分支正在通过既定预报的应用来发展和提高制作定量预报的能力。这些机遇包括气候预报、大气化学和空间天气。

3.3 大气科学研究建议3：
启动新兴问题的研究

科研团体和有关联邦部门应该开展一些与以下方面相关的新兴问题的跨学科研究：(1)气候、天气和健康；(2)气候变化中的水资源管理；(3)向大气排放的迅速增加。

建议中提出的这些新问题需要引起广泛学科领域的大气科学家以及与人文有关的合作者的注意。

4 对大气科学领域领导和管理的建议

BASC建议，与制订计划有关的领导及管理问题和优先发展领域应及时地得到整个大气科学界(包括联邦机构、专业协会以及科研和私人机构)的重视。

4.1 领导和管理建议1：
发展提供大气信息的战略

气象科研和服务的联邦协调机构应该组织一次彻底检查，检查分发大气信息的国家系统在变得更加分散过程中所出现的问题。这样的研究必须包括主要联邦部门、私营机构、科学和专业组织，并且帮助制定一个战略计划。

由于下述原因，国家天气信息系统正在经历快速的变化：

1. 全球天气和气候资料的定量信息、可视化和预报结果，在全球信息网上很容易获取；
2. 计算机之间的通信使得依赖于天气的机构在其决策过程中更容易便捷地使用大气信息。

4.2 领导和管理建议2：
确保大气信息的通畅获取

联邦政府应该直接、主动地通过维护大气观测结果在所有国家之间自由、公开的交换和资料在科学家之间自由、公开的交流，来保障大气科学研究和服务的发展。

对分散资源依赖的不断增强对于大气数据和信息的获取具有很大影响，尤其是一些国家和机构提出限制电子数据获取的方案以后。长期以来，以下两个原则制约了美国对于国际大气数据的传统观点：

1. 为公共事业而受公共资助所获取的数据应该供公共所有；
2. 大气观测结果的免费、公开交换将加强所有国家对大气的科学研究、认识和服务。

4.3 领导和管理建议 3：评估效益和代价

通过与相关联邦部门、咨询和专业组织的合作，大气科学界应该启动交叉性学科研究，研究天气、气候和环境信息服务的效益和代价。

检查大气部门效益和代价的目的，一方面是确保投资于大气科学研究和服务的经费在服务于国家利益上是值得的；另一方面是帮助确定新的大气研究和服务方向从而对公众和私人机构提供最大的收益。

5 领导和管理计划

BASC 相信，一个国家的研究环境需要有很强的学科计划机制。这个观点正由显而易见的当代现实所证实：大气科学领域发展和服务的潜力远比现有资源丰富。因此，学科发展方向的制定必须有全局的观点和合理的优先领域。大气科学事业的所有参与者，无论是政府部门、大学，还是广大的私人机构，都必须参与进来，形成一个有效的团队，关注未来。无论过去还是将来，对优先领域和取得的进步，对资源和成果，都必须要有明确的责任。

6 学科评估

为了评估科学现状和展望未来，BASC 要求其三个常任委员会和两个临时专家组分别准备评估：分析关键科学问题，为每一个分支确定主要机遇和启动计划，并为未来 10 到 20 年的发展提出科学和计划议程。

这些评估聚焦于基础科学和对社会服务两个方面的进展。对于不远的将来，他们强调对具有显著社会效应的大气现象的预报，建议致力于预报气候季节变率、化学过程和空间天气现象中的重要方面。对于更远的未来，他们强调从年代到百年时间尺度的气候变率的分辨率以及预测气候变率的可能性。

6.1 大气物理学研究

大气物理学研究大气中的物理过程，其中包括大气辐射、云物理学、大气电学、边界层过程和小尺度大气动力学。除非发现增补的和有条理的原理，大气物理过程的复杂性和相互作用特性通常制约预报。

这里提出 3 点科学战略建议：

(1) 发展和验证预报小尺度物理过程对大尺度大气现象影响的能力。

(2) 发展定量描述，描述对大气中水物质所测得的分布具有确定作用的过程和相互作用。

(3)改进实施关键观测结果的能力,用以支持大气物理学的研究。

实施这些战略需要特别致力于研究各种不同过程之间的相互作用,这些过程包括大气辐射、云和水循环的其他部分、气溶胶、大气电学、边界层气象和小尺度动力学。这些研究将需要基于现代概念和技术的新的观测和分析方法。

6.2 大气化学研究

对环境重要的大气化学成分,由于其辐射和化学特性会影响气候、关键生态系统和所有生物。未来几十年对大气化学研究的挑战是研发所必需的工具和科学设施,来描述和预报这些成分在局地、区域和全球空间尺度以及从日到年代时间尺度上的浓度和效应。这些对环境重要的大气化学成分包括平流层臭氧、温室气体、光化学氧化剂、大气气溶胶、有毒气体和营养物。

大气化学研究领域建议的战略包括:

(1)通过发展监测网来记录大气的化学气候和气象;

(2)发展和评价大气化学和空气质量的预报模式;

(3)通过收集和评价空气质量资料提供对环境管理活动效能的评估;

(4)对重要环境成分以及将它们耦合在一起的化学、物理和生物相互作用,发展整体的且综合的认识。

促进大气化学研究和应用所需要的设施包括:

- 全球观测系统;
- 地面交换的测量和生态揭示系统;
- 环境管理系统;
- 仪器研制和技术转移计划;
- 研究凝结相和异质化学的设备。

6.3 大气动力学和天气预报研究

在天气现象形成中的大气相互作用方面的研究进展将直接提高天气预警和预报。建议的研究内容包括:

(1)优化观测系统,更好地收集和利用海洋上的资料以及把新的和现有观测优化组合。

(2)发展伴随技术,瞄准特定的大气目标区域以取得特殊观测结果将大大减小预报误差。

(3)维持实地观测,尤其是要停止破坏全球探空网以及其他实地观测。

(4)强调陆—气相互作用,对其进行更好的观测和认知可能是提高对流、降水和季节气候预报的关键。

(5)改进水汽的观测结果(包括提高观测的精确度和分辨率)来改善各类预报。

(6)加强季节预报,这就需要进一步认识大气内部变率及其与海洋和陆地上长时间尺度现象相互作用之间的相对重要性。

(7) 加强热带气旋运动和强度的研究,尤其是研究热带气旋运动和强度变化的物理学,研究热带气旋与海洋上层的相互作用,以及为飓风预报设计最优组合的观测系统。

6.4 高层大气和近地空间研究

人类造成的及自然形成的高层大气和近地空间的变化现在日益增强地影响着全球环境和社会活动。对了解和减轻这些影响,高层大气和近地空间研究必须开展以下四个方面的科学研究:

(1) 平流层过程影响气候和生物圈,包括平流层飞机、损耗臭氧的化学物质、火山喷发和太阳演变的影响。

(2) 空间天气,近地空间环境的短期变化对于卫星运行、空间人类健康、通信系统和电网运行有重要影响。

(3) 中高层大气对自然和人为影响的全球变化响应对于低层大气有重要影响。

(4) 太阳活动对全球气候系统的影响,可能非常显著,但必须与其他自然影响以及与人类活动所引起的气候影响区别开来。

必须优先进行空间天气业务预报的研究,加强研究太阳变率的成因以及日地系统模式。

6.5 气候和气候变化研究

气候研究是为了认识气候和气候变化的物理和化学基础,从而预测季节到年代和更长时间尺度的气候变率,评估人类活动对气候的影响,确定气候变化对人类活动和环境的影响。气候变化领域三个主要科学目标是:

(1) 认识季节至世纪时间尺度气候自然变率的机制,并且评估它们的相对重要性。

(2) 发展气候变化预报、应用和评价的能力。

(3) 预测气候系统的变化并把它们与人类活动联系起来。

达到这些目标的最高优先级战略是:

- 形成一个永久的气候观测系统。
- 开发历史综合和替代资料系列延伸气候观测记录。
- 继续并扩展诊断分析和过程研究工作以阐明关键的气候变率和变化过程。
- 构建并评价日益综合的模式并把气候系统中所有重要部分都结合进去。

第一部分

进入 21 世纪的大气科学的概述和建议

Ⅰ.1 引　言

我们生活在大气中，它影响着我们的活动和心理状态，大气中的雷暴威胁着我们的生命和财产安全，大气的气候和成分影响着自然和我们的社会活力。今天，随着大气科学不断的发展增进了我们对大气的认识，因而也不断增强我们帮助社会预防大气事件的能力，我们见证了一个加速的进程。观测技术和战略不断进步，有助于更好地认识大气、海洋和陆地之间的相互作用。物理和数学认识的增强使得我们可以使用越来越强的计算机来组织观测，并用于天气、气候和空气质量的预报。这些进步将有助于大气科学发展崭新和改进的能力以服务社会，并为进入21世纪的大气科学带来一个使命：

> 大气观测的改进、大气过程的深入认识和技术的进步，将继续提高大气分析和预报的准确度和分辨率。结果，社会将更加相信大气信息和预报，并将能够更加果断、有效地采取行动。

实现这一使命需要聚焦于观测和模拟的基础设施上、最有前景的研究任务上，以及投资保证机制研究上，从而确保对大气研究和业务的联邦投资是有效的，并在21世纪前期对国家产生重要影响。

Ⅰ.1.1　四个世纪的历程

现代大气科学的理论基础建立于过去的四个世纪，始于17世纪的气体研究和牛顿运动定律，然后是19世纪后期的热力学和辐射理论。在北美，气象学和气候研究开始于殖民时期Benjamin Franklin(富兰克林)对大尺度锋面过境、东海岸雷暴以及闪电与电学关系的研究。

在20世纪初，观测资料的电报传送和航空、农业以及其他活动的需求刺激了气象学研究和雷暴及锋面系统概念模型的发展，使得粗略的短期预报成为可能。随着技术开发产生的重要进展，大气科学稳步发展。应用于大气分析和预报的当代技术，包括了遥感卫星、测雨和测风雷达、激光系统和强大的数字计算机。大气科学螺旋式发展：观测激发新理论，反过来理论和新认识激励新的观测以及新的认识和预报能力。

近几十年，大气科学重点已同时移向两个方向：朝向涉及物理过程的更小空间和时间尺度以及朝向涉及气候和环境变化演变和预报的更大尺度。此外，还有更加强调大气化学和高层大气过程的预报。在所有情况下，都要求观测、理论和计算机模式相结合来提供新的认识和预报。

I.1.2 大气科学和其他学科

为了正确评价大气科学在认识我们这个地球中的关键作用,我们想象一下没有大气层的地球吧。地球表面起伏不平,被流星撞击得坑坑洼洼。紫外线和太阳耀斑粒子流肆意撞击着地表,生命无法存在。昼夜温差以及赤道和极地间温差巨大得惊人。这一荒芜的行星与我们的绿色地球家园之间的天渊之别就源于大气层的存在。

大气层保护地球上的生命免受空间的灾难,并且提供全球输送系统以维持生命所需的资源。除了应对自身的科学挑战外,大气科学还在许多学科中提出重要问题,同时又从这些学科中获得知识创造更加真实的图像来描绘形成大气行为的力和约束条件。

海洋学可能是大气科学最密切的科学伙伴。海面是大气的一个关键边界,反过来大气也给海洋提供了一个关键边界。通过它们的共同交界面,大气和海洋交换能量、动量和一些重要化学成分(最值得注意的是不同形态的水)。由于海洋和大气如此密切地相互作用来限定和控制地球环境,以致当前许多涉及气候与气候变化的重大项目都需要两个学科的合作研究。

大气和海洋环流认识的发展已为地球科学研究打开了新的领域,提供独立的、基于物理学的气候估计,激发出新的思想和验证一些结论。大气化学研究对化学反应、源和汇提供新的认识,增强对全球化学演变的理解。气候条件造就了生物的分布,因此科学家在为种群或生态系统确定动植物的最佳(生存)条件和限制时必须考虑气候条件。

今天,人体健康对天气和气候的反应正变得显见。与酷热和呼吸问题有关的人体反应不断增长,因为气候变率影响有病菌者和传染病携带者。还有,皮肤癌的发生和免疫系统的活力两者似乎都与到达地表紫外辐射的强度有关,因此均受到大气化学成分变化的影响。

在 1963 年,著名物理学家 Alvin M. Weinberg 辩解说,各种学科的相对科学价值可以用它们对其他学科的影响来评估,即是说"最具科学价值的领域是对邻近科学学科具有最大贡献并将邻近学科照得最亮的领域"。在此意义上,大气科学在地球及地球生物系统研究学科中地位很高。

I.1.3 展望21世纪

随着世纪的交替,大气科学充满新的重点领域,并对社会产生更加突出的贡献。同时,信息革命正史无前例地驱动着经济活动和国家政策产生根本的、世界范围的变化。当代社会的某些方面对大气事件愈加敏感,因此,及时、准确的信息对于关键决策的支持愈加有价值。此外,随着地球人口增长和经济加速发展,人类活动可能以我们还未完全认识的方式和方向影响着大气-海洋-陆地系统。

随着大气问题变得更加复杂化和多学科化，要研究的问题越变越多，联邦的资助相应地变得更加缺乏。因此，确立大气科学的优先研究领域就变得特别的紧迫，同时发展基础认识和有效满足国家需求。当21世纪到来时，通过自身能力的加强和用户信心的增长，两者协同地提高大气科学的效益将是大气科学成功的度量。

Ⅰ/2 大气科学对国家公益的贡献

大气科学的责任包括促进基础认识、预报天气气候变化和识别环境灾害。本节考察大气科学对国家公益贡献和实现国家目标的四种方式：人民生命和财产的保护、维持环境质量、增强经济活力和加强基础认识。现在，它们对广泛范围的决策(从个人活动、商业和经济战略到国家政策)都有贡献。

大气信息对个人和政府决策者是有用的，有助于分辨、分析不同措施的优势和风险，但评估大气信息对公共安全和经济活动的影响并不那么直接简单。大气信息通常只是影响决策众多因子中的一个，而且一个预报的价值常常取决于预报提前时间、预报分辨率和期望的精度，还取决于使用者所受到的约束，诸如他们的响应能力或真实地评估不同措施的成本/收益的能力。

Ⅰ.2.1 生命和财产的保护

美国经受着各式各样的天气，其中一些在全球都是严重的。这样，在发展认识和技术能力来提供连续变化天气预报和灾害性天气事件(洪水、龙卷风和飓风)预警方面，美国已是领先者。在美国，大气信息和预报的提供通过以下四种合作方式：

(1) 政府获取和分析观测资料并发布预报和预警。

(2) 政府、报纸、电台和电视都发布天气预报和强天气警报。

(3) 私营气象公司使用政府资料和产品，为媒体提供天气信息，为不同的产业和活动提供特殊天气服务。

(4) 政府、大学和私企科学家改进对大气运动的认识，并帮助将改进的认识转化为观测和预报大气事件的新能力和技术。

虽然我们还很难影响天气和大气，但我们可以努力预测强天气类的大气事件，从而提供保护生命财产的机会。这些能力扩展很快，无论是对于传统的天气影响还是新的影响，包括在环境质量、影响地球轨道卫星及通信的太阳事件、电力输送和与厄尔尼诺事件相联系的天气形势变化方面的应用。现在，美国从大气观测和预报能力的投资中获得了重大的收益。

Ⅰ.2.1.1 预报和预警的需求

天气预报和预警的收益很难直接估计,因为它要由避免的人员伤亡和未受损失的财产来度量。确定长期预报(例如与厄尔尼诺相关的预报)的经济效益则更为困难。然而,相对于其他自然灾害,无论是在绝对意义上还是在相对意义上,由反常天气事件造成的灾害都是巨大的。

表Ⅰ.2.1和Ⅰ.2.2中给出长期龙卷风和飓风死亡人数的统计值,使用的资料分别追溯到20世纪30年代和20世纪初。资料显示死亡人数明显减少。表Ⅰ.2.3中给出美国1991—1995年有关天气死亡人数和损失的更加详细的信息。由天气造成的死亡人数一般为300~400人/年。然而,一次大的事件,例如1995年的极端温度可增加1000人的死亡数。类似地,1992年飓风安德鲁(Andrew)和1993年的洪水造成的损失比常年所有天气产生的损失都大。Changnon等(1997)给出了一份近期天气事件对美国保险业影响的分析报告。

表Ⅰ.2.4提供世界范围内由于内乱、自然灾害和其他环境原因造成的人员死亡统计结果。表中显示25%以上的人员死亡是因为干旱、饥荒和灾害性天气,而且这些事件占到了所有灾难受影响人数的92%之多。

表 Ⅰ.2.1 美国龙卷风人员死亡报告

时　　间	死亡人数
(20世纪)30年代	1945
(20世纪)40年代	1786
(20世纪)50年代	1419
(20世纪)60年代	945
(20世纪)70年代	998
(20世纪)80年代	522
1986—1995	485

资料来源:航空天气和风暴预报中心,国家环境预报中心,国家天气局。

减少天气造成的伤亡和损失可以通过以下途径:改进建筑和民用系统的设计和建设标准,迁移易受灾地的居民,更早、更准、更细地预警恶劣天气。虽然很难准确评估实施这三种对策的相对有效性,但是改进恶劣天气的预警似乎是三种选项中最经济和切实可行的,而且能够增加公众信心,使他们更加积极地响应预警,尽管这样需要对观测技术和预报能力进行投资。值得指出的是,虽然1992年安德鲁飓风造成的直接损失达到了250亿美元之巨的记录(Hebert等,1996),但是其早期预警是有效的,已把死亡人数减少到了23人。

表 I.2.2 美国强飓风人员死亡报告(1900—1995年)

年份	排序[a]	地点	死亡人数
20世纪上半叶			
1900	1	Galveston 加尔维斯顿	>8000
1909	6	Louisiana and Mississippi 路易斯安那和密西西比	406
1915	4	Texas and Louisiana 得克萨斯和路易斯安那	550
1919	9	Florida, Texas, Louisiana 佛罗里达、得克萨斯、路易斯安那	287
1928	2	Florida 佛罗里达	1836
1935	5	Florida 佛罗里达	414
1938	3	Southern New England 南新英格兰	600
20世纪下半叶			
1961	25	Texas 得克萨斯	46
1965	16	Southern Louisiana 南路易斯安那	75
1969	11	Southern States to West Virginia 南方各州至西弗吉尼亚	256
1972	14	Florida to New York 佛罗里达至纽约	122
1979		Caribbean Islands to New York 加勒比诸岛至纽约	22
1980		Texas Coast 得克萨斯海岸	2
1989	20	Carolinas 卡罗来纳	56
1992		Florida and Louisiana(Andrew) 佛罗里达和路易斯安那(安德鲁飓风)	23

a 1900—1995年美国本土死亡人数最多的30个飓风。
资料来源:Heber等,1996。

表 I.2.3A 美国与天气有关的人员死亡统计,1991—1995年

天气事件\时间	死亡[a]					
	1991	1992	1993	1994	1995	总计
极端高温	49	22	38	81	1043	1233
对流风暴[b]	144	93	99	155	153	644
洪水	61	62	103	91	80	397
其他[c]	75	40	62	20	51	248
雪、冰、雪崩	45	64	67	31	17	224
飓风	13	27	2	9	17	68
海洋风暴	4	0	0	1	1	6
总数	391	308	371	388	1362	2820
年平均						564

表 I.2.3B　美国与天气有关的损失，1991—1995 年

天气事件	损失（百万美元）					
时间	1991	1992	1993	1994	1995	总计
飓风	1164	33611	15	426	5932	41148
洪水	874	690	21288	921	1250	25023
其他c	1878	1932	5019	893	359	10081
对流风暴b	1527	1580	1086	1001	2638	7832
雪、冰、雪崩	516	28	602	1143	111	2400
极端高温	224	479	416	52	1120	2291
海洋风暴	45	31	1	3	2	82
总数	6228	38351	28427	4439	11412	88857
年平均						17771

资料来源：气象办公室、国家天气局。
a 这里死亡仅表示直接归因于天气和洪水的那些。如果仅把天气作为一个影响因子，则死亡数字要大得多。
b 包括龙卷风、雷暴、闪电和冰雹。
c 包括干旱、沙尘暴、降水、雾、强风、火灾天气和泥石流。

表 I.2.4　全球灾害统计：1960—1989 年平均

灾害类型	事件数	百分比（%）	死亡人数	百分比（%）	受影响人数	百分比（%）
内战	4.5	5.8	97087	62.2	3916454	5.6
旱灾和饥荒	10.3	13.1	21220	13.6	36185464	51.8
天气（风暴和洪水）	37.0	47.1	17894	11.5	28182075	40.4
地震、火山	10.5	13.4	16583	10.6	1400787	2.0
火灾和流行病	16.2	20.6	3228	2.1	160371	0.2
总数	78.5	100.0	156012	100.0	69845151	100.0

资料来源：美国海外灾害救助办公室（1991）；取自 Bruce（1994）。

I.2.1.2　气象服务的进步

在美国，每日天气图和预报最早由陆军信号分队提供，始于 19 世纪 70 年代。全球无线电探空网建立于 20 世纪 40 年代后期和 20 世纪 50 年代，实用数值天气预报始于 20 世纪 50 年代后期，雷达资料网也建于 20 世纪 50 年代，气象卫星发射于 20 世纪 60 年代，这些都导致了预报的显著改进。

国家海洋和大气管理局（NOAA）和国家气象局（NWS）目前正经历着史无前例的技术发展期。新装备包括国家多普勒天气雷达网，重大改进的气象卫星，强大的自动地面观测系统（ASOS）地面网，还包括一个将分布于全国所有预报中心的天气演示和预报系统的计算网络（自动化天气交互式处理系统——AWIPS）。除了改进天气预报外，这些新设施还将用于研究气候、大气化学和物理，以及各种应用和特殊任务。然而，只有靠政府

持续的大力资助来支持诸如美国全球变化研究计划(USGCRP)和美国天气研究计划这样一些研究项目,这些新技术系统的全部收益才能实现。

Ⅰ.2.2 环境质量保护

地球的人类可居性取决于一些基本的必要条件,包括清洁的空气和水、食物、房屋和对自然灾害的安全防御,自然过程有时产生不利的环境,局地人为活动有时产生威胁生存的境况。例如伦敦和宾夕法尼亚山谷的致命毒雾事件,显然是由19世纪和20世纪早期过量燃煤造成的。对于许多城市和国家,局地人为活动对空气质量和环境方面的影响仍是严峻的问题。当一个管辖范围造成的污染涉及另一个管辖范围的经济利益时,政府就陷入了麻烦之中。

Ⅰ.2.2.1 氯氟碳化物(CFCs)和臭氧

目前的关注聚焦于全球大气中那些寿命长和充分混合的微量气体所构成的威胁。典型例子是人造氯氟碳化物(CFCs)气体,它们在20世纪中后期广泛地用于喷雾罐和冷冻系统。这些气体在低层大气中无自然清除机制,所以它们有许多年的生命史。地表释放的CFCs在几年时间内扩散进入高层大气,在那里它们受到高能太阳辐射的照射。经过一系列化学转化后,CFCs导致平流层臭氧含量的减少,这使得到达地表的危害性紫外辐射增多。正如后述,科学研究给出了有关过程的一个解释。当人们了解并承认了这些因果关系后,多国政府共同拟定并签署了协定(即"蒙特利尔协定书")来限制制造损耗臭氧层的产物。

Ⅰ.2.2.2 温室气体和全球变化

由于所谓的温室气体浓度增加,主要是煤、天然气和石油的燃烧释放的二氧化碳,使我们面临一个更加复杂的问题。部分二氧化碳为地球系统吸收,但全球分散的剩余量在大气中累积,每年增加率约为 0.5%。

理论认为温室气体含量增加,将导致全球地表增温,而且这些温室气体的直接效应可能被反馈机制所加大,包括大气水汽(本身也是一种温室气体)红外辐射的吸收与再发射。自18世纪工业革命以来,观测的二氧化碳浓度(和其他温室气体,如甲烷)一直与矿物燃料消耗平行地增长。而且,20世纪地球表面温度已经有了增高。虽然还没有完全认识所有复杂的相互作用,但是已有足够迹象表明气候研究界已更加努力来理解气候系统各分量之间的联系和相互作用。联邦政府响应了这些关注,如美国"全球变化研究计划"聚集了许多机构力量投入这一协调而又综合的研究(USGCRP,1997)。其他国家政府也关心这一问题,而且已听取国际科学界的建议。在最近的报告中,政府间气候变化委员会(IPCC,1996)说,"多种证据表明人类活动对全球气候有可分辨出的影响"。

认识温室气体效应并对之采取行动都是面临的挑战,因为模拟整个气候系统很困难,评估其经济、社会和政治意义很复杂。大气科学家必将与其他学科合作去澄清这些问题的其他方面,从而产生对政府和社会可能有用的对问题的认识。进一步,公众对气候变化预测的置信程度将直接影响国家采取减缓或适应预测变化措施的紧迫性。

Ⅰ.2.2.3 气 溶 胶

由矿物燃料燃烧产生的人为气溶胶是人类活动造成环境后果的另一个例子。这些细小的粒子能减低能见度,造成肺部疾病,污染精密机器,减弱到达地面的太阳光强度,及对酸雨有贡献。气溶胶影响云和霾的形成。阻挡阳光和改变云特性具有潜在的气候效应,因为它们可以干扰地球—大气系统的能量平衡。一个重要问题是,人为产生的气溶胶在多大程度上抵消、延缓或改变了由温室气体含量增加而造成的全球变暖。仍需要多年的研究来加强定量认识,从而向政治决策者提供有关气溶胶含量增加造成后果方面的建议(NRC,1996a)。

Ⅰ.2.2.4 大气科学在环境问题中的作用

对于新的环境问题,大气科学家经常进行动力和化学研究及相关科学问题的分析。有时这些研究揭示需要科学的进步来探索和理解新的问题及其与大气过程或事件的关系。

仅仅聚焦于环境问题科学方面的研究是不够的,也是极少令人满意的。研究环境问题及其潜在的影响必须考虑到人类问题,包括经济、社会和政治等方面。因此,在解决环境问题的科学和人类交叉方面的跨学科合作中,大气科学成为最有效的参与者。

为了维持社会的置信度,大气研究人员必须保持高的科学完整性标准,在纯科学和应用的努力上必须集中在科学问题和因果的严格分析上。在与维护环境质量有关的所有问题的经济和政治考虑方面,大气研究者必须保持中立。这样,大气科学家才能帮助社会阐明各种可选措施和政策的后果。

Ⅰ.2.3 增强国家经济活力

对国家经济活力有贡献的许多活动都对天气和气候变化很敏感。大气科学已有很长的成功历史,以两种方式支持这些活动:

(1)公共和私人天气信息部门提供天气及其后果的预报——其中一些针对特殊的活动——这使得政府和企业能够减少由于坏天气造成的经济损失或生产停顿,或利用有利的天气条件。

(2)大气科学取得和传播的大量信息,为减少长期脆弱性或对大气条件和气候变化的敏感性做出了贡献,并且在某些情况下,这些信息确定了某些活动的适宜范围。

因此,大气科学对公共和私营领域的决策都有贡献,帮助润滑国家经济这部大引擎。为增强国家经济活力做出更多的贡献需要改进大气和环境信息提供者与使用者之间的合作,以保证需求、决策过程、能力和各种可选措施所受的约束得到充分的研究探索。

附件 天气和气候服务信息的效益

在不同程度上受天气影响的产业对国内生产总值(GDP)的贡献列于表 I.2.5。其他特别的例子也有,包括表 I.2.3 中所列的恶劣天气造成的损失,在 1991—1995 年每年平均达 177 亿美元。另一个例子是,联邦航空管理局评估因天气原因造成的美国航线运输延迟的经济代价是每年 10 亿美元;改进高空风预报将大大节约航空燃料(NRC,1994a)。各州政府花费很多钱用于清除高速路上的降雪和修整因天气原因损坏的道路。农业活动对天气事件和空气质量是敏感的。天气服务信息对建筑业、商品零售业和旅游业的效益是巨大的,但很难准确估算。

为了估计天气、气候和空气质量信息的效益,必须分清哪些是能够由即时、准确信息减轻的(不利)影响,而哪些不是。虽然准确的飓风警报能够减少伤亡,但它们几乎不提供保护措施以防备因飓风和海潮造成的房屋倒塌。尽管降水强度预报能帮助洪水调控设施的管理,但严重的、大范围洪灾损失几乎与预报准确率无关。即使长期预测和短期预报都准确,大范围旱灾造成的农业损失也可能很严重。但是,冬季强风暴的预报可以使得个人和产业部门采用合适的先期防备措施。空气污染的准确测量与预报能够用于减轻污染,如通过减少临时排放率。不断改进的对太阳现象与近地空间相互作用的认识、模拟和预报将有助于减少在轨卫星的损失,而且可能减少通信和电网的中断。

表 I.2.5 美国产业受天气气候影响程度的分类

产业	1996 年对 GDP 的贡献 (10 亿美元)	占 GDP 的百分比(%)
对天气和气候敏感的产业		
农林渔业	115.5	1.9
建筑业	222.1	3.7
交通和公共设施	529.3	8.8
零售业	557.5	9.3
金融、保险和房地产	1106.1	18.4
小计	2530.5	42.1
对天气和气候不敏感的产业		
采矿业	85.2	1.4
制造业	1063.0	17.7
批发销售业	394.4	6.5
服务业	1182.7	19.7
政府	755.7	12.6
小计	3481.0	57.9
GDP	6011.5	100.0

资料来源:商业部经济分析局。

尽管天气和气候预报不能减少所有的有害影响,但气候资料和极端统计值的使用,与效应评估、设计研究和可能相适应的标准及程序一起,能够大大减轻灾害天气事件的不利影响。此外,长期气候记录为城市规划、土地利用规划、农业战略和空气质量标准制定提供了关键信息。随着区域尺度的季节气候预报技巧的发展改进,政府和产业部门都开始通过调整战略适应预期的天气情况而获得更多的效益。已有证据表明厄尔尼诺预报在一些拉丁美洲国家的农业规划中很有作用(NRC,1996b)。

Ⅰ.2.4 增强基础认识

下列例子显示增强大气基础认识如何产生实际的效益且能促进大气科学本身的进展。

在19世纪30年代,罗斯贝(Carl-Gustav Rossby)教授从当时新发展的气球探空仪对地面以上3~10 km的观测中,试图认识中高对流层大气的大尺度形势。他发展了一个高度简化的大气运动方程组,预报了周期性波动结构(现称之为罗斯贝波),并与某些观测相对应。大尺度中纬度气流的基本特征仅用几个符号来描述。这一工作对大尺度大气运动更加详细的认识是开拓性的贡献,而且也大大促进了数值天气预报的发展和现代天气预报和气候模式的不断成功。

在19世纪70年代中期,Joseph Klenp和Robert Wilhelmson证明了当代数值天气模式能够再现复杂的大气过程。他们的数值模拟实验成功地模拟在大平原和美国其他地方常常出现的强雷暴的三维结构和动力场。他们的工作为强风暴动力学的认识以及或许为未来这类天气的数值预报方法打下了基础。

在过去10年的喷雾罐和冰箱中使用的人造CFCs的释放损耗平流层臭氧层机制的发现过程中,包括实验室实验、理论过程分析、地基和卫星观测和在南极上空的飞机验证测量。这些探索的成功及其对人类生命安全的重要性通过1995年化学诺贝尔奖授予Sherwood Rowland、Mario Molina和Paul Crutzen而得到确认。

气象学家对基础认识的更为广泛接受的贡献是混沌理论,由Edward N. Lorenz在19世纪60年代开创。Lorenz教授探索了描述对流的简化方程系统。他通过数值实验发现,这些方程的解是非周期性的,且最终是不可预测的,虽然它们在受系统方程控制意义上显然是确定性的。现在已知非线性系统的这种混沌行为是普遍而不罕见的,这一发现已成为几乎所有科学领域发生的现象的范例。它也产生了广泛接受的大气可预测性理论,且导致了对大气运动数学结构的深入认识以及对描述气候统计量预报所需的策略本质的深入了解。可能更具意义的是这样一个事实,发端于气象学基础研究的混沌和非线性动力学的认知,现在已为许多其他学科所研究的现象照亮了前进的方向。

I.3 未来几十年的科学迫切需求和建议

为了加快21世纪前几十年的进步，大气科学必须推进大气演变过程的认识。为此，需要通过对观测、模拟和其他研究努力的综合集成，来组织和优化概念和技术进步之间的相互促进。

本报告第二部分给出大气科学中5个学科的评估：
(1) 大气物理学
(2) 大气化学
(3) 大气动力学和天气预报
(4) 高层大气和近地空间
(5) 气候和气候变化

这些学科的评估，由三个常务委员会及大气科学和气候学委员会(BASC)两个特别工作组所准备，强调认识和预报大气现象和过程。对于近期，强调对社会有重要影响的大气现象的预报，包括季节气候变率、化学过程和空气质量和空间天气事件。更长期的，强调解答年代际到世纪尺度的气候变率和气候变化预测的可能性。每一评估分析重大的科学问题，提出每个学科的主要机遇和发展方向，基于学科优先进展方向的评估建议未来10~20年的科学和计划进程。

每一评估都提到综合和集成观测在研究和应用中的关键作用，使得BASC提出了两个观测迫切需求使命作为大气科学和服务中最高优先级努力。此外，也从这些研究中提出三个研究建议，列于文字框I.3.1中。

文字框 I.3.1　大气科学建议

大气研究迫切需求
1. 优化和集成大气和其他的地球观测、分析和模式系统。
2. 研发新技术能力来分辨与重要大气现象预报相关的时空尺度上的关键变量。

大气研究建议
- 解决和模拟大气与地球其他系统分量界面上的相互作用问题、大气中不同尺度现象之间相互作用问题。
- 把预报原理应用于大气化学、气候和空间天气研究，以推进认识、预报能力和服务于社会。
- 促进三个突出问题的联合研究：(1)气候、天气和健康；(2)气候变化对水资源管理的影响；(3)大气排放快速增加的意义。

本节详细地讨论大气研究最优先级的迫切需求和建议,首先阐述迫切需求或建议,然后给出理由。第一部分第4章讨论一些大气科学领导和管理的问题,这些在大气科学财政和基础设施规划进程中是需要考虑的。

Ⅰ.3.1 大气科学的迫切需求1:优化和集成观测能力

大气科学界和相关联邦机构应制订一特别计划来优化全球大气、海洋和陆地观测。这一计划应考虑监测天气、气候和空气质量的需求,考虑改进天气、气候、大气化学、空气质量和近地空间物理活动数值预报所需提供的信息的要求。过程应包含研究和业务单位之间不断相互交流和作用,应勾画出关键的科学和工程问题。应借助于观测系统模拟实验来考察所提出的国家和国际观测系统的结构。

大气观测、模拟和预报系统正变得越来越相互依赖了,因而,大气信息系统各分量应优化为端到端(end-to-end)系统中的部分。进一步,在研究和应用中将大气、海洋和陆面观测集成起来的需求正在增加。

随着观测和模式系统协调性的增加,显示当前和预报情况的4维[①]资料库正在取代传统的大气状况的天气图。由新的观测、计算和通信技术能力使其成为可能的4维资料库,包含着传统变量的预报,将作为分布式计算程序的输入。这些程序提供依据关键影响变量[②]、决策帮助和行动建议编写的特殊应用预报。

稍微不同的资料格式和策略可能也是需要的。因此,优化和改进国家和全球观测系统应调查天气预报、气候监测与预测、大气化学和空气质量预报、近地空间物理学和其他环境学科需求中的相同点和不同点。

Ⅰ.3.1.1 新的观测机遇

实现大气观测的新机遇认为未来的观测系统可能与现有的极不相同。以下三个例子可以说明这一点:

1. 商业飞机观测:商业飞机上携带的传感器现在每日提供美国上空数千份风和温度的观测;湿度传感器的使用正在评估。在主要航道上这些飞机的上升和下降提供了常规观测之外的高密度大气廓线探测(NRC,1994a;Fleming,1996)。

2. 全球定位系统:用于导航的全球定位系统卫星的信号也能够通过掩星技术产生大气折射率廓线(Ware等,1996),进而用于反演大气温度和湿度廓线,或直接同化到模式中。利用这些GPS测量,可以相对经济而又连续地测量天气和气候应用所需重要参量的全球分布。

[①] 一个4维资料库是以4个独立变量或坐标(经度、纬度、海平面高度和时间)存贮的资料库。

[②] 影响变量是直接影响某一给定活动(作业)的大气状况的描述,与理论和模式中使用的气象变量(如气压和气温)不同。例如对于航空,这样的影响变量包括云高、能见度以及积冰强度或湍流强度。

3. 适应调整的对策：在特定地点的高分辨率测量有时可能会加强重要天气现象的预报，这意味着可根据经验事实和找出误差源的模拟技术进行一些适应性观测。例如，预报强烈天气或热带风暴的业务模式可以找出特定地区，该区域更高分辨率的初始条件将增加预报精度（Burpee 等，1996）。这样，可以用卫星或远程遥控科学飞机来获得这些地区的观测。

Ⅰ.3.1.2　观测系统优化和集成的需求

4 维资料库含有现有的和一些关键的新观测资料，其中的大气演化和相互作用的集成图对于本报告设想的进展是极其重要的。为了达到此目的，必须满足以下的需求：

• **与模式工作的集成**：观测系统的优化工作应考虑分析和预报的模式，这些模式，无论是天气、气候、中高层大气或化学模式，都将同化观测资料。因此，需要进行严格的端到端分析——从观测、模式到预报精度，来评估总体战略和特定观测方案的收益与成本。例如，无线电探空观测能否为卫星资料所代替这样的问题，应有多方面的考虑，包括预报的精度、业务运行成本及特别是气候记录的完整性。

• **计算能力的增强**：为了研究气候及其在不同尺度上的变率，进行整个地球系统（包括大气、海洋、陆面、冰及化学和生态子系统）的完全耦合模拟需要增强计算能力。采用集合方法估计预报置信度的高分辨率天气预报同样需要更大的计算能力。这两方面的工作可能对优化的标准带来变更的需求。

• **新型资料的同化**：将新型资料结合分析和预报模式的创新性同化方案能够带来重大的进步。例如，最近研究表明，使用模式参量计算模式辐射场然后迭代模式获得与卫星观测辐射场的一致，这比试图将卫星观测转化为常规参量（例如温度和湿度）要优越得多。其他新型资料（包括来自商用飞机和空气质量监测站网的）可以从类似的创新和分析中获取重大收益。地球观测系统（EOS）卫星将提供重点在于认识气候变率和演化的全球观测。此外，EOS 和其他研究卫星将提供大量可在业务中使用的新资料和新仪器。

• **资料库的多重使用**：当来自地面和高空观测、业务雷达、地球静止和极轨卫星及其他来源（例如空气质量站网）的资料合并放入资料库，它们可以在天气、气候和应用部门中共享。由于资源是有限的，努力从优化和集成观测和分析大气系统所需的增加投入中得到最大的效益是很重要的。确实，总目标是将大气资料库与其他学科发展的描述海洋和陆地表面条件的资料库相集成。

• **信息组织系统**：预报的一个需求是要识别资料库中对预报精度至关重要的部分有限资料（子集）。机器学习概念、统计模型（将关键变量或决策参数与计算预报相联系）、专家系统以及模糊逻辑概念都具有潜力可用于组织观测资料和计算机模拟，以增强大气信息服务。

• **国际合作**：4 维资料库将超越国界。维持全球天气和气候资料共享的老传统是重要的。已提出的美国与欧洲空间局、气象局之间卫星观测的集成是此进展的一个重要先驱；相反，试图限制使用局地资料对于需要的合作是严重的障碍。

改进观测和改进天气服务中的许多问题正在得到解决，联邦各部局共同努力构造一个未来的北美大气观测系统(NOAA,1996)作为 21 世纪的一个综合观测系统。在充分可替代的新方法完全建立起来之前,保留全球无线电探空网的全部能力是至关重要的,因为它是现代大气观测和预报系统的基础。

Ⅰ.3.1.3 观测系统的模拟实验

从大气信息和预报投资中获取最大回报是集成观测系统的明确动机。当通过对长期低成本系统的投资,自动系统取代观测员以减少目前的业务运行成本时,评估其优缺点是十分重要的。

通过当代计算机和数值模式进行的观测系统模拟实验,能够帮助确定相对于预报精度和总体成本(包括资本投入、运行成本和发布及存储资料的成本)而言的观测系统各分量和数值模式的最优架构。这样的模拟实验允许严格而又定量的考察广大的战略,并且能够指示什么样的新资源将产生显见的效益。因此,观测和预报系统的模拟将是管理学科进展及其服务社会的一个重要机制。

Ⅰ.3.2 大气科学的迫切需求 2:发展新的观测能力

与大气科学有关的联邦机构应制定一个战略、优先发展顺序和一个计划来研发新的观测关键参量的可能手段,这些参量包括所有相态的水、风、气溶胶和化学成分,及与近地空间现象有关的参量和所有在时空尺度上与预报和应用有关的参量。在研究迫切需求 1 中优化观测系统时应考虑获得这些观测的可能手段。

当代数值大气计算机模式多种多样,有足够的能力来预报和模拟许多现象,例如,气候变化或空气污染事件以及天气过程。然而,与预报有关的时空尺度上关键参量的观测对于改进这样的数值模式和预报是至关重要的。

在某些情况下,为了准确刻画重要的过程,需要更高分辨率的常规气象参量(如水汽)的观测结果。在其他情况下,研究和应用都需要新的观测,例如,气溶胶和微量气体及其在洁净和混合相态环境中垂直输送的观测。

所需的改进一部分产生于新仪器和新技术(如新的遥感技术),一部分来自新的观测战略。例如,自动化、自适应观测和国际合作都将对观测改进作贡献,正如热带海洋全球大气—热带大气海洋观测阵(一个横跨赤道太平洋的浮标网络)(TOGA—TAO)所示范的那样。

Ⅰ.3.2.1 大气中的水

所有相态的水及相态的变化在天气、气候和大气化学中都扮演了重要的角色,因此,观测大气中水的相态和含水量对于理解所有尺度的大气事件是重要的。水物质相态变化所释放的能量(潜热)在驱动全球风场中极其重要。

水　汽

在风暴尺度研究中,对流性降水的预报受到大气水汽和土壤水量不确定性的限制。在最长的时间尺度上,水汽是最重要的温室气体,而且气候模式中的很大不确定性可以归结于对水平衡和水引起的辐射反馈认识的不足。大气中水汽在小尺度垂直和水平方向变化显著,因此它的变率在无线电探空站网不可分辨的尺度上是重大的。

目前,水汽廓线探测技术及其与改进分辨率的其他测量和模式的集成进展很快。遥感技术也有显著的进步。实地(直接)水汽测量对解决精细结构和约束遥感资料十分重要。由于时空间隔很大,无线电探空观测仅部分地满足这些需求。沿商业飞机航线更大的覆盖和在机场附近更多的探空将成为可能,这要通过"商业飞行测量水汽(CASH)计划"的实施[由联邦航空局(FAA)和NOAA全球计划办公室共同负责],该计划正将湿度传感器安装在运输飞机上;这些传感器将有足够的分辨率来获得飞机升降时的水汽廓线。然而,现有仪器在云中飞行时不能准确地测量湿度,所以需要改进。

云

云是水汽变成液态和固态水复杂过程载体的可视物体。涉及降水形成和水滴及冰粒子相互作用的云过程的许多重要方面还是没有很好地认识,因此需要详细的观测和模式研究。

这些过程对液相和混合相环境中的化学反应有重要的影响,为了改进局地和全球化学循环模式必须更好地理解它们。

正如后述,云是全球能量平衡的一个重要控制器,包括显著改变入射太阳辐射和向外红外辐射。此外,在液水云形成时的潜热释放对于强烈天气和大尺度天气系统都是一个重要的能量源。

降　水

降水的全球分布与大气动力学和能量学、大气—海洋耦合及洋流本身紧密联系。因此,降水观测同时反映了地区和局地区域的天气条件,对气候研究、全球模式验证和剧烈天气及洪涝预报也是非常需要的。真正的全球降水观测只能由卫星有效地进行;利用特殊微波成像仪(SSM/I)观测降水方面正在进展。另一个卫星系统,于1997年11月27日发射的热带降水测量任务(TRMM)卫星,使我们能够改进热带降水及其释放能量的估计,该卫星使用了高分辨率雷达、微波辐射计和红外及可见光测量的一个组合。已显示热带降水位置变化与导致厄尔尼诺事件的变化有重要联系。

通过安装NOAA的WSR-88D雷达,美国的降水估计能力已经大大增强,这些改进正结合进入江河盆地洪水的模式中。还需要进一步发展:(1)通过升级WSR-88D雷达包含多参数测量能力以改进降水估计精度;(2)改进雨量计(筒)的可靠性;(3)增强从太空卫星估计降水的能力。如同水汽那样,改进的降水估计算法应建立在相关资料组合基础上。可以发展一个专家系统,从输入信息包括雷达、卫星和雨量计以及云系统类型和季节等给出降水估计。

Ⅰ.3.2.2　风的观测

由于现代技术,风的观测密度近年来在美国和其他大陆地区得到明显增加。在美国中部,对晴空大气折射率起伏敏感的雷达风廓线仪,作为预报模式的输入和研究工具正展示着它们的有用性。WSR-88D 多普勒雷达虽然主要用于记录降水天气系统,但也能测量陆地几千米高度范围内的晴空风。一些民用运输机也能提供在航线上及升降时的风观测资料。

在大洋上风的信息很少。从岛上和一些船舶施放无线电探空仪,而有一些国家由于财政压力,许多偏远台站放弃探空或其资料变得不可靠。从卫星测云的运动导出的风资料是有用的,但有时并不准确。

对于大气科学几乎所有的工作,都需要更加准确和全面的风观测。在资料重要但稀少的地区,适应性和加强期的观测对研究帮助很大。现在,使用飞机通过穿越和下投探空仪收集热带气旋中及其周围的资料;未来的战略也可能使用遥控飞机(Holland 等,1992)及遥控上升或下降的平飘气球。在未来十年星载激光测风雷达系统可能成为现实,其中一些有希望的技术正在研发。卫星散射表测量结果(如欧洲研究卫星 ERS-1 上的)和 SSM/I 测量的微波亮度,当受模式或独立的观测所约束时,对于估计洋面风是有用的。由 NCAR 和 NOAA 飞行中心研发和运行的新型机载雷达正提供天气系统(包括强风暴和飓风)史无前例的精细尺度结构细节。

Ⅰ.3.2.3 平流层观测

通过与对流层相互作用和交换,平流层影响全球天气,是全球气候和化学系统中重要的一个组成部分。在平流层中观测气象参量、微量气体和气溶胶需要将地基气球及遥感、卫星测量和有人及无人驾驶飞机与数值模式相融合。卫星系统应在时间上重叠,从而保证记录的连续性以及不同阶段比较研究的置信度。实地飞机测量也将用于评估新的遥感设备。只要安全问题能解决以及技术上证明操作具有可行性,遥控飞机由于其低成本和大高度探测能力,可以成为一个可选择的平台。空基和机载测量都将从遥感和实地仪器的微型化中获益。

Ⅰ.3.2.4 近地空间观测

在近地环境中由带电粒子和太阳磁场变化产生的现象统称为"空间天气",这些现象对人类活动有着许多重要的影响,后面将进行讨论。空间天气现象的预报要求有相应的观测结果,可通过现在的和规划的卫星计划获得。例如,GPS 无线电掩星技术(Ware 等,1996)给出电离层电子浓度垂直廓线和总电子含量。

因为空间天气现象是由太阳变化所强迫产生的,所以应强调三类太阳观测:(1)日冕物质抛射(CME);(2)磁场,包括日冕中的;(3)近日太阳风特性。进一步说,对于基础认识和发展数值模式,测量太阳粒子和太阳磁场与地球磁层和电离层的相互作用是重要的。

Ⅰ.3.3 大气研究建议 1：
解决大气边界层及不同尺度气流之间的相互作用

由联邦政府和国际机构支持的主要天气、气候和全球观测计划，应将优先放在改进理解大气与地球系统其他分量之间的相互作用以及不同尺度大气现象间的相互作用上。这些计划包括美国天气研究计划、美国全球变化研究计划及其他支持大气研究的机制，需要这些相互作用的观测、理论和模式研究。

当今大气研究认识到大气与相邻系统之间的相互作用对于改进理解和预报是十分关键的。孤立地研究地球系统的单个分量已不够了，现在应注意将它们作为耦合系统来认识、模拟和预报。在许多情况下，有关的耦合系统是实际的物理子系统；在另一些情况下，相互作用的子系统是很抽象的。例如，小尺度涡旋与大尺度气流的相互作用。关键的科学问题应关注大气与地面以及其上近地空间层之间的能量、动量和化学成分交换。

在一个动力系统的初始研究中，大气与外部环境的相互作用有时能忽略不计。这一方法在天气预报最初的发展阶段曾被应用。然而，当预报周期的长度增加时，就明显地需要考虑跨越系统边界的有动力学作用的重要量的流动。在气候动力学中，认识地球系统各分量之间的这种相互作用对学科进步是极其重要的。例如，现在认识到厄尔尼诺—南方涛动(ENSO)是由热带海洋—大气耦合系统间的相互作用所驱动产生的。

Ⅰ.3.3.1 地表过程

发生在大气与陆地和海洋界面上的过程在天气、气候、大气化学和全球变化中是极其重要的。大气与海洋和陆地的界面是类似的，因为两者都表示大气边界层与其下(陆海)表面层的相交接。除在大风情况外，对海洋分界面有更好的认识，而陆地界面值得更多的加强研究。

海面通量在气旋生成早期很重要(Kuo 等,1991)，飓风搅起的冷海水能决定其演变和运动(Bender 等,1993)。天气和气候对热带南太平洋的海气相互作用极其敏感，在那里海面温度最暖与地球上最大的年降水量相对应(Webster 和 Lukas,1992)。

地表温度、湿度和通量与大气参量相关，也强烈地与陆地表面特性相关联。卫星提供陆面温度、植被和水汽特征量的估计，这些量可以转换为对通量的估计，但需要用局地的实地测量进行标定(Kogan,1995)。

使用卫星和浮标估算海上通量的方法可能比陆地上的更加先进，其主要的不确定性来自强风和微风、海浪谱和凝结对流。TOGA—TAO 阵列正提供长时间序列的大气和海洋资料，这对认识赤道太平洋上的海—气相互作用是有用的。需要继续发展海面风速、温度和辐射通量的遥感技术以及气旋中实地和遥感测量资料的适应性采样技术。

Ⅰ.3.3.2 与海洋的长期相互作用

在年代际到百年的时间尺度上，研究表明全球大洋上部和深部海水相互作用是全球表面温度自然变率的一个主要控制因子。进一步,海水层间的热流确定了对温室效应类强迫的重要响应的时间尺度。更好地量化与认识这些相互作用将有助于评估大尺度表面温度的自然扰动与对外界强迫响应之间的差异。

洋中热量的垂直输送由通常在水平尺度上比海盆尺度回旋的洋流小得多的洋流所调节。联系海表和深海水的流动仅发生在全球少数几个地方。例如,北大西洋深水产生在挪威海非常小的一个区域。像海冰间歇形成这样的局地现象在调制从冷咸表面海水到全球大洋深处的海流中有重要的作用。

表面的相互作用也是重要的。准确模拟大洋表面热量和淡水交换是耦合海-气气候模式中一个当代急迫的挑战。海冰由于其高反射率和阻碍大气与海洋热交换的能力而在长期气候变化中是重要的,但是我们对海冰变化认识很少。

在热带的大气和海洋耦合产生了 ENSO 循环,即周期为 3~7 年的交替出现的海表温度冷暖极端事件循环,这些循环影响全球气候系统。系统分量之间的信息通过风应力、海表温度、辐射和降水来交换。虽然现在的模式给出了类似 ENSO 振荡这样的解并显示出有用的预报能力,但这些解并不总是真实的。改进跨越热带海气边界通量的计算可能导致认识和实际应用的显著改进。

Ⅰ.3.3.3 云及其效应

云和云系相对较小但数目多,而且总体上在确定天气和气候中起关键作用。例如,地球对太阳光的反射很大程度上决定于云量,来自地面的红外辐射很大一部分被云吸收并作为温室效应再向地面辐射。因此,云是太阳能吸收总量、行星能量平衡和地面温度的强控制因子。模拟变化着的气候的成功将需要正确描述云效应以及这些效应在气候演变时自身的变化方式。

云对辐射能流的影响取决于云的水平及垂直分布、云类、大小和云中粒子浓度。云粒子的特性由气溶胶初始浓度和热力学特性决定,其后又受垂直运动和混合以及与不同特性粒子碰撞的影响。

深厚的凝结对流也以另外一种重要方式与较大尺度的运动相互作用。几十年来,理论研究已揭示了对流加热(伴随对流降水的潜热释放)对热带的从天气尺度到全球尺度波动增长的影响。近期研究已经证实 ENSO 对世界其他地区天气的影响主要取决于大气对赤道太平洋深对流加热的响应,而深对流受到海表温度分布的调制。

目前,能够分辨单个云和云团特性的数值模式正被用于研究云对大尺度强迫的响应,用于发展气候模式中的对流参数化方案,因气候模式的分辨率太粗不能显式表达云。为此,云分辨模式的结果正与已有的结果进行比较,而且云分辨模式正与海洋模式耦合以增加模拟的真实性。

Ⅰ.3.3.4 气溶胶和大气化学

在大气中悬浮的细微液滴和固体粒子叫气溶胶,它们能够引起空气质量、大气加热和空气化学的宏观变化。气溶胶在大气中既有短期效应又有长期效应:云粒子形成于气溶胶表面；气溶胶吸收和散射通过大气的辐射，从而改变局地热量平衡；它们是与大气微量气体进行化学反应的源地。气溶胶应是未来几十年许多研究的焦点，包括收集有关气溶胶化学及其时空演变的更多资料、改进对不同类型气溶胶光散射特性的认识（NRC，1996a）。

大气微量气体的浓度取决于它们的源和汇（通常在地球表面）以及它们在大气中的过程。在中尺度气流中发生的化学成分的大气输送和调节包括化学反应、平流和扩散以及与不同相态水的相互作用。改进认识对于空气质量模拟和预报显然是重要的。

Ⅰ.3.3.5 非线性的基本问题

大气科学中的许多关键挑战都蕴涵着所有地球流体的基本问题——流体中不同长度和时间尺度现象与边界条件中、外强迫中以及流体内部不同长度和时间尺度现象之间的非线性相互作用。

大多数地球物理流体问题涉及与边界层的相互作用，因此发展了湍流边界层概念。通过这些边界层，能量、动量和其他特性从固定的表面输送到大尺度流体中。地球物理问题很少有简单的闭合；一些相互作用（项）通常必须保留，即使以某种简化的形式。事实上，在大气边界层中涉及来自地表的通量无论是时间还是空间上其尺度都常有 8 个量级的变化。这些相互作用的简单处理限制了长期预报的精度。

即使没有明显的边界层效应或与水过程的内部相互作用，不同尺度流体分量间的非线性相互作用也一直是一个多世纪以来的持续挑战。现在已有重大进步，反映在湍流、可预报性和混沌现象的现代认识上。然而，我们还必须发展新的方法（即寻求解析方法）来描述吸引子性质和所产生流的统计特征（Dutton，1992）。特别感兴趣的是，尽管数值解肯定不是确定性的，但长期气候模拟在多大程度上能够准确地确定全球或局地统计量仍是可期望的。

在非线性产生的大多数困难克服之前，它们将一直是认识地球物理流体及其定量预报中最突出的挑战。

Ⅰ.3.4 大气研究建议 2：将既有预报过程拓展到新的领域

> 与气候变化、关键化学成分及空气质量和空间天气事件相关的机构和科学团体应该制定一个战略和实施计划，来启动试验预报和充分利用既有预报过程。

大气科学的许多工作直接或间接地都瞄准扩展大气现象预报的范围和改善预报精度（从短期的天气和空气质量到长期的气候变化）。正像一个多世纪的实践那样，天气预报涉及以下科学方法的传统步骤：

- 收集和分析当前情况的观测资料。
- 发展和使用主观的或定量的方法和模式从这些观测导出未来情况。

- 用实际情况的观测资料评估预报的精度。
- 分析预报结果以确定如何改进预报方法和模式。

通过这一过程,天气预报对单个预报人员和整个大气科学施加了严格的规范。在很多不同地点,每天的预报精度是这一领域成功和进步的尺子,是度量理论、技术和实用方法集成的尺子。

这一规范的影响随着数值天气预报的出现而增加,因为很容易精确定量比较预报与实际观测。预报循环中计算机的使用也促进了预报的发展,因为对计算机模式所提出的修正可以反复地应用于困难个例的研究。

如第二部分所说,一些大气科学社团现在正研发做定量预报的能力,并将通过建立试验业务预报程序和采用预报规范而大大收益。

气候预报在季节和年际尺度上都呈现这样一个机遇。TOGA 计划已大大促进了从季节到年际尺度气候扰动(如厄尔尼诺)监测和预报的进步。在 20 世纪 80 年代初期,热带太平洋的观测非常有限,以致 1982—1983 年的厄尔尼诺发展了几个月才知道它的幅度及影响。热带大气海洋观测系统现在已业务化,包括 70 个锚定海洋浮标来观测海表气象特征和上部海水热结构,海面漂移浮标测量海面温度,考察船上可伸展的深海温度计(bathythermigraghs)给出到 700 m 深的温度廓线,以及岛上的海潮仪监测海平面的变率。研究卫星和业务卫星补充这些实地测量。这一系统使 1997—1998 年的极端厄尔尼诺事件的演变得以每天进行监测。而且,这些观测资料已支持了热带太平洋海气耦合模式的发展,从而可信地提前数月到一年预报热带太平洋海面温度。这些观测系统的发展,与相关的耦合预报模式的进步一起,已导致了一个全美日常的、基于模式的短期气候预报系统在 NOAA 国家环境预报中心的建立。类似地,由 NOAA 创建的气候预测国际研究所对于全球其他地区已负有补充预报责任。

10 年或更长时间气候变率的成功预报,将对许多产业和政府活动十分有价值。这些预报自然应是统计性的,因此焦点可能落在季节距平上。作为统计量,它们可能包括对期望精度的估计。验证这类气候预报形成特殊的问题,因为要积累一个有意义个例集合所需要的时间长度很长。

过去 20 年大气化学的显著进步创造了另一个机遇。科学家在南极臭氧洞发现几年后就快速地建立了其成因机制,全球和中尺度化学模式都有重大的进步,这些表明动力和化学过程之间的联系正逐渐地得到更好的认识而且业务模式是可行的。应用于空气质量模式的预报的训练将导致对产生化学成分浓度扰动的那些因素更好的理解。当预报过程成熟时,它将在城市环境管理和化学扰动(由污染、火灾、火山喷发和其他环境重大事件等引起)后果评估方面提供持久的效益。

第三个机遇来源于空间天气——与太阳能量和物质发射及地球磁层不稳定性相关现象的统称。空间天气事件能在电离层产生很大的扰动,引起通信的中断和产生瞬变感应电流使得电力网瘫痪。高能辐射流也能导致卫星失常,并且可能对无足够保护的空间宇航员是致命的,现在,社会在通信、导航和地球观测方面越来越依赖于 250 多颗地球静止和低轨卫星,这就造成认识和预报空间天气新的紧迫性。当用于全球手机和其他信息传输服务的数百颗卫星上天后,这一紧迫性还将增加。

主要由军事部门使用统计方法对空间天气现象进行了多年的预报。目前,对太阳现象和太阳风观测的进展能够与日地系统更加定量化的研究模式相耦合,从而发展一个业务的空间天气预报系统。

在以上三个例子中,如同提前数天的天气预报一样,可以期望,坚持不懈的预报学科将促进观测、理论和实践之间的相互作用,以发展广泛社会价值的预报能力。

Ⅰ.3.5 大气研究建议3:启动新出现问题的研究

研究界和相关联邦机构应开始对新出现问题的学科交叉性研究,这些问题涉及(1)气候、天气和健康;(2)在变化气候中的水资源管理;(3)快速增加向大气的排放。

许多学科交叉性科学问题作为大气科学家的候选关注对象正在出现。

Ⅰ.3.5.1 气候、天气和健康

对人类健康或其他生物系统的威胁和传染疾病都与气候变率有联系(Shope,1991;IPCC,1996;Patz 等,1996)。温度、降水、阳光、风、湿度和土壤湿度都可能影响传染病的暴发与传播(Landsberg,1969;Colwell 和 Huq,1994;Epstain,1995;Morse,1995;Patz 等,1996)。气候因子提供了昆虫媒介传染病分布的限定条件;天气事件能够决定疾病出现时间、暴发和蔓延。例如,气温控制蚊子的纬度和高度分布,它们是脑炎、脑膜炎、登革热和黄热病的传媒。在热带,降水控制着疾病传媒疟蚊的发生。

水载疾病(如伤寒、肝炎、病毒性痢疾)频数增加与洪水频发有关。由于地球保护伞臭氧层正在减损(WMO,1995)导致到达地面紫外辐射(UV-B)明显增加(Herman 等,1996),对人类造成了一个直接的威胁。因此,健康官员们预计结果是皮肤癌增加,免疫系统减弱会增加以及与健康有关的其他问题增加(Taylor 等,1988;Cooper 等,1992;International Agency for Research on Cancer,1992;Johnson 和 Tinning,1995)。

认识天气、气候与不同疾病及其传媒之间的关系将需要多学科特别是流行病学和昆虫学间的合作。随着这种认识的增强,多学科观测技术、先进的数值模拟技术、及时的天气和气候分析与预报,以及环境研究的国际合作将联合起来提供与疾病斗争的新工具。

Ⅰ.3.5.2 水 资 源

水资源管理系统的设计与运行一直考虑可能出现的极端天气和气候条件。然而现在,人口增长以及与气候变化可能性的耦合要求水供应系统或洪水控制和减缓系统设计应考虑对付动态变化的而非静止的天气和气候条件。可能的气候变化对洪水和干旱时空分布以及对降水、温度和风的模型的影响需要更好地认识,以改进水管理的设计和对

策。因此,气候稳定性和极端天气事件统计结构的可能变化,对水资源管理是重要的新问题。

进一步,水资源管理系统的运行显然与天气和气候预报都有联系,因此,可预报性问题变得很重要。预报提前时间与水管理系统运行的灵活性相互作用决定可能行动的范围和可能的收益。

在水资源中大气作用也扩展到全国地下水供应的某些方面。新兴的研究问题涉及多相态地下水流动的方方面面,涉及耦合的质量—生物化学污染输送;这一污染输送在降水被土壤吸收并通过地下岩石层侧向流动时起作用。这一复杂现象的稳健描述和理解涉及实验室和野外试验以及发展数学和数值模式,这些模式能够模拟时间常数跨越很多量级的不稳定过程。

因为大气提供水文循环中快速输送的部分,所以大气科学与水文学和土壤科学合作应该集中地关注我们社会所依赖的水通量的认识、预报和管理等相关的复杂问题。

全球能量和水分循环试验(GEWEX)是世界气候研究计划的一部分,开始于1998年,目的是观测和模拟大气、陆面和上层海洋中的水文循环和能量通量。GEWEX将大大增加我们对水—能量循环的认识,从而为更加先进的水管理系统提供基础。

Ⅰ.3.5.3 快速增加的大气排放

从工业革命开始,环境质量已受到严重的威胁。随着世界范围工业的扩张,对环境质量的新威胁提出了新的研究问题。一个例子是,沿太平洋西缘地区的经济发展和伴随的燃烧和工业过程产生的气体排放的增加。在21世纪这一地区快速的排放增多,现在或很快在世界其他地方反映出来,这一趋势可能产生区域和全球尺度的化学和气候效应。

这些增长的排放提出了关于快速增强污染源对地区、半球和全球后果的新问题。当这些物质在全球范围输送时其生命历程是什么?它们将到达北极吗?它们会被冲刷到特定海区并对其施肥吗?气态硫如何及以何种速率转化成粒子?扩散和转化率在厄尔尼诺年是否不同?

这些全球或局地排放的潜在效应值得加强研究。为了提高效率,这一研究应以与社会科学家、经济学家和其他学者高度合作的方式进行。

I.4 未来几十年对领导和管理的挑战

大气科学中领导和管理的重大挑战伴随着这里谈论的研究和服务中的新机遇和新方向(见文字框 I.4.1)。如果大气科学在未来几十年中要发挥服务于社会的潜力,适当地评估这些挑战和满足科学迫切需求具有同等的重要性。

大气科学的协调和合作的需求紧迫性不断增长。大气服务及观测系统正变得更加分散,存在对基础的、全球范围的大气观测系统完整性的威胁。研究更具多学科交叉性,且现在某些情况下受潜在重大的国家和全球意义的问题所驱动。因此,保持大气科学的政府、私人和学术单位研究和服务的效率将需要一个深思熟虑和创新战略的计划。

I.4.1 领导和管理的建议 1:制定提供大气信息的战略

气象服务和支撑研究的联邦协调者,应透彻地考察在提供大气信息的国家系统变得更加分散时所出现的问题。关键联邦机构、私企、科研机构和专业组织应全部参加这一研究并帮助制定一个战略计划。

文字框 I.4.1 对大气科学中领导和管理的建议

- 发展一种战略观点来制定一个越来越分散布局的国家结构,此机构提供来自不同的政府和私企组织的大气信息。
- 维持大气观测资料在所有国家之间自由和开放式的交换,保持资料在科学家之间的自由和开放的互换。
- 发展对天气和气候服务的收益与成本更清晰的理解。

大气科学和服务的当代信息革命的两个主要后果如下:

(1)几乎在任何问题上的定量信息在全球信息网络上都已存在。任何具有一个调制解调器和一台计算机的个人都有史无前例的资源来查看全球天气和气候资料、可视化和预报。过去仅是政府超级计算机的职权现在是普遍流行了。

(2)计算机—计算机的通信使得依赖天气的企业能够更快地将大气信息融入他们的决策之中。包含传统天气参量的四维资料库能够转换成包含用户感兴趣的参量和对他们的决策很关键的参量。

公共和私营天气服务的全部作用还不清楚,但很显然进程中会发生快速变化。

Ⅰ.4.1.1　一个提供天气服务的动态系统

自从一个世纪左右以前开始预报天气事件的有组织活动,几乎所有的观测网以及全国和全球分析与预报服务都由国家政府建立、资助和管理。在美国,强天气的公共预报和警报是国家气象局(NWS)的责任。这一中心化模式在许多方面很好地服务于本国和其他国家,促进了所有发达国家极大的观测改进和令人印象深刻的天气预报能力的改进。

当通信能力改进后,天气信息已成为一种竞争优势和收益的潜在源泉。私企天气预报公司已研发出其客户特别感兴趣的产品;电视台寻求能够吸引和保留观众的天气节目,天气频道更是使用 NWS 资料产生 24 小时全国范围的天气信息发布服务并为广告所资助。美国大学为了学术目的研发出分发天气资料的能力和设备(Fulker 等,1997),私营单位类似地研发出满足不同客户的资料和信息需求的分发能力。电子数字通信使得政府与私企联系向飞行员提供飞行天气和飞行计划能力成为可能,飞行员们只要接通一台计算机和一只解调器。作为国家天气局现代化一部分而建立的下一代雷达(NEXRAD)系统,其 100 多部中每一部的资料由 4 家私营公司收集,并以多种形式存储,包括全国和地区拼图,以满足私营和公共目的。今天,万维网(WWW)向那些搜索并向使用者提供了丰富多彩的天气信息①,这些信息由政府机构、私企、学术院所和个人所提供。

特殊化的短期数值预报模式已在几个大学研制出来,除了教学和研究外,一些模式正被用于制作面向公众的天气预报。一个调查(Auciello and Lavoie,1993)显示有 11 个 NWS 的天气预报部门在这些研究和服务活动中直接与大学合作;另外 8 个与联邦研究机构合作;业务气象、教育和培训合作计划已支持了 15 个涉及 NWS 预报员和合作研究人员的合作研究项目。

尽管气象大餐很丰盛,但重要的是清楚这些信息是基于政府资助的观测、计算机分析和预报,以及基于带来方法改进的研究成果。

Ⅰ.4.1.2　大气信息的前景

大气信息现代获取方法途径聚焦在用户活动上,提供更多特殊的局地信息,定量地集成到用户运用的正式决策系统之中,并且在一些情况下采用专家系统和机器学习方法的优点。

国家天气信息联盟正在快速变化,部分是因为新方法和新技术有利于增强私企气象学家与客户之间的关系。确实,私企正成为一个更加重要的大气科学家雇用者。而且,瞄准特殊产业或经济领域的天气预报服务将可能更加的私企化。

---

①　1996 年 6 月使用关键词"天气"在万维网科学和技术目录的一次搜索产生 7211 条目清单,首先列出的是提供与当时天气信息不同来源的直接连接。

增加通信带宽和增强工作站计算能力及它们之间的组合,将给区域或局地的天气或空气质量预报带来新方法和新途径。关键想法是将基于全球资料的NWS预报与工作站能力组合来制作局地预报。因此,NWS的预报表达为几天预报时间内区域网格的四维资料库,将作为为特别活动性和定位区所研制的工作站模式的输入(NRC,1994a)。对用户活动关键参量的定量预报将被结合进入数值模式和其他决策模式,这些决策模式用于事业的管理。许多大气科学家的工作聚焦于帮助用户制作他们自身活动性的模式,控制到达用户的信息流,以及帮助制作关键业务决策。

可以期望气候变化预测方面有类似的创新,因为在年际或更长时间尺度上预报气候变化的试验方法取得了成功。成功的模式和方法将被用于发展特殊应用的预报,并将以嵌套方式运行产生区域和局地的气候变化预报。

作为这些想法的延伸,为特殊用户的活动定制的预报通过因特网、万维网和其他通信系统的交互作用可能成为现实。在这种情况下,预报系统可能根据用户的电子申请制作天气、空气质量、气候或近地空间事件的情景,并向用户以时空格式[①]发送可视化结果。可以设想这种能力将由广告商所提供,或作为公司(这些公司与特殊产业有密切的联系)给客户提供的一种服务。

Ⅰ.4.1.3 分发大气信息服务的意义

在大气科学所有合作者面前的问题是,在有或没有战略指导和一些优化系统设计的努力下,分发的国家大气信息系统能否向更广范围进化。

在可能行为谱的一端,争论的是信息革命使得大气资料和预报中出现有效的买方市场,而且最后整个过程也许在一些政府资助下委托给私企。在各种可能行为谱的另一端,争论的是联邦政府提供强天气预警保护生命和财产及提供重要大气信息和预报以增加安全、健康和经济活力的责任不能授权。

现有模式位于这两种极端之间。政府维持保护生命财产发布警报和预报的责任,因此也保留发挥此作用所需的获取和处理观测资料的责任。而且,在支撑这一使命中,政府保持制作科学数值大气预报的责任,这些预报是与用户需求和决策过程相关的参量预报的基础。

这里有一些重要的问题:谁的决定对所有合作者是重要的?什么标准可能控制一个最优大气信息系统的设计?政府能试图通过税收之外的机制向公众收取观测成本吗?谁应对农业和航空这类重要活动的预报负责任?联邦机构应负责支持改进这些关健性活动性预报的研究吗?基础性或应用性学术研究在这一进化的天气信息系统中的合适角色是什么?这些研究如何得到资助以保持活力并对国家目标做贡献?对这些问题的答案部分地取决于财政和政治的考虑,并需要整个学科的规划与领导。

---

① 这种格式的原型可在飞行天气剖面中找到,为了飞行员的跨国飞行这种飞行天气剖面很早以前就已人工制备。沿着飞行路径在高度—距离(或时间)上绘制,这些剖面显示预报员预测的飞行中可能遭遇的天气现象。

Ⅰ.4.2 领导和管理的建议2：确保大气信息通畅

联邦政府应直接并更主动积极地行动起来，通过维持在所有国家之间大气观测资料的自由和开放式交流，并通过保持科学家之间资料的自由和开放交流，来保护大气研究和服务的进步。

对分发能力依赖性的增加对大气资料和信息的通畅具有重要的意义。当交流信息的能力增加时，寻求局地利益和限制交换的政治压力也在增加。而且，当电子资料对一些产业更有价值时，他们将拥护限制进入这类资料的方案，这对大气和其他科学有不利的后果(NRC,1995a)。

一些国家避开了天气信息或预警的直接责任并已将国家能力私有化(例如，日本和新西兰)，或建立独立的附属机构(例如，英国)。在美国，一些个体正在提倡这类方法。

一些国家正在市场化和出售它们的天气资料和信息以支付资料和信息获取的一些成本，因此限制与其他国家的共享，限制提供给其他天气服务企业，这些企业可能使用资料与国家服务竞争。显然，这种限制与历史趋势背道而驰，历史趋势使所有的天气资料在全球范围内共享从而支撑服务于所有国家的全球预报。气候和全球空气质量研究也已国际化，但在保持资料的共享、质量、连续和可比性方面也需要保持同样的警觉。

有两个原则长久支配传统的美国观点并应严格地保持：

(1) 用公共经费为公益目的获取的资料应以不大于复制和传递边际成本共享。

(2) 所有国家大气观测资料的自由和开放交换将增强大气研究和认识，并改进对所有国家和全体民众的大气服务。

大气资料隐含在上述原则中的关键点是竞争和经济利益应通过分析、可视化或预报增加基础资料的价值来获得，而不是通过限制资料本身的流通。增长的计算机和通信能力，已产生了全球市场并正以惊人速度转化为私营企业的全球资本集聚点。它们将同样地在全球范围转化大气资料、信息和服务。在当今世界限制气象信息流通是不明智的，我们需要一个全球化的成功、健康和富裕观。

Ⅰ.4.3 领导和管理的建议3：评估收益与成本

大气科学界通过与相关机构及咨询和专业组织合作，应发起对天气、气候和环境信息服务的收益与成本的多学科研究。

有许多理由要求对整个大气服务收益与成本进行透彻的调查。首先，在私企和公共活动广大范围内更好认识大气信息的收益与成本之间的关系，对于大气科学制定更有成效的科学和服务战略是必要的。其次，联邦机构需要这种认识以促进和判定研究和业务的投资，并确保投资在大气研究和服务中的经费在提供与国家目标相关的利益中有高度的扭转力度。

另一重要理由是要认识研究或服务中哪些新方向为广大公共和私人利益提供好处。例如,观测系统的优化在现代环境中应超越天气和气候分析及预报的一般需求而考察应用中广泛的特殊要求和机遇,例如运输、健康、环境工程和减轻洪灾损失。而且,预报准确性、减轻灾害准备的成本和事先无准备灾害的损失多方面权衡,从而产生随活动性和风险可接受性而变化的最佳对策的准则。Pielke 和 Kimple(1997)给出了类似的论证。

Katz 和 Murphy(1997)已指出评估大气信息收益和成本的困难部分归因于其多学科的性质。除气象学外,这样的任务必须包括经济学、心理学和统计学等学科以及相关联的管理科学和业务运行研究领域。此外,文献中现有的大部分收益和成本研究要么考察特殊应用,要么局限于个例研究;一个例外是与 NWS 现代化相联系的一个收益成本分析(Chapman,1992)。

因此,我们需要一个全面的和严格的收益和成本评估,这涉及大气新信息联盟成员之间及许多其他学科之间的合作努力。

附件　大气研究和服务的联邦资助

美国政府支持大气观测和资料分析已有 100 多年,支持大气研究也超过了 50 年时间。这些年中协调大气研究和服务的多种机制留下了一个记录,允许我们比较进展、资助水平和协调方案。今天,为了评估经费预算的效率、收支和对创新及未来计划的赞助,准确地预算信息对于复杂任务的明智领导和管理是必不可少的。

大气研究的正式联邦协调开始于 1959 年,当时联邦科学技术委员会成立了大气科学跨部门委员会(ICAS),一直延续到布什(Bush)政府结束,此后改称地球和环境科学委员会(CEES)下的大气研究分委员会(SAS)。CEES 是由总统科学顾问任主席的联邦科学、工程和技术协调委员会(FCCSET)之下的一个工作组。如下所述,这一系统在克林顿政府时已被大大修正。

大气研究资助

联邦大气研究支出的第一个全面总结报告由 ICAS 于 1960 年发布。类似的报告零散地收集,最新的一份是 1990 年由 SAR 完成的。

图 I.4.1 中显示像 ICAS-SAR 报告中描绘那样的大气研究经费演变情况,还给出了由大气科学和气候专业委员会(BASC)通过调查不同部门而收集的 1994 年研究经费的估计。在这些资料中,一些全球变化研究被包括在更广泛的大气研究类别中;因此,一些估计不是加法的。而且,大气研究经费是直接的研究支出和相关的仪器设备支持,而全球变化研究的总数包括了其他领域各种各样的研究计划,例如生态学、海洋科学和社会科学。

I.4 未来几十年对领导和管理的挑战   37

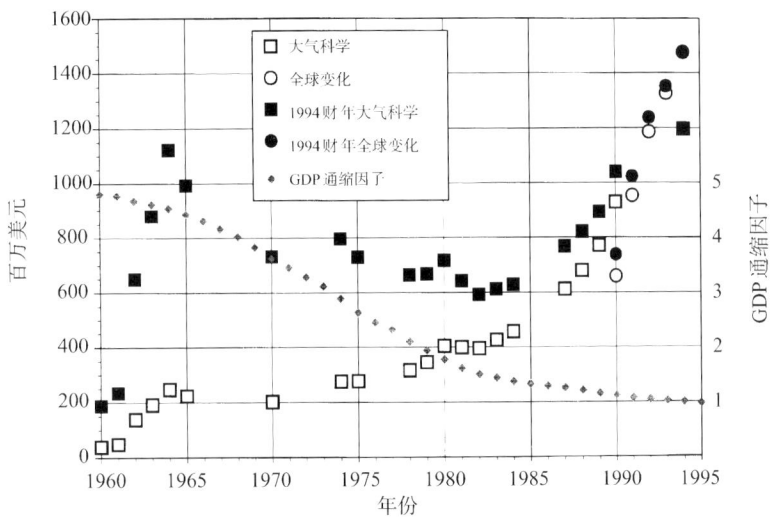

图 I.4.1 联邦对大气科学和全球变化研究的资助额（以现在和1994财政年为基准的美元数）。对1960—1990财政年间大气科学研究的估计来自大气研究分委员会（SAS）准备的总结报告；1994财政年是一个BASC估计，如正文所述来自环境和自然资源委员会收集的资料。对全球变化研究的估计从美国全球变化研究计划（作为总统预算的一部分）准备的文件中导出。应注意全球变化预算包括大气科学和其他研究领域。归算到1994年资料所使用的GDP紧缩通货因子，从GDP价格紧缩通货（例如，国家科学委员会，1996，附件4.1）中获得，其间通过推移到1994年然后取倒数得到一个乘积因子。

表 I.4.1　CENR 的 BASC 总结报告中功能的定义

功能作用	定义
1 资料收集管理	收集、处理和管理来自观测系统和数值模式的资料
2 预报	与改进公共及私营部门预报和气象、气候和环境信息应用相关的研究
3 观测系统	发展和运行单独的、与项目相关的观测和资料系统，为研究目的获取大气观测资料
4 观测和资料系统投资	发展和研制为大气研究和业务运行的多目的观测和资料系统
5 过程研究	在所有尺度上大气或相关过程的理论、观测和实验室研究
6 理论和模式	大气现象的理论研究和发展数值模式及它们的研究应用

汇集国家研究清单的工作开始于1993年11月，当时克林顿总统建立了国家科学和技术委员会（NSTC）取代了FCCEST，并命令NSTC"进行……联邦研究和发展支出的跨领域调查回顾"。作为响应，环境和自然资源委员会（CENR）要求每个机构提供描写1994财年环境R&D计划和活动的介绍和收支材料。CENR机构给出了509个项目介绍，其中约100项目描述了大气科学研究活动。在本节分析中使用约1000项由国家航空和航天局（NASA）关于太阳和近地空间研究任务的资料所增加的描述。尽管已认识到从不同来源构建一个有意义的收支总结报告是困难的，而且1994财年是有大量资料的最新一年。

为了有助于认识大气科学中的资助分布，BASC 使用了 CENR 的项目总结报告，并将资助分配给 5 大功能及本报告第二部分介绍的 5 大学科领域；配给相关领域（例如，社会影响、室内空气质量评估）的资助排除在外。表 I.4.1 给出这些功能的定义，表 I.4.2 给出各项支出的总结。所列的许多气候花费来自美国全球变化研究计划。

表 I.4.2　大气研究和基础设施投资，1994 年（百万美元）

分类	风暴动力学	气候	大气物理学	大气化学	外层大气	总计
研究花费						
资料获取与管理	5	180	27	23	63	298
预报和应用	29	45	8	12	0	94
观测系统	66	71	54	6	24	221
过程研究	3	45	51	38	16	153
理论和模式	16	86	18	31	3	154
小计	119	427	158	110	106	920
观测和资料系统投资						
NWS AWIPS	43					43
NWS ASOS 和 NEXRAD	263	88				351
NESDIS 环境卫星系统	249	125				374
国防军事卫星计划	26					26
EOS 资料和信息系统		194				194
EOS 飞行		255				255
太阳和近地空间任务						
小计	581	662			64	1307
总的研究和相关活动	700	1089	158	110	170	2227

来源：BASC 整编，来自 CENR1994 年研究项目清单和 NASA 关于 1994 年进行的或发展的太阳和近地空间任务的资料。将 CENR 项目报告的花费分配于表中的类别由 BASC 做出，在某些情况下是主观的。

表 I.4.3 显示各部门大气研究资助额的分布，此表根据 CENR 清单资料和各部门提供给 BASC 的 1994 财年总研究经费资料制成。为了比较，也给出来自 1990 年 SAR 分析的各机构经费的估算。在一些情况下，在部门统计中的基本经费不包括在 CENR 清单资料中；在一些情况下，基础设施费用没有含在部门经费估算中[①]。

由于大气科学预算资料中这样和那样的缺陷，这里介绍的分析和总结都涉及主观的判断，但仍大略给出大气科学联邦资助的强度和分布。然而，关于大气研究联邦资助的平衡、重点和年间变化这些关键问题还不能回答，因为缺少独立真实的经费资料和分析。

[①]　通过假设仅是一部分资料和观测系统花费可归于研究费用，CENR 资料能够用来提供大气研究总经费的一个独立的估算。例如，CENR 研究项目总经费加上四分之一的资料和观测系统经费，给出一个 1246 百万美元的估算，这与 1196 百万美元机构估算可比拟。

表 I.4.3　各部门研究及相关活动支出，1990 财年和 1994 财年（百万美元）

部门或机构	部门报告		CENR 资料汇编		
	1990 财年 SAR1990	1994 财年 向 BASC 的报告	CENR 研究项目	资料和 观测系统	总数
商业	73	254	175	768	943
NASA	509	506	390	513	903
能源	45	93	107	0	107
国防	122	67	71	26	97
环保署	21	84	84	0	84
自然科学基金 NSF	106	135	77	0	77
内务	25	15	14	0	14
农业	15	16	1	0	1
交通运输	13	26	1	0	1
总计	929	1196	920	1307	2227

来源：由 BASC 汇编，数据来自 1994 年 CENR 研究项目清单和 1994 年 NASA 关于正在实施和发展的太阳和近地空间任务的资料。

对大气信息服务的资助

对大气科学的国家投资包括联邦为获取和管理大气观测资料的花费、准备预报和预警的花费和将大气信息分发给公共和私营单位广大用户的花费。估算提供和处理大气信息的私营支出是有价值的，这是一个所知甚少的题目。

与汇集研究支出总结报告的困难形成明显对比的是，气象业务的联邦花费每年由联邦气象学协调人办公室（OFCM）详细总结报告。图 I.4.2 中显示 1969 年以来的资助历史，表 I.4.4 中给出各部门 1994 财年花费的分布。

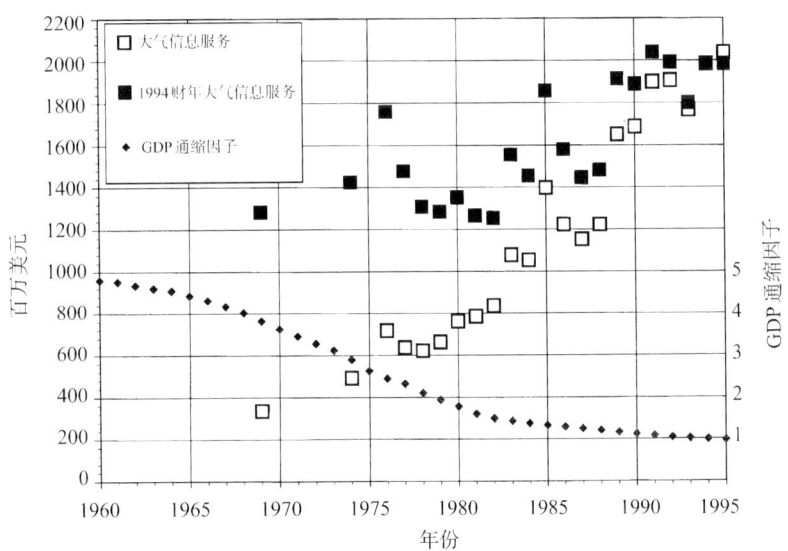

图 I.4.2　1969—1995 财年大气信息服务（常称之为业务气象）的联邦资助额，由气象服务和支撑研究联邦协调人办公室汇总，单位是目前的和定常 1994 财年美元（更多详情见图 I.4.1 中图例）。

表 I.4.4 气象业务联邦经费,1994 财年(百万美元)

部门或机构	支	出
农业部		12
商业部(NOAA)		
国家气象局	723	
国家环境卫星、资料和信息局	401	1124
国防部		506
内务部		
陆地管理局		1
交通运输部		
联邦航空管理局	360	
海岸警卫队	7	367
NASA		8
核管理委员会		<1
总计		2018

来源:气象支撑服务联邦协调办公室,根据各机构提供的资料有所调整。

应认识到研究和相关活动经费(表 I.4.3)及气象业务运行的经费不是严格相加的,因为在报告的资料中可能有一些经费重叠。

联邦资助的总结

天气信息服务的联邦资助的分配已得到妥善记录归档,但在大气研究关键类别中的经费仅是大致了解。美国对于大气科学是否有一个平衡而又适当集中的主攻研究方向这样一个问题,目前还不能回答。对于确定的重要任务是否有足够的支持和重要创新是否给予了适当的优先这类问题,进一步获得更为详细的预算信息是很关健的。

I.4.4 领导和管理规划

许多政府机构对大气研究和业务感兴趣并涉足其中,因为大气现象和事件与许多国家活动有密切的关系。在 SAR 被解散之前,它协调约 10 个机构的研究活动。OFCM 通过大量的委员会和活动协调气象业务。一个促进和管理美国全球变化研究计划的有效协调机制在 FCCSET 领导下由 CEES 发展建立,并在 CENR 领导下一直持续工作。美国天气研究计划采用类似的组织和管理,以聚焦在改进风暴尺度现象的认识和预报。大气化学的一个重要分量通过北美对流层臭氧项目战略和 CENR 的空气质量研究分委员会来协调。这些机构间的利益兴趣清楚地表明大气科学的研究范围及其对国家的重要性。

根据本报告,显然大气科学进步需要认定和确立合适的优先级项目,使得研究事业保持活力并聚焦于更大国家目标架构中的重要活动。

无人设定优先(项目),无人形成日程

今天,有理由对大气研究规划大大关注。无人设定优先;则无人形成日程。部分地,这是将直接的联邦研究活动导向国家科学和技术委员会(NSTC)管理的许多重大创新项目的一个结果。在这一结构中,大气科学视为许多交叉问题(如全球变化和自然灾害)的潜在贡献者。然而,为使大气科学成果有效地服务于国家需求,它们应当投入到同时服务于许多创新活动的研究方法中去。而且,这种投入应认识到解决战略问题中所需的科学进步,无论它们交叉学科的动机是什么,都将会在各学科本身中发生。

因此,BASC相信一个国家的研究环境需要一种强有力的学科规划机制。这一观点被非常基本的现代大气科学和国家现实所强化:大气科学中的科学进步和社会服务机遇远比其资源丰富。为此,本学科的努力方向应由总体思维和深思熟虑的优先级来指导。

因此,大气事业的全部合作者——政府、大学和企业——必须联合起来作为一个有效的团队来面向未来。为使之到来,必须对优先级和进展及对资源和成果有明晰的责任。

第二部分

学科评估

Ⅱ/1

进入 21 世纪的大气物理学研究[①]

Ⅱ.1.1 概　要

大气物理学寻求从物理原理来解释大气中发生的各种时间、空间尺度的现象。大气物理学包括的领域有：大气辐射、气溶胶物理学、云物理学、大气电学、大气边界层物理学，以及小尺度大气动力学。

Ⅱ.1.1.1　主要的科学目标和挑战

在每一个领域，一般我们对最基本层次的问题所涉及的物理原理都有一个有用的认识。然而，单独掌握这些物理原理并没有保证对观测到的大气现象有充分的理解，因为这些现象的发生本质上是复杂的，是各种物理过程间错综复杂的相互作用的结果。此外，这些作用跨越很大的时间和空间尺度，且小尺度过程对更大尺度过程有显著的影响。所以必须加强所有单个物理过程整体效应的认识，理解它们对更大空间尺度更长时间尺度现象的影响，这就是所谓的组织化原理(organizing principles)。

Ⅱ.1.1.2　科学战略的关键组成部分

解决主要科学问题和挑战的计划中的最关键的组成部分有以下几个方面：

·发展和检验小尺度大气物理过程(例如湍流)对大尺度大气现象(例如雷暴)产生影响的预报能力。

在很多情况下，大尺度大气现象起源于全体相互作用的综合效应，这些相互作用出现在较小空间尺度以及较短时间尺度上。天气气候由这些大尺度事件组成，而阻碍更加精确模拟和预报天气气候的两个主要障碍，是对较小尺度事件的物理认识以及由于计算资源的限制而无法将其在模式中显式表述。这个问题的解决在于发展组织化原理，把小尺度事件与大尺度现象联系起来。目前在这个领域正取得一些进展，这要归功于模拟和

[①]　大气物理学特别工作组报告，成员有：W. A. Cooper (主席)，NCAR；T. Ackerman；C. Bretherton，University of Washington；S. Cox, Colorado State University；J. Dye, NCAR；E. Gossard, ETL, NOAA；D. Lenschow, NCAR；V. Ramaswamy, GFDL, NOAA；D. Raymond, New Mexico Institute of Mining and Technology E. Williams，Massachusetts Institute of Technology.

计算能力的进步、地面和实地观测的扩展、科学家之间的交流和合作的加强。

当前很多注意力投向利用野外观测来检验模式结果。在大气科学领域内,检验实质上是在一定的误差估计内确定某一理论的精度的过程,这些误差包括理论(模式)计算版本的误差以及观测系统的误差两个部分。误差估计本身在大气科学里通常是不精确的量化,因为对于误差在非线性系统中的传播缺乏认识以及无法创造可重复的大气实验。

• 研发那些确定水物质在大气中所观测到的分布的过程和相互作用的定量描述。

无论是水汽,还是液态或固态水,水在气候和天气过程的重要性是显而易见的,但是当前对于大气中水循环详细描述的能力还比较弱。这包括上对流层水汽的刻画比较匮乏,地表通量和降水效率的不确定性,积云对流对于水输送以及海洋上降水描述的整体效应的表达比较差,对于大气水文循环与水循环其他部分之间的联系缺乏全面的认识。

幸运的是,最新进展似乎有助于这些问题的解决。这些进展包括:实地探测和遥感探测方法、海洋上空降水的特征化、新的模式能力和研究区域尺度水分循环的综合国际合作项目。

• 加强支持大气物理的研究的关键要素的测量能力。

很多大气物理测量领域落后于现有技术所能提供的方法。当前最需要的是适合于大气物理研究的平台,包括新的观测卫星和以及能够在高空长时间飞行的飞机。最重要的观测对象是水物质、辐射和痕量气体。

Ⅱ.1.1.3 支持战略的启动计划

实施这些研究战略要求开展以下学科启动计划:

• 大气辐射:认识辐射与水文循环各个部分之间的相互作用。

• 云物理学:认识水物质相互作用和过程(例如:初始水滴形成、云化学),以及辐射和云之间的相互作用(这是天气和气候研究需要的)。

• 大气电学:有助于减少由于闪电放电导致的设备和经济损失,通过观测电的活动来监测恶劣天气和典型天气及气候。

• 边界层气象学:认识边界层对天气、气候和人类活动的影响,并应用这些认识。

Ⅱ.1.1.4 对国家利益的预期效益和贡献

这里推荐的研究计划的很多方面涉及气候预测的不确定性的来源。除了加速减少这些不确定性,还会产生其他利益,例如,增强区域和局地天气预报能力,有助于制定政策减少人类活动对环境的影响以及加强国家对自然资源的管理。

Ⅱ.1.1.5 推荐的大气物理学研究项目

推荐的大气辐射研究

• 发展和/或检验辐射传输理论和模式能力,从而(1)认识水汽连续吸收和云中太阳辐射吸收;(2)发展非球形(包括不规则)粒子散射理论;(3)认识有云大气中的辐射传输。

• 发展观测研究和分析研究,从而(1)更好地利用卫星和其他遥感探测资料,(2)描述水汽的四维分布,(3)定量描述痕量气体和气溶胶对气候的直接辐射强迫。

推荐的云物理学研究

• 发展预测层积云和卷云的范围、寿命和微物理以及辐射特征的能力,从而(1)解决海—气耦合中与层积云有关的问题,(2)解决气溶胶—层积云反照率反馈效应,(3)解决全球变暖或变冷中卷云的作用。

• 改进大气辐射传输模式;利用观测资料检验辐射传输模式在不同大气条件下的模拟能力;改进大气环流模式(GCM)中辐射效应的参数化。

• 加强关注云及其与辐射之间的相互作用,从而(1)估计云的覆盖范围和辐射特征,(2)改善对液态以及固态降水形成的理论认识。

• 进行降水机制理论的严格检验,尤其关注动力效应,以便(1)检验暖雨模式和冰相降水过程,(2)评估降水产生和蒸发对风暴动力演变的影响,(3)评估降水过程对有意识及无意识人工影响天气的重要性。

• 发展预测水凝物和气溶胶大小分布的能力,从而(1)确定它们对地球辐射平衡的联合影响,(2)认识它们在维持异相大气化学反应和降水形成中的作用,(3)评估微物理过程对云模式的影响以及云对气候模式的影响。

• 研究气溶胶、痕量化学物质以及云之间的相互作用;发展并改进对大气气溶胶的特性表征,从而(1)刻画全球化学模式中云凝结核(CCN)的活动,(2)发展气溶胶的辐射效应的表达。

推荐的大气电学研究

• 确定云中电荷产生及分离机制,从而认识云形成机制以及揭示闪电的基本物理学。

• 确定中层大气放电的本质及起源,从而(1)增强对这些最新发现的现象以及它们与强天气之间的可能联系的认识,(2)探究这些现象对无线电传播以及大气化学的影响。

• 量化闪电产生的 NO_x 量,更好地认识对流层上层臭氧的产生和损失。

• 研究全球电环路和全球及区域闪电频率可能是气候变化的一个指示器的可能性。

推荐的边界层气象学研究

• 认识有云边界层的结构,从而能够刻画边界层云对气候的影响效应。

• 改进边界层湍流和夹卷现象的认识,从而服务于数值模式中边界层的参数化以及改进污染模拟。

• 改进地球表面水、热和痕量成分交换的观测。这在对流层许多研究应用中都是基本的信息。

• 认识行星边界层、地表特征以及云之间在模式中的相互作用,从而应用于温度日变化的分析和预测模式、水文学研究和污染预报。

• 开发新的边界层遥感探测仪,获取边界层三维流场更加完整的信息,直接用于比较边界层模拟效果。

推荐的小尺度动力研究

• 发展更好的次网格(比气候模式网格尺度小的)物理过程的表达或参数化,从而改进 GCM 参数化。

- 描述大尺度模式中的湿对流效应,改进具有潜在破坏性的中尺度对流雷暴超级单体模式。
- 改进大尺度模式中的小尺度特征的动力表述,从而更好地认识局地强天气、大振幅重力波、晴空湍流、平流层－对流层交换。

能力改进

- 大气物理学的研究要求新的观测系统,例如多普勒红外雷达、偏振激光雷达、毫米波雷达、微波辐射计、多普勒风廓线仪以及偏振多普勒雷达。
- 开发新的分析技术,例如(1)从红外分光计多谱算法推断光学厚度、云中液态水含量和痕量气体浓度,和(2)其他领域的技术,包括:图像识别、智能系统、人工智能、混沌理论以及计算机可视化。

Ⅱ.1.2 引　　言

Ⅱ.1.2.1 任　　务

大气物理学运用基本物理原理寻求解释发生在各种时空尺度上的大气现象。因此,大气物理学可以广义地认为包括所有大气现象。然而,大气科学领域传统上把大气物理学与大尺度动力学(中尺度、天气尺度和行星尺度)以及大气化学区别开来,这里也采用这种传统划分。因此,这部分与本报告其他部分材料相重叠在所难免。

这里强调的领域包括大气辐射、气溶胶物理学、云物理学、大气电学、行星边界层过程和小尺度大气动力学。在所有这些领域,一般都有一个最基本物理原理上的认识,包括运动或电磁学规律。然而,单独认识这些物理原理并不能保证对所观测到的大气现象有充分的认识,这是因为这些现象的出现本质上是复杂的,是各种物理过程之间错综复杂的相互作用的结果。另外,这些作用跨越很大的时间空间尺度,许多小尺度过程对大尺度过程有显著的群体效应。例如,光子与云滴的群体相互作用对云生命期的影响,云的演变对天气发展的影响,天气发展对气候的影响。没有哪一种大尺度模式能够包括所有这些过程,因而有必要探究单个物理过程对更大空间尺度更长时间尺度现象的群体效应,即要发展一个称为"组织化原理"的认知过程。当前大气科学研究主要关注如何想方设法来表示、理解、组织并预测这些复杂相互作用现象的结果。

Ⅱ.1.2.2 主要研究课题及历史成就

本节回顾大气物理学的一些主要研究课题以及目前成果,并说明阻碍当前进展的一些关键性问题。这份回顾表明近些年来大气物理学领域的研究方向有显著的调整,大多数侧重于气候研究。

例如,大气辐射由于其对大气科学日益趋增的重要性而受到越来越多的关注。由于气候模拟备受关注,因此更有必要加强对大气辐射传输的认识,且当前成果表明辐射对于中尺度天气系统和天气预报有影响。云物理学范围已经拓展很宽了,尤其关注云在气候、中尺度气象以及大气化学中的作用。因为需要在天气和气候模式中表示小尺度过程,因此参数化问题得到很大重视,并且成为当前活跃研究领域,例如云物理学、大气辐射、边界层以及云动力学等方面的参数化研究。小尺度动力学中很多问题涉及小尺度与更大尺度的相互作用,从而也与参数化有关。注意这里所说的"参数化"包含两个概念上完全不同的过程。它既包括采用组织化原理又包括采用经验关系,通过这两种方式把次网格过程放进模式中。前者意指对一些过程的物理规律有很好的认识,但由于计算资源的限制而只能通过统计方法或总体模式放进大尺度模式。后者意指由于我们对于一些过程缺乏充分的物理认识,而只能通过一些观测来描述这些过程。因此,就不难理解为什么经验过程包含很多曲线拟合和外推。实际上,大多数参数化两者都包括,本文也采纳这种观点。

另外,在过去20多年随着计算能力的增强以及仪器设备的扩充,人们更加关注模式输出与观测资料的比较,即模式验证(validation)或检验(verification)过程。验证的内涵是常常通过经验或逻辑方式建立某个理论的合理性。而检验的内涵是经常通过经验方式检查某个理论的精度。无疑这些概念是紧密相连的。不幸的是,大气现象通常很复杂,跨越很大的时间和空间尺度,因此逻辑上十分严格的验证是不可能的;我们不可能计算或观测所有相关的物理量。

检验过程,概念范围更窄一些,仅仅检查一个理论精度——尤其只检查理论的某些方面——则概念上讲更容易处理一些。尽管这些定义有一些模糊,模式检验的概念在当前大气物理领域还是根深蒂固的,并且近年来成为研究的重要知识驱动力。并将继续保持一个强的驱动力。在本文中,检验这一概念,用来表示通过误差估计建立理论精度的过程。需要注意的是,在大气科学领域误差估计本身就经常是一个不精确的量化过程,因为在非线性系统里对误差传播缺乏认识,而且无法重复大气过程的试验。

大气物理学的研究是增强认识大气中的辐射传输、降水形成、输送和其他基本过程。除此之外,大气物理学研究的主要社会效益是改进天气和气候预报能力。目前人类活动范围已经影响到天气和气候,所以迫切需要认识这些效应以及它们的后果。这就增加了当前科学认识这些现象的紧迫性。由于天气和气候影响对我们个人和群体来说都很重要,更加可靠的天气气候预报将会有极大的社会和经济价值。

Ⅱ.1.2.3 未来前景

后面几个部分将讨论未来计划的内容,即如何面对下面列出的几个挑战以及如何利用当前进展提供的机遇。这些内容,尤其关注以下三个特别重要且应优先探索的方面:

(1)发展和检验预测小尺度物理过程对大尺度大气现象影响的能力。
(2)发展定量描述能够决定大气中观测的水物质分布的过程和相互作用。
(3)改进支持大气物理学研究的关键性测量的能力。

这些急迫的研究跨越了大气物理学所有领域的需求。前两个探索方面的实现将是一个了不起的科学成就,将直接提高我们预测天气和气候的能力。

Ⅱ.1.3 科学挑战和问题

Ⅱ.1.3.1 大气辐射

在过去十多年里,大气辐射传输和遥感理论已经非常成熟,对大气科学的重要性也日趋明显。如果我们发展真实气候预测(情景),一个必须认识的基本相互作用是辐射与水分循环各成分(尤其是云)的相互作用。大量研究表明辐射过程在对流系统的发展和维持阶段很重要,因而对天气预报和中尺度气象有重要影响。卫星遥感给气象学提供了大量的有关全球大气状态的资料,同时地基遥感也开始提供详细的、时间连续的资料,可以用来认识大气中的物理过程。

尽管理论成熟,辐射传输和遥感仍然存在显著的研究挑战。首先,气候模式里云—辐射相互作用的模拟,与从观测的云尺度上对同样这些过程的认识仍然存在分歧。因而仍然需要努力发展有云大气中有效的辐射传输参数化。第二,直至现在在致力于高质量辐射仪器(尤其是实地观测和地基观测)的资源,仍非常非常少。同时,业务卫星仪器也是用到期满,没有足够的后备仪器。后果是,很多情况下,辐射资料的质量和数量不能满足当前问题研究的需求。第三,对于较实际的云—辐射问题的理论和计算研究的支持非常有限。这妨碍我们认识三维辐射传输的本质、非球形水汽凝成物的散射或云的异常吸收。

现在以及不久的将来,以下活动可能是大气辐射研究的重要方面。面临的挑战是在这些领域实现目标或取得显著进步。

辐射传输模式和观测

当前辐射传输模式给出的通量和加热率精度必须进行检验,严格比较计算量与大气顶与底的观测量和大气中观测辐射散度,特别关注有云条件下的情形。当前陆地红外模式计算与观测的比较表明,晴空条件下特定情形的结果令人鼓舞。检验必须既反映晴空条件也反映有云条件,既反映太阳短波也反映红外长波。这些比较本质上是要解决水汽的连续吸收和云中太阳辐射吸收的这些突出问题。这一挑战的一个重要部分是如何同时获得组合资料集,刻画云(特别是冰云)的微物理和辐射特征以及温度和水汽的分布。

含有非球形粒子介质中的辐射传输

尽管球形粒子的散射理论非常完善,但是对于冰晶体这样复杂形状粒子的散射尚没有类似的理论基础。需要发展一个理论,跨越各种粒子大小以及波长,估计卷云以及其他含有冰晶的云的辐射效应。由于建立一个包括所有冰晶形状的理论很困难,因此理论发展必须与微物理观测以及检验和延伸理论的观测结合起来。

有云大气中的三维辐射传输模式

当前研究表明:在确定云中辐射特征方面,云中的宏观物理三维变化可能与云的微物理特征同样重要。因此,在天气和气候模式中辐射传输宏观物理效应的量化以及参数化很重要。

卫星资料以及其他遥感探测资料分析的新方法

卫星以及地基传感器产生的大量资料，目前技术很难处理，这个问题并将在未来十年中更加突出。需要自动系统和新的技术来日常分析这些卫星与地基系统产生的遥感资料。这些分析必须生成定量结果，包含一定误差范围，但比我们目前反演地球物理参数的能力要好。同样存在一个机遇，把过去用于研究的大量遥感仪器转变成常规使用仪器。这些仪器包括精密复杂的激光雷达、毫米波雷达、微波辐射计以及干涉仪。它们能够监测的一些关键参数有云底和云高、地表辐射收支（包含中小尺度直至全球尺度）、大气辐射加热廓线、水成物大小分布、冰和液态水含量以及水汽（含量）。

大气中水的四维分布

由于地球系统中辐射传输与水分循环的各个成分都有联系，因此认识水分循环以及水汽分布对于完整地理解辐射相互作用非常关键。气候模式如果想恰当地描述辐射传输，就必须从云尺度、中尺度过程到大尺度环流来改进水分循环的描述。水汽的水平和垂直分布对于确定辐射通量和加热率起关键作用，它们经常通过对辐射收支的决定性影响产生适宜于云发展的区域。这些分布的局地地基监测仪有拉曼散射或微分吸收激光雷达（DIAL）、红外干涉仪以及无线电探空；区域和全球分布可以通过星载辐射仪或干涉仪或商业飞机装载的传感仪器来监测。

改进气候中对云作用的认识

模式模拟和观测结果都揭示了云－辐射相互作用在气候以及气候变化中起重要作用。在这点上，基本物理问题提出了巨大的挑战，这一挑战可分成很多步骤来解决，例如，(1)发展更具物理基础的云－辐射参数化；(2)在气候模式中包含云微物理和宏观特性的显式处理；(3)考虑这些特征对模式大尺度动力学和热力学的依赖性和影响。一旦成功完成这三个步骤，就会精确描述大气中的辐射加热。

还必须努力采用过程研究成果、云尺度和中尺度模拟结果、长期云尺度资料以及大尺度全球资料。这将会增强我们对云在气候中的作用以及这些效应在气候模式中的参数化的认识。

痕量气体和气溶胶对气候的直接辐射强迫

辐射活性气体（而不是传统的充分混合的温室气体）浓度和云分布变化潜在的重要性，在近年来越显明朗。这些具有寿命短、时空分布依赖性强（例如，对流层和平流层气溶胶、臭氧）的种类的效应必须精确估计，从而认识它们在气候中的作用。

辐射与其他物理过程（例如化学、输送和转化）的相互作用

一些痕量气体和气溶胶从它们进入大气直至它们从大气中清除都具有有复杂的生命过程。这些循环可能受到光化学、化学和微物理过程的影响。它们也可能受到局地环境条件的影响。如果想在气候模式中得到这些成分效应的可靠模拟结果，认识这些生命过程很关键。

Ⅱ.1.3.2　云物理学

当前的研究已经大大地拓宽了云物理学的研究范围。传统云微物理中初始雨滴的形成、雨的增长、冰的形成及增长、粒子的清除以及其他问题仍然需要研究,但是在过去的几年,人们更加关注云在气候中的作用、云化学以及辐射—云的相互作用。

目前以及不久的将来,云物理学研究的重要方面是如下几点。

云的覆盖和辐射特征

过去十年里,卷云和层积云受到很大关注,这是因为它们在地球辐射平衡中的重要作用。它们都是野外加强观测试验以及很多数值模拟的研究对象。尽管这些研究提高了对这些云的本质的认识,但仍然留下了需要解决的重要问题。这些问题包括层积云崩溃的起因、决定层积云中夹卷的定量因子、决定卷云中冰浓度和大小分布的因子以及在两种云中与辐射的相互作用的细节。另外,对于存在大量夹卷过程的云,云动力学能够很强地调节云滴数浓度(CDNC),从而有助于描述云凝结核与云滴数浓度的关系随高度的变化。这些问题似乎在未来十年里就可能解决。此外,这些研究需要延伸到对流层中部的云(这些云往往有着更为复杂的、混合相态结构)以及热带对流层中的卷云。

大气中冰粒子的形成

尽管冰粒子对云物理学的几乎每个方面都很重要,尽管过去几十年里花了很大努力来认识这个问题,但是我们对控制云中冰形成的因素的认识仍然不够。无论在冰核化还是二次冰形成方面的认识都还不能根据控制变量来预报云中观测到的冰浓度。当前很多研究,包括对云的辐射效应以及降水形成的研究,要求增强认识这些基本过程。

改进降水形成的认识

尽管对降水形成的基本过程已有比较好的了解,但是我们还没有认识它们的细节。尚不能根据降水形成的所有主要机制(例如水滴碰并、过冷水的冰化、经典 Bergeron 过程)来解释导致降水的一连串事件。对冰相降水的认识很不完整,不仅因为对冰起源的认识问题,而且对聚合、增长、融化、破碎以及蒸发等作用的认识很不够。尽管我们认为有关暖雨形成的基本过程已有很好的认识,但是当前对于碰并效率(collection efficiencies)以及水滴破碎过程的认识是否充分还不确定。大粒子和巨大粒子在暖雨形成的作用还需要解决。尽管已经有资料可用来检验这许多过程,但是还缺少降水形成所有方面的确定性检验。

预报影响大气辐射传输的水汽凝成物和气溶胶的尺度分布

云结构、气溶胶以及痕量气体之间的重要联系是与酸雨有关的热门研究课题,人们同时关注云凝结核与云微结构相联系的有关方面。然而,除了几个例外的情况外这一领域的研究苦于没有通用的方法来处理这个问题的所有成分(痕量气体、气溶胶、云结构和辐射)。

气溶胶在大气中的作用很重要,但我们对它认识不足。它影响地球的辐射平衡、维持异相化学转变、控制大多数降水形成、以及确定云的微尺度结构。当前很多研究表明它的影响是很明显的,例如影响全球变化、平流层臭氧损耗、飞机积冰、卷云的辐射效应以及飞机排放对气候的可能影响。要认识气溶胶对这些过程的影响,我们需要更好地认识气溶胶在大气异相化学转变中的作用,确定粒子在云中冰形成的作用,具有预报大气粒子的形成和生命过程的能力。气溶胶研究因为涉及与实际生活直接相关的基本科学问题,从而成为未来研究的一个重要的焦点。

云的辐射效应取决于水凝物的尺度分布。需要解决的问题包括以下几点:卷云中是否存在高浓度小冰晶粒子,它们像一些遥感观测结果所显示地那样控制辐射特征吗?海洋产生的二甲基硫化物(DMS)在层积云反照率中的重要性如何?关于云吸收的观测和理论计算之间差异的来源是什么?控制卷云中冰晶浓度的因子是什么?这样,很多涉及辐射效应的问题同样涉及云物理的基本问题。在我们认识确定水凝物尺度分布的因子之前,云的辐射效应在预报意义上很难认识。就云滴而言,它最初是 CCN 数量;就冰而言,它最初是冰核(IC)数量。要理解 CCN 和 IC 数量如何随气候变化而变化,我们需要知道 CCN 和 IC 数量对其他气候参数的敏感性,这些参数包括全球温度、太阳辐射、地表水汽以及土壤特征。当前我们的认识还远远不够,甚至对于大气中这些粒子浓度量级都没有好的解释,更不用说预测它们可能的变化。

云和微物理过程对云模式影响的次网格参数化

由于人们更加关注与气候有关的研究,因此很多新的着力点放在发展全球尺度气候模式中的云效应的参数化。这些方法包括描述云滴或冰晶的辐射效应,云对动量、热量以及水收支效应的参数化,云量与大尺度条件(例如,相对湿度)的关系,提供全球分布的卫星观测,以及发展新的技术来表示中尺度和全球模式中的云和液态水。

全球气候模式必须用大尺度变量来表示云的效应,而云中重要过程发生的尺度通常要小很多个数量级。云对大尺度输送过程和辐射的影响必须通过尺度在 100 km 以上的变量来表示。现在尚不清楚是否可以通过一种方法(该方法反映气候预测所需关系的本质)来弥补这种差距。然而,解决这个问题有很多有希望的途径。云分辨模式现在用来确定云对于那些尺度小于 GCM 能够分辨的尺度的影响。观测尽管可能对于气候预测以及认识 CCN 数量的变化尚不够充分,但对于当前气候状态提供了好的描述,从而也确定了云滴的辐射特征。冰粒子大小分布的参数化研究虽然有很多工作,但是目前还很弱,并且很难有所进展,除非对冰的形成过程有很好的认识。卫星遥感研究已经提供了云辐射效应以及云量的全球资料,并将提供关于云中凝结物谱分布的更多信息。

Ⅱ.1.3.3 大气电学

随着国家和世界人口、城市化、技术复杂化以及经济体的增长,灾害天气事件和闪电的影响可能日趋明显(参见第一部分表 I.2.1 灾害天气事件的影响资料)。闪电是天气灾祸的一个主要原因,造成大量经济损失,例如:森林火灾、电力中断、以及破坏计算机、通信及其他电子设备。闪电活动测量是未来一个有前景的观测方式,监测灾害性天气,例如,龙卷风、冰雹、山洪暴发、暴风雪以及飓风。

大气电学领域传统包括六个研究方面:(1)闪电,(2)云中起电,(3)全球电路,(4)离子物理和化学,(5)电离层和磁层电流,以及(6)地球(土壤和海洋)电流。本报告主要关注前三个研究领域,因为它们是大气科学通常探究的范围。离子物理和化学这个主题在大气化学委员会的报告中有讨论(NRC,1996a)。这些领域早期的全部研究概括可以参见《The Earth's Electrical Environment》(NRC, 1986)。尽管这里把主题分成几个部分,但相互之间有很大的关联性。举例来说,对全球闪电频率的了解对于更好地认识全球电活动、闪电产生的 NO_x 以及或者全球温度都非常重要。

在目前以及不久的将来,下面几点可能是大气电学研究的重要方面。

云中电荷分离机制

尽管现在有很多实验、观测以及模拟证据表明冰—霰碰撞对云起电很重要,但是我们的认识还有重大差距。我们对于电荷传输的物理机制还缺乏基础认识,电荷传输似乎与冰面特征密切关联,从而决定于温度、液态水含量、粒子大小以及其他微物理参数。进一步认识冰粒子的形成和增长对于云起电和辐射—气候反馈都很重要,所以应该是一个优先课题(第二部分"云物理"一节已深入讨论)。其他电荷分离机制也可能起作用。还需继续观测、实验和模拟全球不同地理条件下冰云以及暖云的起电过程。

探究作为反映气候变化研究中稳定度和温度度量的全球电路和闪电

全球电路可能在监测气候变化中非常有益。闪电产生对于对流上升速度敏感,而上升速度受大气稳定度的影响;这样,闪电频率可能随着不稳定度的增强而增大。因而出现了假设,全球变暖可以通过不稳定度和闪电频率的增强来证明。持续监测电离层电压、地—气电流以及舒曼(Schumann)共振可能发现对流层稳定度甚至地表温度和水汽的全球趋势。全球监测闪电现在技术上已经可行了。然而,由于电导率和起电与粒子的浓度相联系,因而这些量要求同时观测,目的是认识电路特征与气候的关系。

中层大气放电的特性和源

只是最近才认识到雷暴上方向中层大气(平流层和中间层)放电很频繁。至少两种不同类型的事件发生,延伸到平流层和中间层。需要由观测资料来认识放电的本质及机制,以及它们对无线电传播和平流层化学的可能效应。

闪电产生的 NO_x

对流层上层臭氧的产生和损失强烈依赖于 NO_x($NO+NO_2$)(即氧化氮+二氧化氮)源的分布和强度,有足够证据表明闪电是重要的并可能是主要的源。一个直接的挑战是评估闪电对全球和区域 NO_x 浓度的重要性。在能够评估目前及未来商用飞机或人类活动地表源排放之前,对 NO_x 这些自然源的量化很重要。正确调研这一课题要求专门的观测和模拟技术研究闪电物理学和形态学、大气化学、云动力学以及中尺度及全球动力学。这些研究是交叉学科的;但是,目前已有仪器、技术和模式可以用来解决这个问题。就认识和保护我们的大气环境而言,这形成了一个高优先级的挑战课题。

II.1.3.4 边界层气象学

边界层作为所有人类生存的大气部分,与我们的生活息息相关。边界层被定义成与地球表面湍流耦合且包含非降水薄积云或层积云的那部分大气。边界层对天气和气候起核心作用,因为边界层把地球表面过程(如蒸发与潜热通量)与自由对流层耦合起来。这种把能量和动量从地球表面输送到大气的过程,尽管复杂,但对于确定大气行为至关重要。

有云边界层结构

边界层云有很重要的气候辐射效应,也不可避免地与边界层湍流、对流动力学相耦合。我们已经知道边界层热力结构,边界层顶有层积云,有时是浅薄的层云。然而,我们只是刚开始认识在副热带以及中纬度海洋上空边界层在这两种类型之间转变。在大陆上空,在边界层云、湍流和地表通量与模式比较等方面的综合研究为数不多。在北极的夏天,云一直存在于稳定的或多层边界层中。挑战之一是如何模拟和发展参数化,能够真实地描述这些不同边界层云、微物理、辐射以及湍流之间的紧密耦合过程。第二个挑战是提供陆地、北极海冰和中纬度海洋上的综合资料,用来检验这些模式。

湍流和夹卷

对于由对流加热驱动的未饱和边界层,我们很好地了解湍流统计、湍流通量以及大涡结构,与大涡模拟(LES)模式、一维模式以及观测有很好的一致性。基本挑战是我们考虑其他普遍存在类型的边界层中的湍流和夹卷过程。在辐射驱动的层积云覆盖的边界层中,夹卷率、湍流特征与云顶温度和湿度廓线的关系,还有争议。尤其稳定成层边界层是一个挑战,因为间歇湍流、小尺度且对地表变化敏感。但它非常重要,因为稳定边界层有利于地面上和附近排放的痕量成分的堆积。

非均匀性和斜压性对边界层的影响

对于水平均匀地表,边界层是如何表现的我们有很好的认识,但是在真实世界中,地表几乎不可避免是非均匀的。一个很大的挑战就是如何解决这个非均匀性,非均匀性起源于复杂地形和变化的地表特征。一个重要的实际应用是发展技术,把非均匀地表上获得的通量估计值升尺度(scaling up),从而适用于中尺度和大尺度模式。边界层非均匀性也与对流紧密耦合。深对流的局地下沉气流与地表通量相互作用,造成云下温度和湿度场非均匀性,这对于决定未来对流将要发生的时间和地点很重要。在中纬度气旋风暴系统中,边界层经常斜压性很强。大尺度模式不能精确地表示斜压边界层垂直风廓线或地表动量通量。大多数边界层模式研究有意回避考虑斜压性。今后几年的挑战将是紧密耦合观测方案、数值模拟试验和参数化,处理边界层的非均匀性和斜压性。

地球表面水、热和痕量大气成分交换的测量

地表热和湿通量是各种长度和时间尺度大气热引擎的基本来源。许多大气痕量成分有很重要的气候效应,例如:臭氧、二氧化碳、甲烷和颗粒物。没有它们的地表通量,就无法认识它们在大气中的分布。模拟这些通量基于经验,且需要精确的通量观测。从而要求不断发展灵敏而快速响应的传感器来进行直接涡度通量测量,如果没有快速响应探头,就要开发替代技术来测量通量,并且研究湍流通量的遥感测量技术。

行星边界层、地表特征以及云之间的相互作用

陆上边界层作为人类活动的主体环境尤其重要。边界层过程和边界层云对于陆上气候有重要的区域影响,因此需要与陆面过程(与大气的热和湿交换)同时考虑。这些包括植被和土壤湿度模式,目前发展很快。边界层湍流过程重新分布热和湿,帮助确定地表温度和湿度。云也影响地表温度和蒸发,并产生降水。目前的一个预报问题是直接从模式正确预测陆上温度的日循环。很奇怪,很多研究表明这个问题很难。这也涉及洪涝和水文,因为暴雨既补充土壤湿度,又吸收来自土壤蒸发的水汽。在北极,地表是混杂的海冰、融化的海水、裂缝、季节雪和冻土。地表的复杂性,伴随着复杂的边界层微物理过程,后者包括云和悬浮冰晶。

这些相互作用的模式涉及交叉学科,并要求区域野外实验来验证。过去边界层气象研究关注如何确定边界层风和湍流的垂直廓线、地表应力、地表热和湿通量,并在这些方面取得很多进展。与云以及各种陆面的相互作用应该成为下一个十年边界层气象学关注的前沿。

Ⅱ.1.3.5　小尺度大气动力学

对于我们需要知道的小尺度环流,我们尚不能抛开其他影响而得出结论说,我们已经掌握了每一方面。因为,与小尺度环流有关的最有意义的研究问题之一是小尺度环流与其他过程的相互作用。下面是几个例子:在热带气旋生成和中尺度对流系统形成过程中,大尺度过程如何控制这些小尺度环流? 如何在全球环流模式(GCMs)中真实地参数化重力波拖曳作用? 在某地对流及其引起的降水如何影响该区域对流未来的发展? 最后一个问题似乎与 1993 年夏季美国中西部偏北地区洪水的发生特别相关。

目前大多数小尺度和中尺度大气动力学研究涉及(1)湿对流和中尺度对流系统,(2)锋面和中纬度气旋,(3)热带气旋,以及(4)地形和其他地表引发的气流。在目前以及不久的将来,下面几个研究将可能是小尺度大气动力学研究的重要方面。

湿对流在大尺度模式中的作用

我们已经有很多外场计划关注这个挑战,即确定对流结构和演变以及对流所在的中尺度系统。这些计划包括很广的地理范围(例如高海拔平原、西部山区、美国南部沿海地区、热带海洋),我们对世界各地的对流形态学有比较好的了解。对流的数值模拟首先对于帮助理解超级单体雷暴取得成功。后来的工作揭示了冷池和阵风锋在多单体雷暴中的关键作用。目前模式已经发展到可以模拟雷暴的聚集体,即所谓的中尺度对流系统(MCSs)。

大尺度模式必须正确地通过对流参数化反映对流效应。最大的挑战之一是把我们当前对于对流的认识合并到参数化的改进中。这样做试图揭露我们认识上的不足,这些不足必须通过观测与高分辨率云模式的综合来弥补。这些方面必须回答的基本问题有:降水的发展、分布和蒸发,各种不同环境条件下的卷入和卷出,对流过程对热和动量输送,环境因子对于对流启动和总量的控制。

中纬度气旋里小尺度特征的动力表达

准地转理论和半地转理论已经成功地解释了中纬度气旋及相关联锋的总体特征。利用业务观测网络和特别野外项目做出的分析验证了这些思想。当前关注的是这些扰动的更小尺度特征。锋的三维结构,包括锋面波的研究和小尺度非平衡效应,是当前感兴趣的一个课题。锋和气旋中绝热动力学、能量和动量的地表通量以及潜热释放的相对贡献也是目前研究的课题。气旋中真正强的部分通常在尺度上很小,因而得不到传统平衡模式很好地描述。一些研究采用更准确的平衡方案,例如,非线性平衡,来描述这些系统。平衡的破坏和重力波的产生是目前开始研究的课题。这些研究能够更好地认识局地灾害天气、大振幅重力波、晴空湍流、对流层顶折叠区域的平流层－对流层交换。

大尺度模式中地表诱导气流的并入

一些观测项目已在应对一个挑战,即再现各种山脉上空及其周围的气流。理论和模式研究已经从高度理想化的二维计算到三维数值模拟取得了进展,考虑了非线性和地表通量。在与观测到的山地波和背风波结构比较中,经常发现其间的一些一致性。在背风坡气旋生成过程(通常,发生的空间尺度相对比较小)的认识上也正取得进展。所有这些方面的挑战,是把我们对这些现象的认识结合到大尺度模式中去。

Ⅱ.1.3.6 学科研究的挑战

这里讨论的课题是下一个十年研究计划的建议内容。它们提出了当前研究的一些挑战,同时也为近期研究和技术进步提供机遇。在简单介绍每个方面之后,本学科评估结论中将讨论一些更高优先级的范围更广的课题。

这里讨论的大多数研究课题本质上是跨学科的。事实上,很多机遇涉及传统上进行单独研究的过程之间相互作用的研究。云物理学尤其是这样,其中云与辐射、痕量化学物种、大气动力学、起电的相互作用是研究的焦点问题。但是,如何保持这些学科传统基础进步与发展新题目之间的平衡非常重要。我们在传统课题方面的认识有明显的不足,这将限制我们从事新的跨学科研究的能力,要消除这些障碍,我们必须继续花费很大的精力和资源来解决这些基本问题。

发展气候模式中在次网格尺度上发生的物理过程的适当表达式或参数化

当前,大气环流模式(GCM)计算采用的模式变量的网格空间尺度是 100 km 量级。相当一部分物质、水汽、能量和化学物质的通量发生在更小的尺度上,因此这些次网格(SGS)输送过程的效应在 GCMs 中必须通过参数化来表示。辐射传输的计算也必须考虑云和大气中其他不均匀性的次网格尺度过程的分布,并用 GCM 变量来表示卷云中不规则冰晶的效应。边界层通量依赖于陆地地表特征,而地表特征在 GCM 网格内通常有很强的变化。水相态之间的转换以及相应的加热冷却效应也主要发生在小于格距的尺度上。参数化问题是如何把次网格尺度过程表示成 GCM 模式变量(和其他可能信息,如地理位置和季节)的函数。

利用观测资料改进、试验和验证大气辐射传输模式

在过去 30 年内,我们在模拟晴空天气辐射过程能力方面取得了显著的成就。然而,我们在认识和模拟辐射通量和加热率(尤其在有云大气条件下)方面有严重的不足。从而影响我们对云—辐射相互作用以及云在气候中作用的认识和模拟。

这些不足的主要原因是对于大气、云量、云微物理和宏观物理特征等空间和时间变化的描述不够充分。近来,一些创新工作开始研究这些不足方面,但仍需要通过很大的努力形成一个模拟和观测结合起来的计划,来同时处理这些问题。

近来在辐射传输模拟方面的创新包括各种三维辐射传输方法和改进联合处理气体吸收和粒子散射的方法。另外,从分形数学提供的新思路来研究云的环境,引起了很大兴趣。这些新模式提出,可能存在理论工具来处理真实三维云场中的辐射传输。然而,要拥有恰当的模式并在真实环境中检验这些模式,还有很长的科学征程。要检验这些模式,将需要同时观测三维云场及其特征和相应的辐射量。各种先进的观测工具,特别是毫米波长雷达,为这些必要信息的获取提供了前景。

最优先的课题是建立输入量以及相关三维模式计算的有效性。当前,最紧迫的问题是缺乏充分先进的辐射仪器和平台。一旦对三维模式计算辐射传输的能力有一个准确的评估,这些模式可以用来评估天气和气候模式中必须采用的较简单辐射模式的表现。

发展预报层积云和卷云的范围、寿命和微物理以及辐射特征的能力

我们正在根据过去在副热带和1997年北极的野外实验所获得的认识以及资料致力于改进海洋层积云边界层云的参数化。特别在边界层垂直结构与云类云量之间的联系方面,有越来越好的认识。如果把新的GCM参数化与这些区域资料集和全球资料集(例如,国际卫星云气候计划(ISCCP)提供的)进行比较将非常有用。大涡模拟(LES)也开始在预测云和边界层特征如何依赖于大尺度变量方面显示一定技巧,并可能在参数化改进方面有效果。未来需要对一些特定问题关注外场实验研究,例如,夹卷,不同的模式结果不一致,新的仪器必须让我们能够更好地检验模式预报。

改进的边界层云预报应该能够有助于解决一些重要的气候模拟问题。现在海-气耦合模式的主要失败可以部分归因于边界层云预报的缺陷。举例来说,目前"全物理"耦合模式尚不能维持真实的厄尔尼诺振荡,部分原因是它们不能预报南美海岸外的大范围低云,这些低云在副热带东太平洋起到"冰箱"的作用。在北极,气候模式预报了尚未观测到的强加热,边界层持续维持的云与海冰之间的相互作用可能是其原因。

气溶胶通过对边界层云微物理的影响而引起的间接气候效应也应该继续成为一个特别富有成就的研究领域。这里,在任何气候模式能够可靠地包括这种气溶胶-云-反照率反馈效应之前,必须进行小尺度模拟和更多观测工作。

陆上边界层云的特征和辐射反馈,无论是通过野外实验还是详细模拟,还没有被充分地研究。因而这些研究应该为今后几年的进展提供一个重要机遇,这就要求在所有尺度进行更好的观测和更多的模拟研究。

卷云被认为是地球气候系统的重要部分。它们的直接辐射效应既能够冷却又可以加热地球,取决于太阳与红外光学厚度的相对值。近来研究表明,热带对流层上层卷云在确定热带大气中水汽的垂直分布以及热带大气环流系统强度方面起着尽管可能十分重要但更加微妙的作用;由于静力稳定度的调整及其引起的对流运动加强和卷云中冰的升华加湿对流层上层,这些敏感性是显而易见的。如果我们想要成功地模拟气候,抓住这些热带对流层上层卷云的本质至关重要。在未来十年,我们有机会对这些系统的演变以及它们与气候系统其他过程的联系获得显著的认识。

对热带卷云系统的研究可以分为三类:(1)对流卷云,在时间和空间上与产生它们的对流系统非常接近;(2)分离砧卷云,虽然可以视为与其对流源一体,但是空间上离开对流系统且有其自身的演变;(3)次对流层顶卷云,即在热带副热带上空遍布的一个光学薄气溶胶层,它能被探测到的百分率很高。这三种卷云系统有不同的演变过程,我们必须从气候敏感性角度详细定义、描述和评估,并恰当地结合进气候模式中。在现场和遥感探测(包括飞机、地基、卫星和飞机平台)方面,预期在 20 世纪 90 年代后期的进展,配合模式能够模拟对流尺度系统,为这些气候上具有重要意义的系统的描述和认识提供了一个进步的机遇。

研究气溶胶、痕量化学物种和云之间相互作用,发展和改进大气气溶胶的描述

有很多可行的研究目标,来处理气溶胶及其与痕量化学物种以及云之间相互作用的关系。一个目标是发展可溶性气溶胶(活跃的云凝结核CCN)浓度的预报能力。这个能力将应用到包含大气化学模块并且考虑其他气溶胶过程和气溶胶辐射强迫效应的大气全球模式中。

另一个研究目标是发展适用于气候模式的气溶胶辐射效应的描述,并在模式中与大气化学是交互式的。这就要求关于云凝结核(CCN)以及气溶胶的辐射特征(尤其是吸收)方面的信息。

其他研究目标将包括模拟和观测记录主要大气化学循环中异相反应的效应,确定这些反应如何受到气溶胶数量和浓度的影响。

国际社会对大范围生物燃烧后果的敏感性增强意味着,研究注意力应该集中在确定生物燃烧对全球气溶胶数量和 CCN 数量的贡献和大小。另外,还需要观测记录高层大气气溶胶的特征和寿命。

其他外场研究,已在国际全球大气化学(IGAC)计划和文件"气溶胶辐射强迫和气候变化研究计划"(NRC,1996a)中给出。

确定大气中的冰源

尽管认识大气中冰的形成很重要,但是对于冰核化研究的投入相对很少。这对于一项新的研究是个问题。核化过程对卷云形成的作用很少研究,因为缺乏合适的研究平台和仪器。这种情形很快就会改变,未来新的高空研究飞机将提供平台。全球气溶胶模式为沙尘气溶胶对冰核贡献的评估提供可能。可能最需要的是发展合适的仪器来支持这些实验室和外场实验研究。一个实际的目标是证明在一些简单的云系统(包括大范围的卷云和上坡层云)中气溶胶粒子在冰形成中的作用,掌握在匀质和异质核化条件下冰形成核化所需要粒子的来源。

量化和参数化地表对大气动力学的效应

边界层在地表与自由对流层之间输送热、湿和动量,并对这些量扮演阀门和蓄库作用。地表能量和动量通量对大气中的很多过程非常重要。在很多场合,现有的在中等风速下有效的总体动量通量公式足以处理大尺度模式中海洋表面通量。近期工作表明了海洋上在低风速情况下地表热量、水汽和动量通量如何进行交换。然而,对于热带风暴大风速情况仍然存在很大的不确定性。这些系统的特征特别依赖于水汽和动量交换系数的相对量级。在陆地上,土壤湿度、地形变率和下垫面植被的性质和分布对于确定地表通量起重要作用。这些通量对于大尺度动力学很关键,对于中尺度动力学也起一定作用。

在湿下沉气流的形成中,对流对边界层的反馈是一个关键的过程。这些下沉气流临时抑制了对流发展,但是也加强了地表的热湿通量并产生通量的水平方向的变化。在这个意义上,边界层对于控制大气中的深对流产生了重要作用。

开发新的遥感仪器拓展边界层研究范围

在激光雷达和雷达技术上的新进展给了我们从地基和移动平台遥感探测速度和标量场的前景。多普勒激光雷达能够分辨整个晴空边界层径向风速的均值和湍流脉动。多普勒雷达能够提供边界层详细的径向风速、速度方差和反射率场,可以用来检验整个晴空和云边界层(包括边界层顶的夹卷区域)的湍流。短波长雷达(例如8 mm波长)速度谱分析能够提供雨滴大小分布的高度廓线,因为雨滴有很人的末速度。这些遥感探测技术可以用来提供边界层气流更加完整的三维描述,包括有云和晴空边界层动量通量、速度方差和高阶动量的垂直廓线、长度尺度和湍涡垂直相干结构。与实地观测相比,这些资料更加可能用来与数值模拟进行更加直接的比较。然而,这个机遇提出了挑战。必须发展新的方法消化如此巨大且复杂的资料集,这样它们才能有效地用来处理这些问题,如与数值模拟的比较、数值模拟的检验、湍流结构三维形态的定量可视化演示。

激光雷达(例如差分吸收激光雷达或拉曼散射激光雷达)估计边界层痕量气体浓度技术的发展为获得垂直剖面(如水汽或臭氧)提供了良机,这将可以用来研究这些痕量物种如何扩散,尤其在水平非均匀条件下。与多普勒激光雷达结合,就有可能从地面或飞机上测量垂直通量廓线,从而估计地表交换、夹卷速率和物种收支中的光化学源汇(化学活性成分如臭氧)。

边界层风廓线仪的发展提供了另一个机遇,布成网络可以用来测量边界层高度以及风、温,并可能测量热量和动量通量的垂直廓线。这可能特别适用于处理那些水平非均匀流的问题,其尺度要大于单个地基扫描激光雷达或雷达能够处理的尺度。机载激光雷达和毫米多普勒雷达也为研究晴空及有云边界层的各向异性提供了新的机遇。

使用全球定位系统(GPS)来改进飞机航测精度可以与多普勒激光器结合,从而加强飞机观测风的精度。这有可能提供与中尺度现象(例如,海陆风和变化地形上空的气流)关联的气流散度和气流扰动的观测、更加精确的涡流通量和相干涡流结构观测、以及长度为10 m量级风切变的观测。GPS还有其他重要的应用。例如,它可以用作机载空气运动系统的基准,该系统比惯性导航系统小且价廉(尽管精度小一些),因此可以有更多的系统用于多平台试验。

尽管目前发展优势似乎倾向于遥感,但是重要的直接探测也有很多可能的进展。越来越多的痕量成分可以有很高的测量灵敏度,时间响应快,可以直接测量涡流通量。这个领域的进展包括重要的辐射成分,例如,甲烷和臭氧。一些成分的探测技术已经发展到可以测量涡流通量,可以作为示踪物研究大气过程,例如,夹卷和扩散。同时,其他不需要像涡流相关所要求的快速响应的通量观测技术也正在发展。这些包括根据垂直空气速度控制储气筒罐气流累积的装置。在这个意义上,快速响应的要求放在收集方法上而不在传感器上,这扩展了可以测量通量的物种的种类。

研究小尺度环流与大尺度过程的相互作用

我们不能脱离其他影响而下结论说,我们已经掌握了小尺度环流的各个方面。然而,显然一些关于小尺度环流的、最感兴趣的研究是这些环流与其他过程的相互作用问题。举一些例子:大尺度如何控制诸如热带气旋生成和中尺度对流系统形成等过程?云物理过程如何影响对流系统的结构和演变?重力波拖曳如何真实地参数化到全球环流模式中去?对流和在某地形成的降水如何影响该区域未来的对流前景?最后一个问题似乎与1993年夏季美国中西部偏北地区洪涝的发展特别有关。

大尺度运动基本是平衡的。这些运动不管满足准地转理论,还是满足更复杂的要求,例如,半地转或非线性平衡,位涡动力学和不可逆原理都适用。在这一图像中,理论的预报特征体现在位涡和地表位温场的平流和非平流变化中。通过反演过程,这些场的认识足以获得其他所有感兴趣的动力场。在这个图像中,小尺度环流对大尺度运动的持续效应限制在它们在位涡和地表位温场引起的变化,其他变化是瞬时的,因而意义很小。近期理论工作显示了非绝热、摩擦与热和动量的湍流输送如何产生位涡的非平流通量。这个工作为观察小尺度过程对大尺度运动的作用提供了一个有用的框架。在自由大气中两种类型小尺度现象能够引起显著的非平流位涡输送,重力波(和可能相关的切变不稳定)和湿对流。我们现在讨论这些过程和对流的其他效应,如水分输送,这些有间接动力学意义。

大气中的重力波,可通过过山气流、对流、切变不稳定及可能为地转调整而产生。这些过程除地转调整之外都有较好的认识。重力波一旦产生,在大气中输送动量,并在它们耗散处堆积动量。因而,重力波是大气中的远方作用者。重力波的传播很不简单,发生多次反射、折射。波破碎和耗散很复杂,因此动量输送是复杂而微妙的。不幸的是,这个领域尽管很有挑战,但似乎并没有为重力波对大尺度环流的效应的参数化提供很大进展的机遇。尽管我们应该继续寻求该领域的基础性发展,但是确定重力波对大尺度过程的效应范围可能是最现实的。这个方面位涡动力学应该有用武之地,因为它能显示孤立重力波破碎及其引起的动力堆积如何影响大尺度气流。

与重力波相比较,产生一个适当精确的湿对流参数化的前景似乎更光明一些,主要因为对流过程的作用是局地的(当然,这里忽略了由对流本身产生重力波的过程)。很自然地,对流参数化问题分成两个部分:大尺度气流对于对流的控制和对流对于大尺度气流的反作用。目前提出的很多方案用于解决该问题的控制方面。尽管这个问题仍然存在争论,但是它是下一个十年有很大可能取得进展的课题。目前可能有一个机遇解决"辐合引起对流"和"不稳定引起对流"两个学派之间的争论,这个机遇是研究已有外场实验结果,例如,热带海洋全球大气海气耦合响应实验(TOGA—COARE)。同样重要的是增强对各种对流类型所产生出的特定大尺度条件的认识。例如,环境切变和中层(midlevel)相对湿度的变化对于对流特征的效应是什么?完成这个图像需要许多个例研究、合成分析以及云模式。

对流的集合模拟应该是有帮助的。这种模拟不同于通常的计算类型,因为这里对流是起源于大尺度强迫的自然发展,而不是初始给一个浮力泡或一些其他强加特征。它们计算花费很大,但是未来十年计算能力的增强将使得它们更加可行。认识对流对于大尺度的作用需要一个适当精确的模式能够模拟对流如何演变。传统图像把对流描写成夹卷烟羽的一个集合,这个图像受到模式的挑战,在模式中由于云粒子的凝结和蒸发的影响,空气既有上升也有下沉运动。阐明这个图像需要更多的工作,尤其是因为对流研究受到观测不够充分的束缚。

大尺度对流作用的一个特别困难的方面在于对流动量传输领域。已有研究显示对流系统顺着梯度传输动量,有时逆行。净效应是不确定的。大量工作证明层状云降水区域经常与对流聚集有关。在这些系统中,上升和下沉气流与对流本身的气流有很大不同。中尺度对流系统(MCSs)对流和层状两部分在特定地理区域的相对强度在平均意义上是知道的,但是这个比例随环境条件的变化需要进一步了解。

由于水汽、液态水和冰之间相态转变引起的能量转换,湿度有间接动力意义。然而在其他情形下,湿度作用类似于大气中的其他痕量气体,因为对流运动使湿度产生垂直分布(与其他成分不同的是降水过程去除大气中的湿度)。对流输送水汽和降水对于大尺度动力过程非常重要,因为它们与非绝热过程有关。对水物质的对流通量的认识非常贫乏。这种状况部分是因为对云动力学的认识还有相当不确定性,但也源于我们对于复杂对流条件下云微物理过程的认识缺乏。

验证当前对于主要降水机制及其动力结果的认识,改进表达这些过程的参数化形式

云模拟和观测能力已经取得很大进展,目前可以进行预报与理论间的严格比较。多偏振雷达的敏感性和有效性,结合基于观测、模拟和云特性反演场和当前及新兴微物理细节模拟能力的轨迹计算,耦合真实云动力学,就使得严格的比较成为可能。现在正在计划尝试,确定暖云形成速度是否与当前理论预测一致;针对其他地区类似的比较和其他降水机制进一步的研究现在也是可能的。这些比较对于确定当前理论和模拟的置信度或了解哪里需要改进是必要的。它们也有助于发展改进的降水过程的参数化,从而适用于那些降水过程微物理细节的完全模拟是不现实的情景。

降水形成的速度不仅决定许多云系统的降水效率,而且通过影响凝结物的分布、系统的生命期和水汽凝结物的大小分布从而影响动力和辐射过程。降水形成的两个主要机制,暖雨和冰相降水过程,都只是部分地被认识,因而很难根据对这些基本过程当前的认识进行参数化。目前需要关键观测资料用来检验当前认可的理论关键方面。例如,水滴之间的碰并效率决定了暖雨过程中降水形成的速率,二次冰产生率影响进入云砧区域雷暴冰晶的浓度和大小。实现这一目标的一种方式是证实根据暖雨过程或云砧产生的云模式做出的预测结果。

降水的产生和蒸发影响降水雷暴的动力演变。把降水区分成对流和层状两部分的控制因子还没有很好的认识。这种区分很重要,因为对流和层状降水有非常不同的命运。对流降水通常伴随少量蒸发,而层状降水通常从云产生地被输送几十到几百千米,从凝结层向下有大量蒸发。另外,层状凝结水的一部分是小冰晶形式,它们对于大气的辐射平衡很重要。降水的蒸发有极其重要的动力学意义,并且降水强度依赖于雨滴大小分布(变化范围很广)。

发展一个预报降水产生的验证能力,对于成功实施人工影响天气和认识由于人类活动排放而无意识产生的人工影响天气也是一个重要的步骤。人工影响天气研究似乎处于停滞阶段。在验证的定量模式中,对自然降水过程有更好认识的示范,通过发展和检验假说以及评估人工影响天气计划可能效果的基本理论的提供,能够复兴该研究领域。该努力的额外结果是降水形成参数化的更新,该参数化在大多数情形下还是基于 Kessler 参数化或由 Berry 和 Reinhardt 通过积分随机碰并方程确定的参数化。两者都没有通过与观测资料比较进行验证,并且两者所基于的碰并过程的理论公式现在都过时了。因为这些参数化的各种形式进入了许多气候计算中,验证或改进它们将会在模拟降水产生系统中有广泛的应用。

确定闪电观测和全球电路观测作为附加大气资料的效用

在过去十年已经业务化的闪电定位和探测系统,已经成为预报员的无价援助者,来跟踪风暴的移动和加强或衰弱,尤其在美国西部这里雷达覆盖不完全。然而,个例研究提出许多其他关于风暴行为和灾害天气事件(例如,龙卷风、山洪暴发、雪暴和冰雹)可能性的信息,可以通过综合雷达和气象资料与云一云及云一地闪电(前者更难观测)速率的连续观测资料而获得。对于及时预报和预警最有益的是,应确定具有统计显著数目的不同风暴类型的综合气象一电学特征。美国西部森林火险预报的需求,与中西部龙卷预报的需求以及东部电网保护的需求都有很大不同。很多机构和企业都能够从获取和增加使用闪电资料中获益。

另一个近期进展指出在其低频运行的闪电系统比当前国家闪电探测网络能够提供的闪电探测在距离上远得多。这样的系统可以从几个遥远的站点提供覆盖全球的信息。例如,东大西洋上空热带气旋中强烈深对流可以被北美几个大间距站点探测到。这种信息可以在成熟飓风到达佛罗里达海岸几天前探测到。

闪电频率和全球电路作为气候变化的指示器也证明是有价值的。关于全球变暖是由于温室气体增加造成的可能性有很多关注和争论,但是很难获得全球温度变化可靠的观测。全球电路,是一个早有的和很好定义的概念,通过自然综合全球大气电流分布,为全球变化问题提供了一个新的手段。全球电路敏感性的经验证据是地表气温增加造成浮力[对流有效位能(CAPE)]改变,增强云中上升气流,从而导致电活动增加。这样,全球电路提供了一个从一个或几个测站监测全球的机制。已有的观测指出全球电路确实与温度正相关。然而,仍然需要附加的研究来展示使用全球电路观测的有效性。全球气候与电活动之间的另一个可能联系是,如果冰生成与电荷分离相关联,则卷云云量和电活动可能相关。显然,存在有进步的前景,且进一步研究将有保证。

确定云中电荷产生、中层大气放电和闪电传播机制

在过去十年,通过观测、实验和模拟研究,已经在云起电和闪电传播认识方面取得重要进展。关于云中电荷分离,这些研究持续显示冰尤其是软雹(需要更强的上升气流来增长)发展对于起电过程的重要性。实验研究也显示小冰粒子与模拟软雹碰撞在电荷分离中的重要性。尽管有这些进展,关于电荷传输过程的基本物理仍然存在根本问题,并且发展受制于需要更多、更好地观测在不同云情形中电(尤其是粒子电荷)的分布和同时的微物理和动力结构。

实地观测电场和粒子、闪电定位系统、识别闪电放电定位和特征的电场仪网络和偏振多普勒雷达观测,所有这些都为云起电和微物理信息的获取提供了有价值的机遇。甚至对电荷、大小和粒子类型特征进行一些同时观测已开始可行,它们是检验起电各种不同理论的重要参数。尽管这些观测的每一项都要求小心和细察,但是它们现在已经可能了。现在应该整理这些不同的观测资料,并在世界不同地理区域开展多种云中观测。由于热带雷暴对于全球闪电收支和气候变化的重要性,给予热带云额外重视尤为重要。

在过去十年,对于峰值电流、上升时间、电场、最大电压和闪电放电本身其他物理特征等的刻画取得了相当大的进展。这个研究的结果表明,上升时间和电流值甚至比预期的要小,并且它们产生很大的电磁扰动。这项研究过程中碰到的困难之一是模拟闪电放电。长距离上高电流和高电压放电的组合现在尚无法充分复制。

尽管对于闪电特性的认识取得显著进展,但是在基本物理方面的工作相对很少。对于云中放电引发点的成因认识充其量仍不及格。放电的几何发展过程还没有认识。辐射型式、闪电通道中微尺度过程、闪电通道上及其附近的化学,和造成损害的附属过程,它们都是有机会取得重要进展的领域。需要启动新的项目发展物理模式,帮助解释可取得的观测结果。

普通闪电是一个通常限制在对流层并出现在雷雨云中和云下的大尺度放电。近几年,至少有两个例外的大尺度放电出现在大的雷暴顶上方,已经受到相当大的关注。其中一个,称作平流层放电,起始于强雷暴内部,并向上传播进入平流层。另一个现象——称作小精灵(sprite)的一个弱发光放电——有一个红色调且最大强度出现在 $50 \sim 80$ km 高度附近的中间层。这个放电似乎与大的强对流复合体的成熟阶段有关,当时存在一个正的云地闪,例如,引起 1993 年密西西比洪涝的暴雨。对这些现象的行为和形态都没有很好的认识。由于它们对大气的影响未知,它们对于增强我们认识新发现的基本现象既提出了挑战,也提供了一个非凡的机遇。尽管预期的温度增加不大,但是小精灵的影响体积很大,并且通过产生 NO 或改变其他成分的混合比对大气化学造成潜在影响,这些都需要研究。同样,也需要研究这些放电的谱特征。

云起电认识的增强可以产生更好的预测能力,预测何时、何地云可能产生电。这里给出一个例子,说明更好认识云起电产生的潜在经济效益,例如,空间飞行器的发射,它通常由于闪电而推迟,代价大约是每天一百万美元。闪电对于飞机的威胁也导致航向显著偏离经济航线而增大花费。低电压装置对低电平的瞬变现象很敏感,因而关心商业航班采用的合成材料,因为它们易受到闪电损坏。因此,更好认识大气中的电现象将有广泛利益,不仅能减少对人类的灾害,而且有直接经济回报。

确定闪电的 NO_x 产生率

NO_x($NO+NO_2$)浓度是决定对流层臭氧实地净损失或产生的主要因子之一。丰富的外场和实验室的证据表明闪电是 NO_x 的一个重要源,但是全球尺度影响仍然不确定。当前对于全球闪电产生 NO_x 速率的估计在 $2 \sim 200$ Tg N/a 范围之间。然而,模式尚未接受更高的估计,并通常把源强限制在 $3 \sim 5$ Tg N/a 之间。即使是这些低估计值,也相当于或大于来源于平流层交换和亚音速飞机在对流层中上部的源强;而高估计值与边界层人类活动源相当。同样,有报道称闪电产生其他化学成分(浓度小一些),这些同样需要进一步研究。上述新近认识到的中层大气放电现象,对于中层大气化学也可能有影响。

根据观测确定闪电作为 NO_x 源的重要性是困难的,因为它要求不仅观测雷暴系统内部或附近的 NO_x,而且要求刻画某一给定区域闪电和在一些区域放电的数量和类型。它也要求认识从云到区域和全球尺度成分的输送和演变化学。尽管它可能是一个难题,但是它是一个能够得到解决并且提供进展机遇的问题。大多数技术和模拟能力都有了,但仍然需要一些较小的改进。观测固有成分的化学仪器、机载观测平台、云运动观测多普勒雷达、结合电场仪地面网络的识别闪电位置和类型的闪电干涉仪和研究成分输送、转变和再分布的不同尺度的化学动力模式,现在都是可以利用的。正如上述讨论,观测能力缺乏的一个领域是全球闪电定位和闪电频数。这个问题的主要挑战是结合和集中多个交叉领域必要的专门技术。

提高观测能力支持大气物理学研究

尽管一些大气研究采用了先进的、现代的、最新的仪器获得可靠观测,但是我们观测大气特征(用于支持前面所述研究)的总体能力有很多大的不足。我们应该汲取教训,不要浪费大量时间企图对不充分的观测进行解释,而应该更有效地把大部分社会资源投入到仪器开发、定型和改进。有很多例子表明,当前观测能力不够充分但是技术解决方案是可行的。然而大气科学团体在仪器开发方面只投入了非常少的努力。大学由于缺乏开展此项研究所需长期基金项目而无法进行。由于市场小,个体企业也不会填补此项空缺。美国国家大气研究中心(NCAR)和其他国家机构总是受到支持高水平设备的压力,而只有有限的人力和资源用于仪器开发。结果是大气物理团体对于此问题的关注严重不足,可能原因是关注领域偏向计算机模拟,而该领域技术日新月异、且新前沿不断出现。这个问题冲击着科学的内部结构——根据观测检验理论认识的能力。因此,大量增加整体投入水平进行仪器开发成为必须,尤其是美国国家科学基金会(NSF)所支持的团体。显然,这是一个"强制命令",下面还要进一步讨论。

开发气象资料新的分析技术

现在有一个机遇,可以利用以前收集的大量卫星遥感和过程实验资料,对于本报告提出的许多研究挑战课题开始攻关。我们必须寻求新的途径描述和显示这些资料。例如,根据红外分光计观测,采用多通道谱方法提取光学厚度、云中液态水含量和痕量气体浓度。第二个机遇来源于地基遥感应用研究领域的进展。这些研究工具设定于提供一些变量的常规资料,这些变量对于区域和气候模式中的各种物理过程的参数化和检验非常重要。候选设备包括多普勒红外激光雷达、偏振激光雷达、毫米波雷达、微波辐射计、红外和太阳干涉仪、多普勒风廓线仪、3 cm 和 10 cm 偏振多普勒雷达。

我们在寻求优化现有资料和设备有效性的同时,如果打算应对下个世纪的挑战,还必须继续雄心壮志地进行新仪器的开发。美国能源部(DOE)大气辐射测量(ARM)计划的出现、1998 年美国国家航空和航天局(NASA)计划发射的地球观测系统(EOS)平台、对无人驾驶飞行器(UAV)的新兴趣有望获取大量有关辐射和水分循环的新资料。这些资料流部分类似于当前系统获得的信息,但是很多将有很大不同。现在及将来是大好的时机把新的、不同的分析技术瞄准这些资料和相关的大气问题。这个领域可以得益于引进、采用其他领域的技术,例如:信号处理、模式识别、智能系统和人工智能、混沌理论和计算机可视化。这些技术也非常适用于模式结果的分析。随着模式复杂性和分辨率的持续提高,我们必须改进有意义信息的提取能力。很多大气科学家目前从事该领域,但是需要更多的支持,尤其是创新和可能冒险的研究。但是不幸的是,在支持停滞或衰减的时候,就是这类研究最不可能获得资助。

开发快速增加的计算能力

随着计算机的技术发展,它的费用持续下降,我们可以采用新的模拟方法,既能回避参数化的需要,又可以处理新问题。下一个十年,我们预期可以实行数值模拟空间尺度跨越 3 个数量级的时变问题。例如,它可以为热带深对流组织形成群、超级群和天气尺度波动这一基本问题给出一个重要的认识。不需要积云参数化而直接显式模拟热带海洋或美国中西部天气尺度区内各个单体中的运动,应该是可行的。采用越来越复杂的技术考虑更高分辨率且适应流场运动的子区域,可以只覆盖对流区域,而不覆盖对流之间、范围广大的稳定分层非湍流,这对于如此大计算效率的改进是一个充满前景的方法。这些计算有助于从根本上认识湿对流的自组织机制和改进对流参数化。作为另一个例子,逆温层有云大气边界层的更高分辨率的大涡模拟应该能够恰当地分辨夹卷界面和近地层的湍涡,从而为夹卷过程及近地层结构的更好认识和参数化提供一个有价值的工具。

计算能力增强也允许采用新的且通常更基础的模拟方法。在辐射方面,探索真实云场中的三维辐射传输和非球形散射问题正变得可行,且应该鼓励。大涡模拟模式,包括显式滴谱和气溶胶谱甚至简单的化学,是一个很有前景的工具,以探索重要的气候反馈过程(例如云、气溶胶和辐射之间的反馈)和理解边界层云中的毛毛雨过程。可以通过提高空间分辨率而更加真实地描述气候和预报模式中的地形效应,而垂直分辨率的提高有利于边界层参数化。这只是几个例子说明计算能力的提高能从根本上有助于解决这些问题。然而经验告诉我们,增加计算能力和提高模式分辨率不能代替模式中基本物理学的进步。

所有前述课题为了它们的科学和社会价值正处于应该研究的时机。然而,一些课题因为科学上的极其重要性或可能的社会影响而更加突出。我们建议下面三个课题极其重要,应该成为未来十年研究的特别焦点。

焦点 1:发展和检验预报小尺度物理过程对大尺度大气现象影响的能力

大气是一个具有相互依赖过程的相互作用系统,这些过程的尺度从微观尺度直到全球尺度。在绝大多数情形下,过程之间的重要影响来源于一系列相互作用的集体效应。我们预报天气和气候能力的一个主要障碍是,即使我们认识了控制单个过程的基本物理定律,它们对其他现象的集体影响也无法预测,因为所涉及的相互作用太复杂且太多。这个问题在气候、天气和云模式中尤其明显,因为其中许多小尺度过程对大尺度现象有集体影响。例如,太阳辐射与云滴的相互作用、积云对流和湍流对质量和动量输送的影响、影响云微结构进而影响全球尺度辐射特征的化学相互作用,以及水汽凝结物碰并过程中许多小电荷量的传送过程引起的闪电产生和全球电场。要模拟大气中所涉及的所有过程要求提供各种过程,尺度至少从 0.0001 cm 到 10000 km,跨越 13 个量级。现代计算机模式大多数只能处理尺度跨越 3 个量级的过程,所以即使在计算能力提高方面最乐观的未来,我们也远不能回避此问题。

问题的解决在于发展组织化原理,理解大气中这些小尺度过程对更大尺度现象的集体影响。我们不仅需要更好地理解不同尺度现象之间的相互作用,而且要认识历史上不同科学团队所研究的过程之间的相互作用。很多情况下,这些过程之间的联系是一些突出问题的本质。例如,云物理学家理解大气中可溶性粒子如何影响云滴大小和数目,而化学家理解产生可溶性粒子过程中所涉及的基本化学反应。但是,这个认识还没有形成预报大气中可溶性粒子数目以及云滴浓度和大小的能力,因为这些过程彼此之间相互作用,也与辐射、大气中化学循环、大气环流模态以及水循环相互作用,而我们目前无法理解这些相互作用的方式。

我们建议对这类问题增加出力,并将在下一个十年取得许多进展。我们的乐观是基于下面的考虑:

(1)在许多情况下,模式中物理过程的处理与对现象目前的认识不一致。这部分源于基础研究和效应模拟两者之间沟通的失败。一些过程(例如,湍流输送、夹卷、边界层影响和降水形成)表述的改进的初步基础已经存在。

(2)模拟和计算能力正迅速改进。小尺度现象的模拟可以用来发展这些过程在更大尺度上的表述,这些方法的技术和能力现在已经有了,但还只是正在开始开发利用。

(3)新的观测能力正在涌现,预期将能有助于这些研究。全球监测的新卫星将提供广泛的新资料库;新的天气观测网现在也有了;由于商业飞机探测和遥感器的采用,改进的大气探测可能变得可用;新的长距离高空飞机可用于支持这些研究;全球监测的新的固定站点正在建设或正在业务运行,将提供关键的资料。

(4)目前已经有一些令人振奋的进展显示我们正处于对于提高这些相互作用的认识取得显著进步的关头。晴空辐射传输预报的成功、层积云和卷云结构和生命期的新认识、气溶胶在大气中作用的新认识、云分辨模式成功描述云的总体影响、更加真实的大气边界层模式、根据卫星观测反演水凝物和云特征的技术开发,它们对于支持这些及相关问题的持续和加强的重视都是重要的步骤。

(5)研究这些问题的科学家,他们在观念方面也有一个显著的转移,例如,云物理学家,传统上定向于微尺度的研究,现在逐渐有了全球观念。这个转移还在持续,例如,通过外场计划寻求开展以类似于气候模式格点尺度的特征尺度的观测。计划的项目正形成更好的方式方法,来研究这些现象的相互作用和大尺度效应。

预报小尺度过程效应能力提高的一个关键结果是模式中次网格物理过程表述和参数化的改进,从而在模拟气候、天气和云时能够表述这些次网格过程的效应。需要两个补充的参数化方法。一是基本的相互作用过程(例如,把辐射特征与水凝物谱进而与气溶胶和云动力学联系起来的过程)需要阐明。二是现有的认识和现有或新资料能够用来发展与当前认识相一致的表述。这些参数化,尽管有时由于不能表示真实物理关系而不令人满意,但是在研究大气中复杂相互作用时还是有用的和必要的。

当前,在气候模式和资料中采用的参数化方法以及与外场计划有关的过程模式研究之间存在一个很大的鸿沟。参数化问题,如果通过没有过程研究而获得的知识积累,是不能解决的。同时,范围狭窄的焦点过程研究只是研究单个个例,不能提供模式参数化改进所需要的信息。只有当过程参数化中包含事实的更加真实描述(例如,云的辐射效应),才有希望增加气候和气候变化模拟的置信度。必须强调云和水汽凝成物特征、辐射通量和重要痕量气体浓度的同时观测而获得的资料集。这些资料集将刻画不同的云系和不同的地理区域。

证明一个多面方法是恰当的,这是一个极其困难的问题。这个方法必须越来越注意获取长期的、时空一致的资料集,刻画云、辐射、水汽和痕量气体的特征。它还必须越来越注意发展显式联系这些量的模式。另外,必须进行协调努力从而联系观测、资料分析和模拟等社团共同关注这个问题。下面是几个有前景的方法:

- 采用云分辨模式和嵌套模式确定与大尺度变量之间的相互作用;
- 采用显式微物理云模式来发展适合于天气和气候模拟的微物理过程的参数化;
- 专门从过程研究观测资料来研发参数化,然后采用卫星观测使之广义化和外推到全球尺度;
- 挑选出数目有限的几个具有物理基础的经验参数,然后通过拟合观测从而确定这些参数的最优值;或
- 采用业务模式作为细尺度"资料"源,由此发展参数化。

无法表述现象之间的相互作用,尤其是小尺度现象,是当前气候和天气模式中的主要弱点,所以我们把这些结果的需求看做势在必行,并把它作为未来十年的一个主要挑战。尽管这些研究的中心理由是改进模式中这些过程表述的需求,我们还是认为挑战和机遇是要认识各种物理和化学过程之间的联系。短期的方法是不恰当的,因为我们还处于认识这些相互作用的最初阶段。必须加倍努力完善基础认识,从而导致对这些过程恰当的表述。

焦点 2:发展确定大气中水物质所测分布资料的过程和相互作用的定量描述

降水基本上是地球上所有淡水的源,所以水分循环对于陆地上人类和大多数植物和动物是至关重要的。尽管降水和云是水通过大气循环的最显著的结果,但是水对于天气和气候还有许多其他效应。水汽是最重要的温室气体,云量和冰盖的变化是地球反照率变动的主要源。云从大气中俘获清除粒子和痕量气体,雷暴维持地球电场。水相态改变而释放或吸收的潜热是驱动飓风和其他灾害天气系统的能量源。这样,如果不能很好认识大气中水物质分布就不能认识天气和气候。

当前大气水循环详述的弱点包括对流层上层水汽刻画不好、地表通量不确定、降水效率控制因子认识不好、无法表示积云对流对水输送的总体效应、洋面降水刻画不好、对于水循环中的大气循环部分与其他部分之间的联系缺乏全面的认识。现在新兴技术和最近发展能够提供一个广泛的新方法来处理这些问题。改进大气中水汽的刻画可能变得可行,因为商业飞机机载探测仪、采用无线电或 GPS 技术的遥感传感器、改良的研究仪器能够精确探测低湿度。卫星刻画洋面降水未来十年将是可能的。现有的和新的模拟能力以及资料集可以用来刻画积云对流效应,改进模式和边界层通量认识正在涌现。研究区域尺度水循环的广泛的国际计划看来可行,并在计划中。

这些预期新结果应该为刻画大气中水分布增强了信心,并为把该分布与全球水循环潜在的相互作用联系起来提供了机遇。这个改进的刻画是精确确定大气辐射传输所需的,也是气候预测降水量和全球温度所需的,也是改善天气预报所需的。这些研究为新的探索能力给出的机遇和当前研究的需求之间提供了一个良性匹配。然而,如果要认识大气水循环中的许多因子和过程,就要求一个全面的、系统性的方法。

焦点3:提高支持大气物理研究所需的关键观测能力

尽管一些政府实验室在仪器方面取得显著进展,尤其是高技术遥感仪器,但是其他方面已经远落后于技术的发展。对于许多观测,由于缺乏更好的选择,研究实验飞机还采用不合格的几十年的老仪器。由于业务探测所用湿度探头能力不足,因此无法取得高层大气湿度的关键测量资料。我们实现重要测量的能力也远落后于当前水汽凝成物大小分布或辐射研究的需求。大气物理学的所有领域都存在许多这样的例子[*]。

在大多数情况下,所需观测均有好的候选技术,但是它们尚待实施。目前采用的仪器严重过时,没有利用现代知识和现代技术。在仪器使用方面有一个通过协同努力发挥巨大影响的机遇。飞机观测温度和风的新实验仪器正在开始用来回答 50 多年前就提出的关于积云对流的至关紧要问题。大气科学研究使用的基本仪器方面的其他改进也预期能取得同样的进展。

对于前两个紧迫问题研究所采用的新设备和新仪器有特别的要求。首先是要求搭建一个与所研究的问题相适应的平台,包括新观测卫星、高空研究飞机和长距续航能力强的飞机。遥控飞行器为采集高海拔长时间观测提供了新的机遇。例子是一些具有重要贡献的缺测变量,包括冰晶质量(尤其在云砧内)、冰晶辐射特征(尤其在卷云和其他云顶附近)、覆盖面广分辨率高的风场、对流层上层湿度和作为云面积和高度函数的云量。目前可用的仪器在以下领域特别偏弱:

- 水汽凝成物大小分布和形状特征;
- 总含水量和冰水含量的测量资料;
- 水汽混合比,尤其在对流层上层;
- 云凝结核,这里要求仪器更加广泛适用且适合于高空作业;
- 冰核测量资料;
- 浊度计;
- 其他辐射仪器,测量作为波长、光学厚度和体吸收系数的函数的辐照度、辐射率和净通量,确定冰晶总体光学特征;
- 化学仪器,包括痕量气体探测器;

---

[*] 例如,从飞机上观测云中温度是一个最近才解决的一个问题,采用新的辐射温度计,但是还没有严格地评估,也没有广泛使用。在雨中测量相当位温是不可靠的,因此降水的重要动力影响无法评估。云凝结水的测量仍然没有为大多数研究提供所需要的精度。低浓度大降水粒子、小冰晶粒子大小和形状的测量直到现在还不可能,能够实现这些观测的新仪器还在实验。因为惯性导航系统的特性,如果不根据 GPS 观测订正,研究飞机所观测的水平风速精度仅仅只是几米/秒;而非军用 GPS 精度退化在许多情形下无法消除这些误差。实验研究飞机所用的宽带辐射计精度不够高、响应不够快,无法提供云中通量辐散所需要的观测。

- 探测有机成分的设备,尤其是气溶胶测试设备;
- 机载遥感设备,例如激光雷达、短波雷达,以及温度和湿度的近场廓线仪,它们能够提供机载平台以外一定范围内的观测,从而增加样本的代表性;
- 范围从云尺度到中尺度的平均垂直运动的测量,精度优于 10 cm/s。

对于大气辐射研究的仪器有一些特别要求:

- 生产价廉的辐射通量观测系统,能够开展连续、精确、可靠观测。特别需要这样一个系统,从而扩充地表辐射通量资料库。
- 协调努力升级所有辐射仪,尤其是机载宽谱通量辐射仪。通常使用的温差电堆仪器精度不够,且响应时间太慢不能提供需要的实地资料。
- 开发多波长、主被动系统同时从空中和地面探测大气并反演水分参数。这些系统必须稳健可靠和标定良好。实例是被动微波辐射计和雷达的组合,或多普勒激光雷达和雷达的组合。
- 开发观测技术常规地对区域尺度水文循环采样。超出我们目前能力的所需观测包括对流层上层和平流层下层水汽廓线、冰水路径及含量和降水。

尽管在仪器改进方面还要求大量的附加资源,一个适度的计划联合大学科学家、政府实验室和研究机构的力量,应该能够使我们在大气关键观测能力方面有一个显著的提高。

Ⅱ.1.4 对国家目标的贡献

人类活动已证明是对天气和气候有影响的。例如,由于人类活动的影响,大气中的二氧化碳和硫酸盐浓度已经显著改变,且这些变化产生的效应开始出现在地球气候中。在一些主要城市,警报危害人类健康和限制人类活动的污染咨询建议正变得越来越普遍地被接受。在一些区域或者世界范围,人类对生物质燃烧是产生颗粒物和一些化学物的主要来源。随着全球人口持续增长和工业化,这些问题将变得更加急迫。

这里推荐的研究计划许多部分提到气候预测不确定性的源。其他受益将来自区域气候和天气预测能力的提高。在讨论制定政策来减轻人类活动对气候和天气的影响或控制水和其他自然资源时,这里所建议研究的结果将为制定合理决策提供关键基础。困难的抉择可能在于接受对经济的危害还是对健康的危害、处罚发展中国家还是工业化国家、给当代人还是给未来人增加负担。在本报告中,源自这里所推荐研究而产生的科学信息对社会的重要性是无可争议的。

II/2

进入 21 世纪的大气化学研究[①]

II.2.1 概　　要

20世纪后半叶大气化学研究蓬勃兴起。采用现代分析和计算技术,科学家发现,作为地球生命"连接纽带"的大气,在地球系统中发挥着重要作用。研究过程中,一个令人头疼的问题日益凸显出来:在局地、区域甚至到全球尺度上,日益加剧的人为活动正在改变大气成分。事实表明,局地和区域的大气污染会造成环境和经济破坏。虽然对全球尺度上大气化学成分变化造成的后果,还有待于深入评估,但毫无疑问存在灾难性影响的潜在可能性。

21世纪大气化学面临的科学问题极其复杂,这些科学问题对社会和经济都十分重要。这些科学问题均与大气成分密切联系,而大气成分又与我们的环境息息相关:这些大气成分包括平流层臭氧、温室气体、对流层臭氧和光化学氧化剂、大气气溶胶或颗粒物及有毒和营养物质(参见文字框 II.2.1)。使普通公众、决策者和相关科学家关心大气化学问题,这应该是近几十年来大气化学研究进步的一个标志。大气化学在新世纪的持续发展需要我们制订一个既宏伟又合理的规划,在财力上、技术上和人力资源上合理配置,从而达到以下目标,即观测记录大气成分变化,并揭示这些变化的原因和可能造成的后果。

[①] 大气化学委员会报告:W. L. Chameides(主席),Georgia Institute of Technology; J. G. Anderson, Harvard University; M. A. Carroll, University of Michigan, Ann Arbor; J. M. Hales, ENVAIR; D. J. Hofmann, NOAA Aeronomy Laboratory; B. J. Huebert, University of Hawaii; J. A. Logan, Harvard University; A. R. Ravishankara, NOAA Aeronomy Laboratory; D. Schimel, University Corporation for Atmospheric Research; and M. A. Tolbert, University of Colorado, Boulder. The group gratefully acknowledges contributions from C. Ennis, NOAA Aeronomy Laboratory; D. Fahey, NOAA Aeronomy Laboratory; F. Fehsenfeld, NOAA Aeronomy Laboratory; I. Fung, University of Victoria, British Columbia; E. A. Holland, National Center for Atmospheric Research; D. Jacob, Harvard University; C. E. Kolb, Aerodyne Research, Inc. ; H. Levy, II, NOAA Goddard Fluid Dynamics Laboratory; S. Liu, Georgia Institute of Technology; P. Reich, University of Minnesota; P. Samson, University of Michigan; and P. Tans, NOAA Aeronomy Laboratory.

> **文字框 II.2.1 环境方面重要的大气物种**
>
> 这些大气物种因其辐射(如气候变化)和/或化学特性而具有科学研究价值,对人类健康和福利十分重要,它们包括:
> - 平流层臭氧;
> - 温室气体;
> - 光化学氧化剂;
> - 大气气溶胶;
> - 有毒和营养物质。
>
> 观测记录这些物种的浓度变化和分布,揭示控制这些物种浓度的过程,评估这些物种对重要环境和生态参数的影响,将是未来数十年大气化学研究的主要挑战。

II.2.1.1 主要科学问题和挑战

21世纪大气化学研究的重点将是环境方面非常重要的大气物种,即那些通过辐射和/或化学特性影响气候和重要生态系统以及生命有机体(包括人类)的大气物种。这些大气物种影响着地球生命支撑系统,因而非常有研究价值。另外这些大气物种直接影响着人类健康和福利,因而对社会也十分重要。

未来几十年内大气化学研究面临的挑战如下:

> 开发和利用科学设备和基础设施,用于记录和预测环境方面十分重要的大气物种在多种时空尺度上的浓度和影响。

为迎接这些挑战,大气化学研究应当围绕以下三个基本问题展开:

(1)从局部到全球尺度上,与环境息息相关的大气物种浓度的短期周期性变化和长期趋势如何?导致这些趋势变化的原因何在?

(2)这些大气物种浓度未来将如何变化?什么政策措施能有效和可行地控制这些变化?

(3)这些大气物种浓度现在和未来变化趋势的总环境效应将是什么?

II.2.1.2 重要研究挑战

大气化学科学战略在于,将这些根本的科学问题与每一个与环境有关的大气物种联系起来。这需要我们努力提高对那些控制大气物种的潜在的化学、物理和生态过程的认识,从而为决策者提供及时相关的信息。为达到这个目标,大气化学研究的战略应该包括以下几个方面:

- 通过开发和维持不同的、彼此相关的观测网络系列,记录大气化学气候学和气象学特征,特别是它们的变率和长期趋势。

- 通过将外场试验(以过程研究为中心)、实验室实验以及其他观测积累的信息的集成,开发和评估大气化学预报工具和模式;开发数学/数值算法;并通过外场实验(为评估模式)来检验算法。

- 通过收集和解读相关空气质量资料,评估环境治理手段的有效性。
- 集成研究重要环境大气成分以及耦合它们的化学、物理和生态相互作用。

Ⅱ.2.1.3 学科研究挑战

以下学科研究挑战着重强调的是,21世纪大气化学领域面临的明确且关键的科学问题:

- 平流层臭氧:观测记录平流层臭氧以及控制臭氧催化损耗的关键物质的分布、变率和趋势,阐明平流层和对流层上层中的化学、动力和辐射耦合过程。
- 温室气体:揭示控制温室气体(二氧化碳 CO_2、甲烷 CH_4、氧化亚氮 N_2O、对流层上层和平流层下层臭氧 O_3 以及水汽)丰度、变率和长期趋势的过程;拓展全球监测网络,使其包括对对流层上层和平流层下层臭氧和水汽的监测。
- 光化学氧化剂:发展观测和计算工具以及决策者为有效控制臭氧污染需要的战略;揭示那些控制臭氧前体物、对流层臭氧和大气氧化能力的重要过程及它们之间存在的关系。
- 大气气溶胶:观测记录大气气溶胶的化学、物理和辐射特性,以及气溶胶空间分布、长期变化趋势;揭示控制大气气溶胶尺度、浓度和化学特性的物理和化学过程。
- 有毒物质和营养物质:观测记录大气与关键生态系统(对经济和环境)之间的化学交换速率;揭示大气有害和营养物质浓度改变和沉降在多大程度上影响大气与生物圈之间的相互作用。

Ⅱ.2.1.4 基础设施启动项目

以下基础设施启动项目,将为大气化学研究提供资源和能力,实现学科研究挑战。

- 全球观测系统:布设中等寿命物种的观测系统以补充正在建设的长寿命物种和平流层臭氧监测网络和观测平台。
- 生态系统暴露观测系统:布设能够评估生态系统对初级和次级有毒和营养物质暴露量的监测系统。
- 地表交换测量系统:开发和布设能够定量分析大气和重要生物或生态系统之间化学交换的观测系统。
- 环境治理系统:展示和评估业务"化学气象学"的可行性,这将作为环境管理者和调控者的诊断工具。
- 仪器开发和技术转让:开发项目和设施,支持大气化学新仪器的评估以及转让到科学界、管理层和私营部门。
- 基本凝相和异质化学:开发和维持聚焦于与大气有关的凝相和异质化学过程研究的实验室设施。

Ⅱ.2.1.5 对国家利益的预期效益和贡献

21世纪,为认识我们赖以生存的化学和物理环境,大气化学研究界面对的科学问题非常重要,因此,大气化学科学与我们社会未来发展和经济活力息息相关。当前,观测事实已经证明大气化学在局地、区域和全球尺度上发生着变化。这些变化正在影响着我们的健康,使重要的经济和环境资源和生态系统处于危险之中。与此同时,美国每年需花费几百亿美元控制大气质量。大气化学方面的研究以及由此带来的预测能力的提升,将使控制空气质量的投资获得最大的环境和经济收益,同时也将告诉我们如何能将人类活动对化学和物理环境的负面影响降到最低。

Ⅱ.2.2 前言和综述

千年之交,大气化学也掀开崭新一页。20世纪后半叶,大气化学这门学科崭露头角。研究表明,大气化学作为"连接纽带",在地球生命支撑系统中起着关键作用,生物圈有机体之间通过它相互作用并交换物质和能量。另外研究也发现一个令人头疼的问题:在局地、区域甚至到全球尺度上,日益加剧的人为活动正在改变大气成分。事实表明,局地和区域的大气污染能够造成环境和经济破坏。全球尺度上化学变化的后果可能更加严重。因此,大气化学面临的科学问题不仅是对人类认知能力的挑战,同时对社会和经济也非常重要。

21世纪大气化学的挑战源于上世纪的发现,应当在继续维持科学研究活力和严密性的同时,通过发展科学和技术,影响全国和全球社会和经济发展。在这个学科评估中,我们将讨论应对这些重大科学问题的战略,同时为决策者提供信息和工具,来管理和维持环境和经济的活力。下面我们将从21世纪大气化学研究的使命开始展开讨论。

Ⅱ.2.2.1 使 命

开发和运用必要的工具和科学基础设施,从各种时空尺度上记录和预测环境方面重要的大气物种浓度及其影响。

确定21世纪大气化学研究使命中,我们采纳了三个基本前提:

(1)未来几十年用于研究和开发的财力和人力资源将是有限的。

(2)人口增加,科技进步,人类社会活动已经和将要干扰关键环境因素,这些环境因素影响着社会赖以生存的自然资源。

(3)揭示大气化学与地球生命支撑系统之间的耦合机制是未来数十年主要科技挑战之一。

前提1和2与资源和政策方面的问题有关,这些必须在确定大气化学研究使命时充分加以考虑,而前提3着重强调以理性或以好奇心驱使的学科存在的理由。前提1中提到用于研究和开发的资源有限,因此当代任何研究计划都需要严格区分优先等级,从而在分配公共资源到科学研究中的时候,应当尽量考虑迫在眉睫的科学问题的优先发展。前提2中说明,应当加深对地球系统科学可靠的、可预期的和系统的认识,包括加深对地球系统的化学环境、世界各国经济及科技发展与各国赖以生存的环境生命力和自然资源之间的关系的认识。

一个研究计划的制订通常需要折中考虑理论研究优先性与政策需求迫切性。但就大气化学研究而言,不存在这样的问题。未来几十年内,大气化学研究将重点记录和预测那些直接影响物理和生态环境以及对人类健康和福利产生影响的大气物种的浓度和影响。从更普遍意义来说,这里谈到的大气物种,是指那些通过其辐射和/或化学特性,直接影响生命系统和关键环境参数,在环境中发挥重要作用的大气物种(见图 II.2.1)。

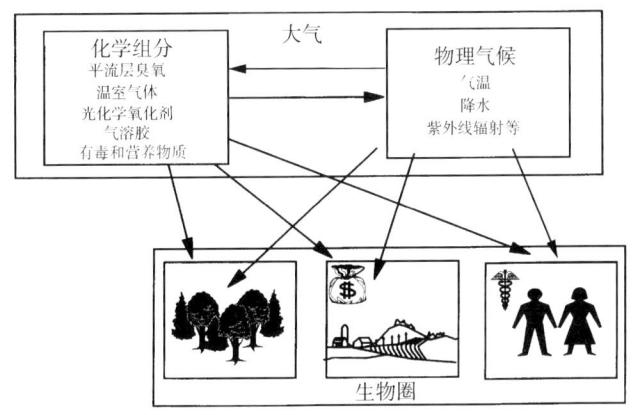

图 II.2.1　环境方面重要的大气物种是那些影响人类健康和福利的大气物种,是与政策相关的大气化学研究计划中的核心内容。因为这些物种驱动大气和地球生命支撑系统之间的相互作用,因此也是大气化学探索性研究计划中的中心内容。这些物种包括温室气体(如 CO_2、CH_4、N_2O)、气溶胶和平流层臭氧,因其辐射特性,影响气候和我们环境的其他物理特性。也包括光化学氧化剂和对流层臭氧、酸性气溶胶和大量有毒和营养物质,因为其化学特性,影响人类和经济上和环境上非常重要的生态系统(当与这些大气物种直接接触时)。尽管在全球尺度上经常感受到重要辐射物种的影响,但重要生态成分的影响往往也表现在从局地到区域尺度上。尽管这些物种的辐射和化学影响的尺度不同,研究表明,通过复杂的光化学和动力相互作用,这些物种在大气中的循环耦合在一起。揭示这些复杂的相互作用,这是未来几十年中大气化学研究的重要挑战。

未来几十年间,大气化学如果要在重要环境大气物种研究方面取得显著进展,除观测和记录这些大气成分浓度和变化之外,还必须更加深入研究那些决定这些大气物种浓度的深层次的化学、物理和生态的过程。唯有如此,我们才可能通过完全认识这些过程,从而真正理解大气及其与地球系统的关系,进而达到可信的预报能力,为有效政策的制定服务。此外,由于大气和大气问题处在变化之中,因此未来几十年内,在大气化学研究方面投入的部分研究资源将用于持久研究设施的建设,以便以开放的、有效的和具有反馈特征的方式为决策者提供信息。

未来几十年大气化学研究的任务将是在关注环境重要大气物种的同时,建设综合而又长期的研究能力和技术设施的努力也必不可少。因此,未来几十年大气化学研究的使命将包括以下内容:

　　开发和应用科学工具和科学设施,在各种时空尺度上,记录和预测环境重要大气物种浓度及其效应。

在以下章节,我们将着重探讨如何更加有效地完成这个使命,这需要我们首先总结现有认识水平,然后确定未解决的与许多环境重要大气物种有关的关键科学问题和这些问题提出的研究挑战。

II.2.2.2 20世纪回顾

近几十年来,在对许多关键且难以预测的环境问题的研究过程中,科学家们获得了关于大气化学系统的基本的新认识。

作为一个定量和科学的学科,大气化学研究可以追溯到18世纪,那时世界知名的化学家如普里斯特利(Joseph Priestley),拉瓦锡(Antoine-Laurent Lavoisier)和凯文迪什(Henry Cavendish)等便开始研究大气中的化学成分(Farber,1961;Weeks and Leicester,1968)。正是由于他们以及19世纪卓越的化学家和物理学家的共同努力,大气中主要组分及其浓度才得以确定下来(如氮气、氧气、水汽、二氧化碳和痕量气体)。

在19世纪后期和20世纪早期,大气化学家开始从大气主要组分识别转向痕量组分鉴定,包括痕量气体和气溶胶等这些浓度小于几个 ppmv[①] 的大气物种。现代化学分析技术的分析表明,大气中包含大量痕量物种,这些痕量物种的存在归因于大量复杂的地质、生物、化学过程,在多数情况下也与人为活动密切相关(见表 II.2.1)。而且,这些痕量物种在地球环境中发挥着与其浓度不相称的作用。一些情况下,这些痕量物种因其毒性给动植物生物界带来负面影响;而在另一些情况下,他们附带的营养特性对动植物或其他有机体也可以带来正面影响;此外,这些痕量物种还将通过辐射特性影响物理气候系统。

表 II.2.1 大气中重要的痕量物种[a]

成分	浓度(摩尔分数)	主要源
甲烷(CH_4)	1.6×10^{-6}	生物过程
一氧化碳(CO)	$(0.5-2) \times 10^{-7}$	光化学,人为活动
臭氧(O_3)	$10^{-8} \sim 10^{-6}$	光化学
反应氮氧化物(NO_y)	$10^{-11} \sim 10^{-6}$	闪电,人为活动
氨气(NH_3)	$10^{-11} \sim 10^{-9}$	生物过程
硝酸盐(NO_3^-)	$10^{-12} \sim 10^{-8}$	光化学,人为活动
铵盐(NH_4^-)	$10^{-11} \sim 10^{-8}$	光化学,人为活动
氧化亚氮(N_2O)	3×10^{-7}	生物过程,人为活动
氢气(H_2)	5×10^{-7}	生物过程,人为活动
氢氧基(OH)	$10^{-13} \sim 10^{-11}$	光化学
二氧化氢(HO_2)	$10^{-13} \sim 10^{-11}$	光化学
过氧化氢(H_2O_2)	$10^{-10} \sim 10^{-8}$	光化学
甲醛(H_2CO)	$10^{-10} \sim 10^{-9}$	光化学
二氧化硫(SO_2)	$10^{-11} \sim 10^{-9}$	人为活动,火山
二甲基硫(CH_3SCH_3)	$10^{-11} \sim 10^{-10}$	生物过程
二硫化碳(CS_2)	$10^{-11} \sim 10^{-10}$	人为活动,生物过程
羰基硫(COS)	10^{-10}	人为活动,生物过程
硫酸盐(SO_4^-)	$10^{-11} \sim 10^{-8}$	人为活动,光化学

[a] 源自 Chameides 和 Davis(1982)

① ppmv 为 10^{-6}(百万分之一体积)

20 世纪后半叶大气化学研究蓬勃发展,科学家开始着重研究许多重要环境问题,如平流层臭氧耗减、城市光化学烟雾、温室气体浓度上升(NRC,1984)。在这个过程中,一个崭新的与政策有关的大气化学研究范例开始形成,并深深影响了大气化学在社会中的地位。更重要的是,通过这些环境问题的研究,增进和改变了我们对这个赖以生存的大气化学系统的认识。下面将列举这些新认识的主要方面。

大气化学状态过去已经发生变化,将来仍将继续发生变化

观测表明大气化学状态在局地、区域和全球尺度上都正在发生变化。实际上从化学观点来看,全球变化已不是一个理论可能性,而是一个观测事实。南极臭氧洞每年出现给我们提供了一个生动例子,表明大气对化学扰动的脆弱性。尽管强度小一些,但过去十年温带地区平流层臭氧耗减同样也可能受扰动(图 II.2.2a)。而且,现在的观测事实,加上冰芯中远古气体的分析,表明全球大气中长寿命温室气体如二氧化碳、甲烷、氧化亚氮、各种氟利昂以及其他卤烃浓度正显著上升(图 II.2.2b~e)。尽管短寿命大气成分的长期趋势很难观测,但观测表明,北半球对流层臭氧、硫酸盐及含碳气溶胶浓度在 20 世纪也显著上升(NRC,1993)。

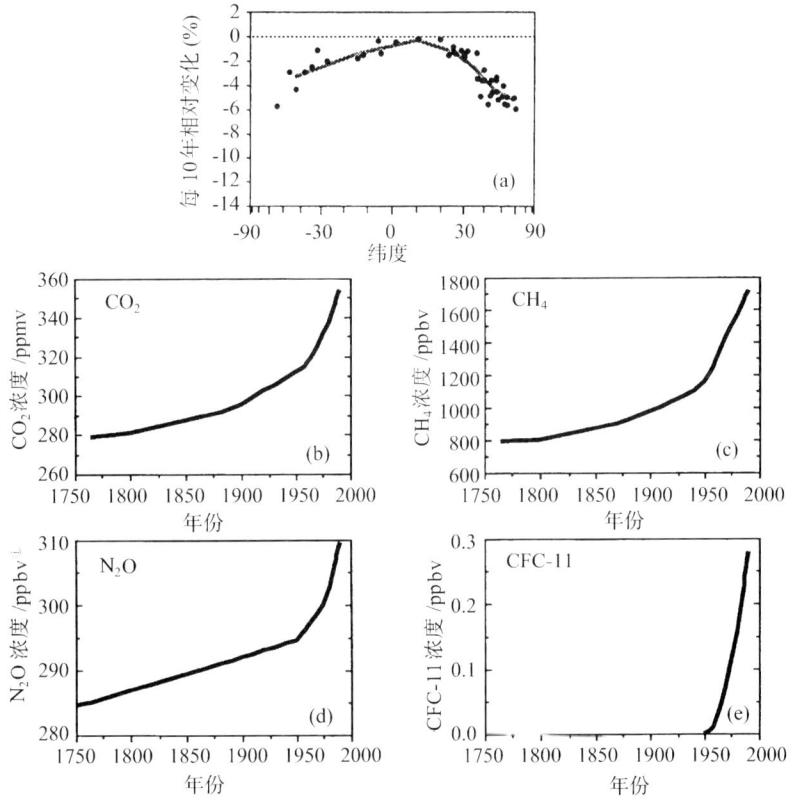

图 II.2.2 就大气化学观点而言,全球变化并不是一个理论上的可能性,而已经成为一个观测事实。(a)基于台站 Dobson 观测,随纬度变化的大气臭氧总量每 10 年的平均变化强度(WMO,1995)。(b~e)18 世纪中叶以来,全球 CO_2,CH_4,N_2O 和 CFC-11 平均浓度变化特征(根据 IPCC,1990)。

---

① ppbv 为 10^{-9}(十亿分之一体积)

人类是全球大气化学变化的一个重要驱动因子

许多大气成分的变化可归结到人类活动。一个典型的例子便是大气中的二氧化碳,工业革命以来,大气中二氧化碳丰度的上升速率与矿物燃料和生物燃烧所产生的二氧化碳的增长速率十分接近(图 II.2.3)。在其他一些例子中,人为活动的影响不甚明显和直接,而是通过排放光化学氧化剂和降解过程产生次级生成物,对重要环境参数产生间接影响。这类间接扰动例子很多,如人为活动排放氟利昂,导致平流层臭氧耗减;人为活动排放二氧化硫,导致大气中硫酸盐气溶胶浓度上升,从而对气候和人类健康产生影响;人为活动排放氮氧化物和挥发性有机物,形成对流层臭氧和其他光化学氧化剂。

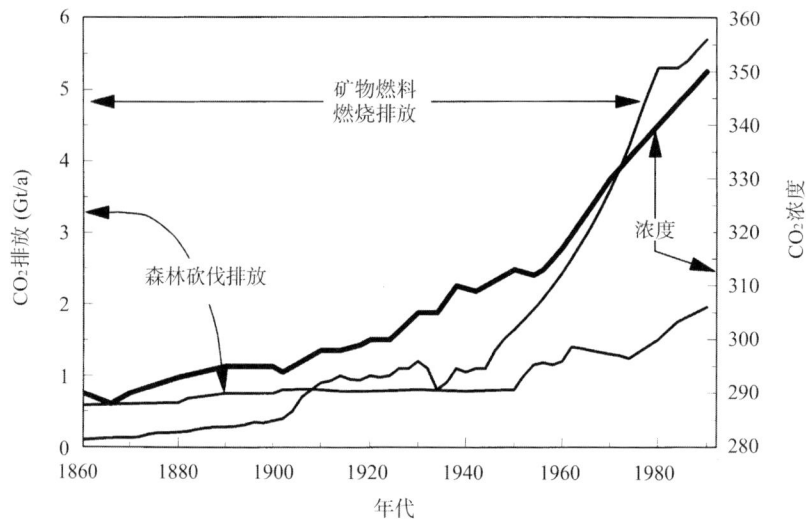

图 II.2.3 人类 CO_2 排放与大气 CO_2 浓度的相关。左侧纵坐标:矿物燃料燃烧和森林砍伐导致的全球年 CO_2 排放量。右侧纵坐标:冰芯中分析和直接观测得到的大气 CO_2 年平均浓度。CO_2 和其他温室气体浓度上升可能引发全球气候变化,包括地表温度上升、降水格局和强度改变。源自:IPCC 中的资料,1995。

向大气的化学排放有长期环境后果,且很难逆转

由于影响这些化学成分的过程具有较长时间尺度,因此可以预见的是,人类排放到大气中的化学物质,以及这些化学物质带来的环境影响,将持续存在数十年乃至数百年。人为 CFCs 对平流层臭氧浓度的长期影响便是一个典型的例子。

在南极春季臭氧洞形成期间,大部分(现在大约是 2/3)的臭氧消失了。在 Haley 湾(76°S)长期臭氧总量观测表明,臭氧洞形成于 20 世纪 70 年代中期,此后每年春季都出现,虽然臭氧耗减强度有变化,但主要以上升为主(图 II.2.4a)。20 世纪 80 年代国际合作计划研究表明,南极臭氧洞是大气动力和人为活动引发光化学过程共同作用的结果。动力过程导致南极出现冬季极地涡旋和形成极地平流层云(PSCs)。人为活动排放到大气中的 CFCs 退化形成大量的氯化物,驱动光化学过程,从而在平流层云上发生异质化学反应,致使平流层臭氧急剧耗减。正是基于这些发现,减少和最终禁止 CFCs 排放的国际公约才得以在20世纪90年代早期执行。虽然这些公约最终能够使臭氧耗减消失,但不幸的是由于CFCs在大气中的寿命很长,因此据预测未来40到50年内,南极臭氧洞还将在南极每年春季出现(图II.2.4b)。如果在发现CFCs导致平流层臭氧耗减之后的第二年(1975年)就禁止CFCs排放(Cicerone等,1974;Crutzen,1974;Molina和Rowland,1974),南极臭氧洞就可能不出现了。

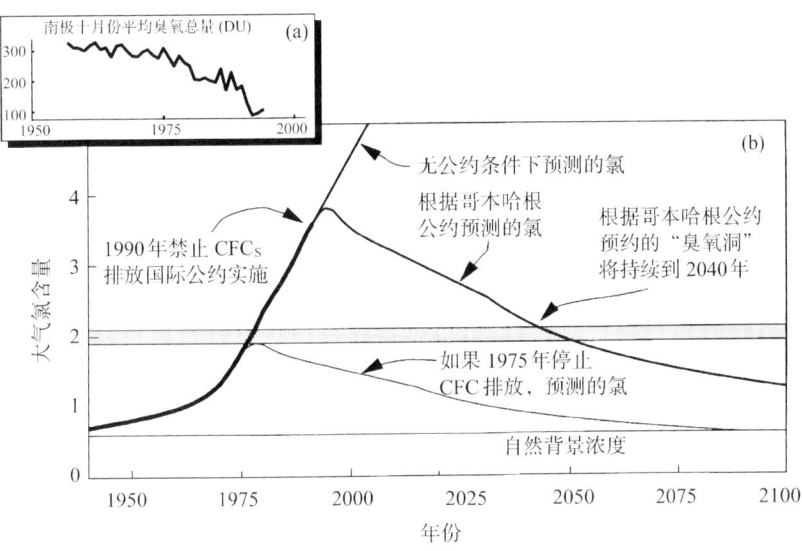

图II.2.4 大气氯化物浓度和南极臭氧洞的历史和未来演变趋势。(a)南极Halley湾(76°S)1957年到1993年10月平均臭氧总量变化(单位:DU)。(b)大气氯化物浓度年变化;粗实线表示1940年以来观测和计算出的浓度;细实线表示推测的未来氯化物浓度变化(包括没有公约制约的推测;哥本哈根公约制约下的推测;如果CFC于1975年实施禁止排放后的推测)。图中也给出了自然背景氯化物浓度估计和导致臭氧洞所需氯化物临界浓度的估计。注意实际氯化物浓度于1975年便达到临界点。取自WMO的资料,1995。

通过复杂的非线性机制,大气化学和动力过程相互作用,以及与生物圈相互作用

那些控制大气成分的大气化学、动力和生物过程相互作用,从而产生难以预见的重要现象。因此,有效的环境治理需要我们全面定量地认识这些过程。美国试图控制光化学烟雾的例子,说明深入认识大气化学系统的复杂性是十分重要的。

光化学烟雾因其地面臭氧和其他氧化物浓度很高,在非常热且稳定的天气条件下危害更加严重。光化学烟雾是在阳光照射下和氮氧化物存在下,碳氢化合物发生氧化等一系列复杂光化学反应后的产物(见图II 2.5)。原理上,光化学烟雾的控制,可以通过减排碳氢化合物和/或氮氧化物来实现。但实际问题并非如此简单,下面将详细论述此问题。

尽管从20世纪70年代开始,美国便执行更严格的排放标准(主要是控制碳氢化合物),光化学烟雾却仍然是美国许多城市主要的环境问题(EPA,1995)。控制光化学烟雾的难点可归结为大气化学系统的复杂性。臭氧产生的速率是大气中碳氢化合物和氮氧化物混合的非线性函数。取决于这些成分的相对浓度,臭氧产生的速率可能对碳氢化合物敏感,而对氮氧化物不敏感,在这种情况下控制碳氢化合物的排放将是控制光化学烟雾的有效手段;而在有些情况下,这一现象可能会反过来。另一难题与碳氢化合物潜在的大量自然排放(如森林和植被排放)有关。因为这些自然排放无法控制,因此即使在那些对碳氢化合物排放敏感的地区(见图 II.2.5),基于控制人为碳氢化合物的对策可能也不是十分有效。目前美国许多森林覆盖率高的城市光化学烟雾控制进展不大,原因便是不能很好地考虑碳氢化合物自然排放影响(Chameides 等,1988;NRC,1991)。

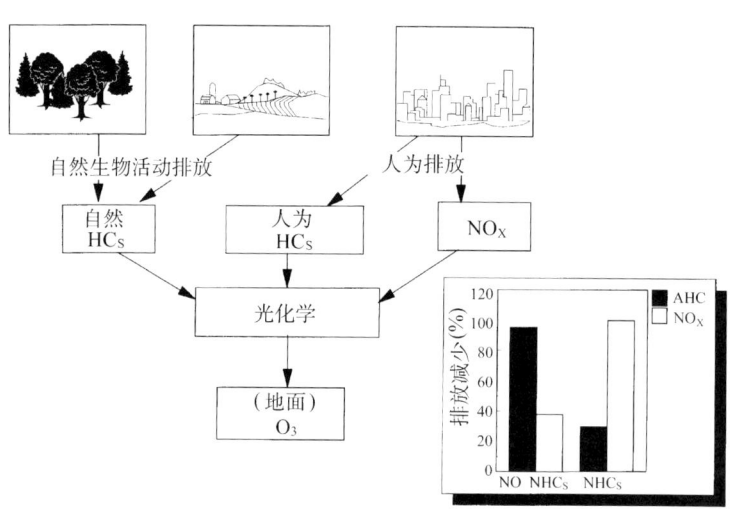

图 II.2.5 自然和人为排放碳氢化合物(HCs)和氮氧化物(NO_x)在产生臭氧和光化学烟雾中的相互作用。插入图:在 1990 年夏季几个空气污染事件中,如果要使佐治亚州亚特兰大地区臭氧浓度符合国家空气质量标准,人为排放 HC 和 NO_x 需要下降的百分数,该结果是模式计算得到的(忽略自然 HC 排放,标注 NONHCs;加入自然 HC 排放,标注 NHCs)。如果计算中不考虑自然 HC 的排放,表明降低人为 HC 排放将有效控制臭氧污染。但如果考虑自然 HC 排放,将导致相反结论,即基于 NO_x 的控制措施更加有效(Cardelino 和 Chameides,1995)。

大气物种与其化学循环之间的联系非常复杂且普遍

大气中化学组分并非彼此独立,而是通过一系列复杂化学和物理过程紧密联系。正是如此,大气化学系统中某化学组分的一个扰动,将导致深刻的非线性影响,波及系统中的其他组分,还可能产生反馈从而可能放大或抑制初始扰动。图 II.2.6 给出了阐明这种相互作用和反馈的示意图。

II.2.2.3 学科研究挑战

过去几十年来大气化学研究的成功,提出了许多关于地球系统如何运行的、饶有兴趣的科学问题。

确定和量化大气中痕量组分长期趋势,揭示联系大气物种之间以及与大气动力之间的复杂机制,这些是衡量大气化学和全球变化研究活力和科技能力的试金石。尽管过去几十年大气化学研究成果已经回答了许多重要的科学问题,但研究中也提出了许多崭新课题,这些问题是理解地球系统如何运行的核心,必须加以解答,才可能更好地应对日益严峻的环境问题。这些问题包括以下内容:

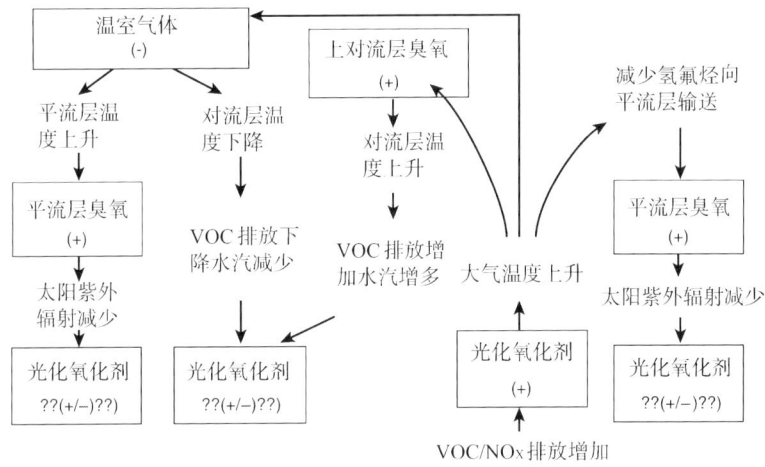

图 II.2.6　发生在光化学氧化物、温室气体和平流层臭氧之间潜在的相互作用和反馈示意图,表明当臭氧前体物[即挥发性有机成分(VOCs)和氮氧化物(NO_x)]增加之后,随即发生的一系列相互作用和反馈。注意:"+"和"-"表示前面的变化对与之相关的后面大气成分浓度的影响。

(1) 环境影响上重要的大气物种浓度长期变率和趋势的原因何在?
(2) 这些物种浓度未来如何变化? 控制这些变化最有效可行的政策措施是什么?
(3) 这些浓度现在和未来变化趋势的环境影响如何?

这三个问题构成了未来几十年大气化学研究的核心和基本框架。但需指出,这些重要大气成分都有各自独特的化学特性以及时空变化特征,因此均需采取相应的研究战略。下面详细讨论主要的研究战略。

平流层臭氧

尽管我们在平流层臭氧耗减研究方面取得了显著进展,但仍有非常大的不确定性,因此,我们必须继续关注平流层。

观测资料已经表明,平流层臭氧已经出现显著耗减。流行病学资料也显示平流层臭氧可以保护地球生命免受紫外辐射影响。我们认识到平流层臭氧耗减与人为排放 CFCs 以及其他导致臭氧耗减的物质有关,签订了"蒙特利尔公约"和随后的修正案,要求逐步取代 CFCs 和类似导致臭氧耗减的物质。尽管我们在平流层臭氧及其耗减认识方面取得了很多成就,但还存在很多不确定性,例如,现在平流层化学模式显著低估了近几十年来中纬度地区冬春季节臭氧耗减幅度(参见图 II.2.7)。

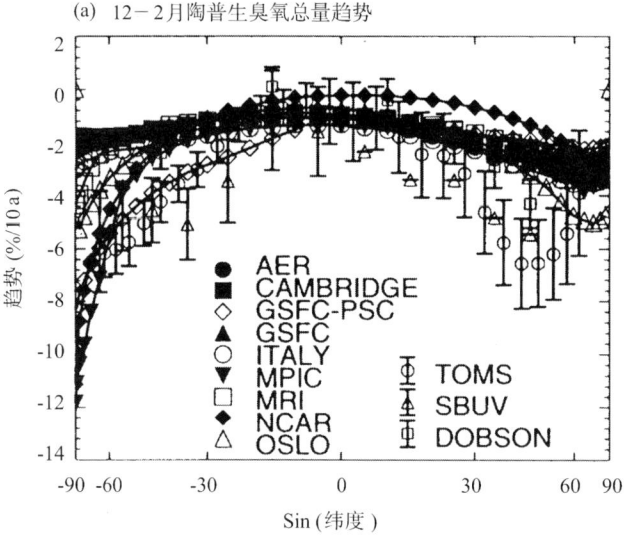

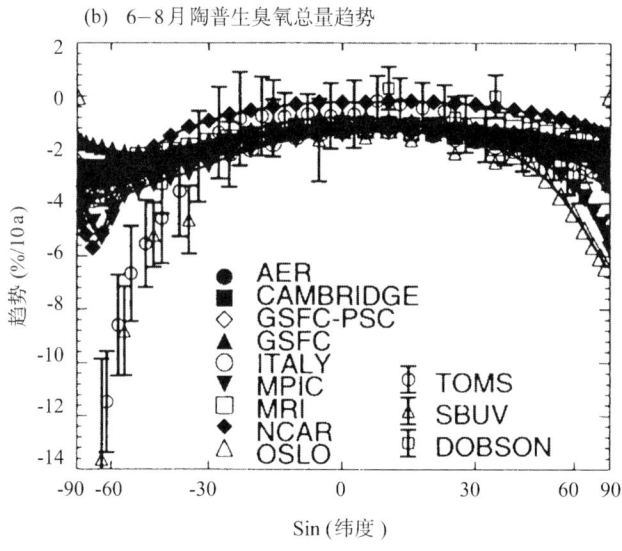

图 II.2.7 由 TOMS、SBUV 和 Dobson 观测系统获得的 1980 到 1990 年臭氧总量变化,以及与九个大气模式预测的臭氧总量变化的对比。(a) 12 月—1 月—2 月观测和模式计算结果。(b) 6 月—7 月—8 月观测和模式计算结果。注意南北半球中纬地区模式预测和观测有显著差异。现在模式还不能完全模拟观测到的大气臭氧耗减,这说明,继续努力观测在 CFCs 浓度下降情况下平流层演变,继续研究平流层,是提高预测能力所必需的。注:SBUV = 太阳后向散射紫外光谱仪;TOMS = 臭氧总量成像光谱仪。源自:WMO,1995。

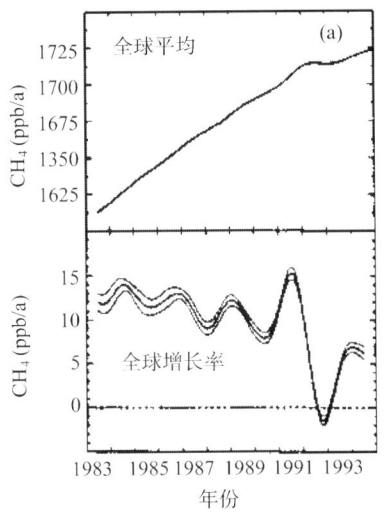 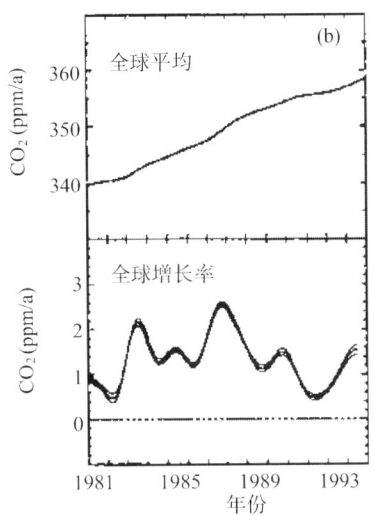

图 II.2.8 20 世纪 80 到 90 年代 (a) CH_4 和 (b) CO_2 全球平均浓度 (上) 和年平均浓度变化趋势 (下)。关于 CH_4 和 CO_2 趋势非常大的年际波动,特别是 20 世纪 90 年代早期,其成因还很不清楚,表明我们对发生在年际变化尺度上,控制这些成分浓度的过程的认识还有很大不足。源自: P. Tans,私人通讯,1996。

我们从臭氧洞的发现过程中吸取的最基本教训,就是面对科学不确定性,必须继续关注平流层问题。因此未来几十年平流层臭氧的持续研究仍然十分必要,必须关注以下两个主要研究挑战:(1) 继续加强平流层臭氧以及与臭氧耗减有关的关键物质的空间分布观测,从而记录平流层演变特征;(2) 为提高平流层臭氧的预测能力,我们必须揭示平流层与上对流层化学、动力和辐射之间的耦合机制。

大气温室气体变化趋势

准确预测气候变化趋势首先需要可靠预测温室气体浓度未来变化趋势。而问题恰恰是我们对控制温室气体浓度过程的认识还有很大差距。

温室气体作为大气热绝缘体,吸收地表红外辐射,并将其中一部分红外辐射返回到地表,从而产生所谓的温室效应,使地表温度高于太阳直接辐射加热形成的温度。这些温室气体包括直接排放到大气中的一次性气体(如二氧化碳 CO_2、甲烷 CH_4、氧化亚氮 N_2O、CFCs),也包括由大气光化学过程中产生的二次气体(如臭氧 O_3)。水汽 H_2O 是最重要的温室气体,一方面通过蒸发直接输送到大气中,同时平流层甲烷 CH_4 氧化也可产生水汽。臭氧的独特性在于它不仅是温室气体,也是重要的太阳辐射吸收成分。

前面已经提到,大气中二氧化碳、甲烷、氧化亚氮以及卤化碳观测到浓度上升,这是大气全球变化的一个明证(参见图 II.2.2b～e)。在多数情况下,这些气体浓度的上升源自人类活动和能源利用、工业化、土地利用变化和/或农业活动。温室气体浓度上升很可能是导致本世纪全球变暖的主要原因,如果没有气溶胶(如硫酸盐气溶胶等)的抵消作用,全球变暖将更加剧烈(见以后章节)。

可靠预测未来气候变化趋势首先需要可靠预测未来温室气体浓度变化趋势。然而对流层上层和平流层下层臭氧和水汽资料的匮乏,使得对这些物质未来变化趋势的预测问题重重。而且,20世纪90年代早期和中期许多温室气体浓度发生了非常怪异的无法解释的变化,表明我们对控制温室气体浓度过程的认识还有重大差距。

为准确预测这些温室气体浓度变化趋势,现在迫切需要在以下两个方面开展研究。(1)为记录大气辐射的变化特性,维持长寿命温室气体浓度全球监测网络,扩充现有的对流层上层和平流层下层臭氧和水汽监测能力;(2)揭示控制二氧化碳 CO_2、甲烷 CH_4、氧化亚氮 N_2O 以及对流层上层和平流层下层臭氧 O_3 和水汽 H_2O 浓度和变率的主要过程。

对流层光化学氧化剂

围绕光化学氧化物的关键科学问题,包括城市空气污染的形成和对流层臭氧在全球气候变化中的作用。

光化学氧化物是由光化学反应产生的具有高度活性的化合物(Haagen-Smit,1952)。这些化合物控制着大气氧化能力,从而决定了许多环境上十分重要的大气物种在大气中的寿命和丰度(参见图II.2.6),而且,由于光化学氧化剂可与生命体发生反应,因此对人类健康和生态系统都将带来负面影响(LeFohn,1992)。

大气中含量最高的光化学氧化物是臭氧。尽管平流层臭氧可以保护地球生命免受紫外辐射伤害,但低层大气臭氧对植物、动物和人类健康都将产生负面影响。正如以下所述,与光化学氧化物有关的科学问题,不仅包括完全理解与城市和农村地区臭氧污染有关的所有过程,也包括揭示对流层臭氧变化在全球环境变化中的作用。

美国于20世纪70年代后期开始采取更加严格的排放标准,试图减少城市地区臭氧浓度,从而保护人类健康。在1990年清洁大气行动修正案的框架下,美国为控制臭氧问题采取的措施,每年估计耗费100多亿美元。尽管采取了这些措施(见图II.2.9),但据美国环保局(U.S. EPA)数据表明,美国77个城市臭氧浓度仍然没有达到美国国家环境空气质量标准(NAAQS)(EPA,1995)。此外,对臭氧浓度上升对美国乡村农业和林业生态系统影响的关注也日益增加(NRC,1991)。

尽管在区域和全球尺度上,对流层臭氧浓度资料非常稀少,但是对流层臭氧浓度至少在某些地区正在发生显著变化,而且这些变化也与美国城市地区情况显著不同。19世纪欧洲大陆地区(也可代表整个北半球)资料分析表明,20世纪对流层臭氧浓度可能已经上升两倍以上(见图II.2.10)。近20多年背景地区地面臭氧浓度监测资料表明臭氧变化非常复杂,部分地区上升,而部分地区没有变化或变化很小,部分地区甚至监测到臭氧浓度下降(图II.2.11)。

目前还不能很好地解释为什么部分地区臭氧浓度上升,而部分地区下降。而且,对这些变化的气候和生态影响更是知之甚少。就全球变化角度而言,对臭氧浓度变化所隐含的大气整体氧化能力的长期趋势也不甚了解。如图II.2.6所示,大气整体氧化能力的变化将影响整个大气化学系统,并最终影响温室气体和平流层臭氧浓度以及光化学氧化物浓度。

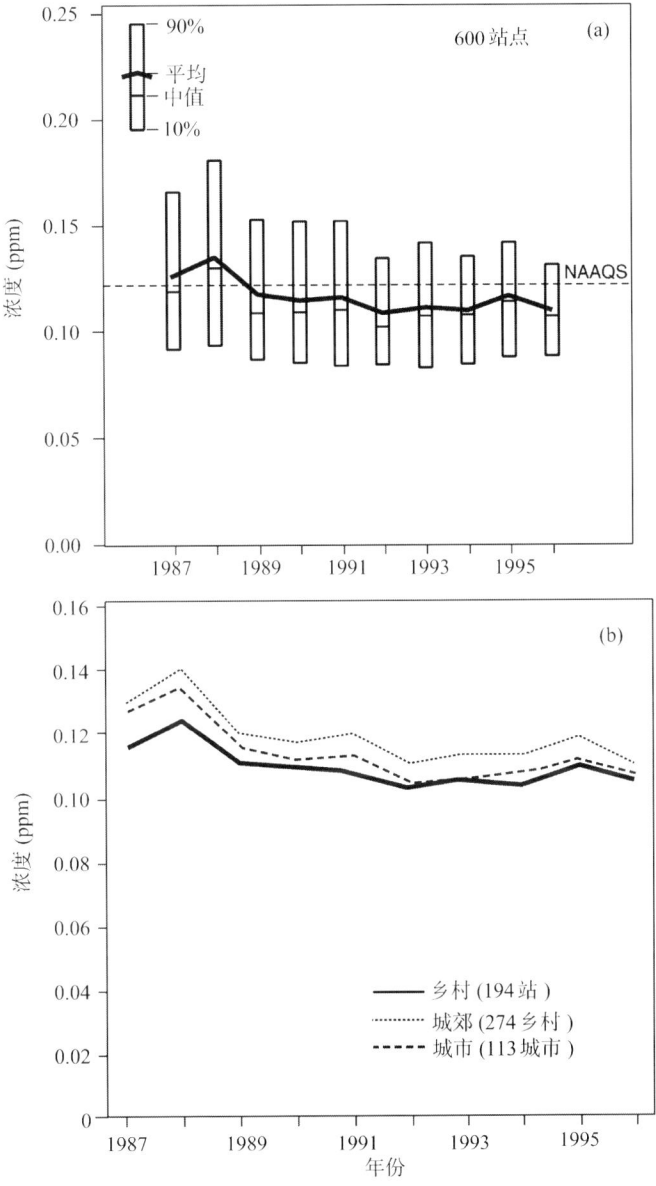

图 II.2.9 美国城市和郊区站点观测到的 1 小时臭氧浓度年极大值的平均变化趋势(由大气测量信息反演系统记录)。资料表明,从 1986 到 1995 年,整个空气质量有所提高(II.2.9a)和污染成分(II.2.9b)有轻微下降(约 6%)。该变化一方面与相当大的污染控制投入相对应,也与显著经济发展相对应。源自:美国环境保护局,1995。

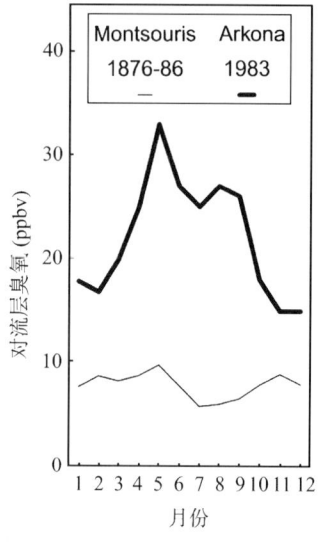

图 II.2.10 欧洲高山站点观测到的平均臭氧浓度随月份的变化。细实线表示的是分析十九世纪后期采集的资料获得的臭氧浓度。粗实线表示的是 1983 年用现代仪器观测的臭氧浓度。源自:Volz-Thomas 和 Kley,1988。

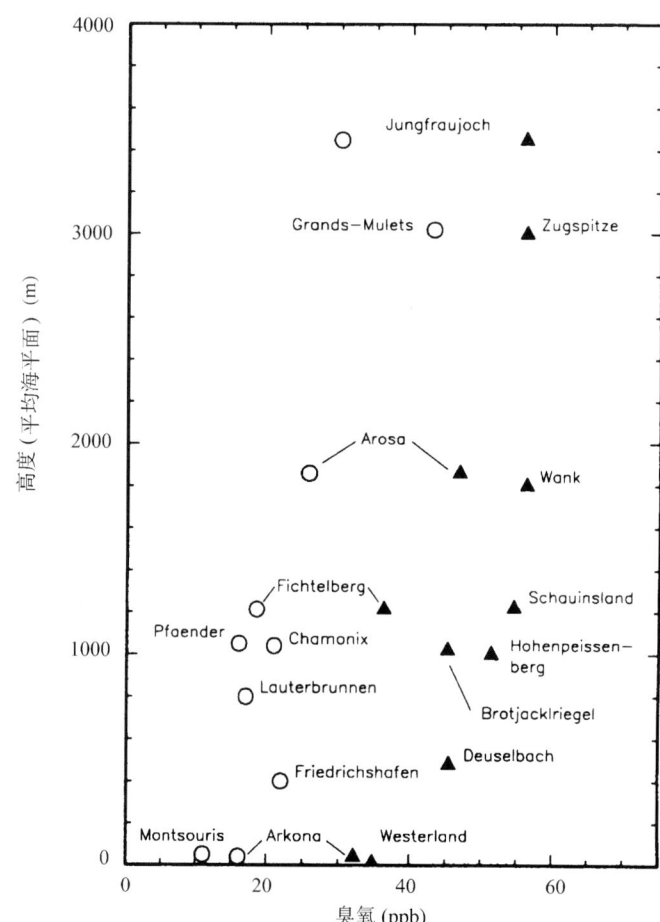

图 II.2.11 欧洲不同地区历史(圆圈)和现代(三角)地表臭氧浓度随测站海拔高度的变化 (Staehlin 等,1994)。

从这些讨论中可以得出下面两个研究挑战:建议(1)我们需要发展观测和计算工具和战略,以便更有效地控制城市和区域尺度上的臭氧污染,这是决策者需要的,也是验证这些措施所必须的;和(2)为开发更可靠的预测能力,更好地理解光化氧化剂循环扰动导致的后果,我们需要研究控制臭氧前体物、对流层臭氧和大气氧化能力的过程及其相互作用。迎接这些挑战所需的研究战略将在后面探讨。

大气气溶胶的化学和物理特性

气溶胶在气候变化、平流层臭氧耗减和空气质量问题中均扮演重要角色。但关于气溶胶物理、化学和辐射特性仍然存在很大的不确定性,因而定量评估气溶胶效应还困难重重。

大气气溶胶是悬浮在大气中的固态和液态颗粒物,包括直接输送到大气中的原生气溶胶颗粒,也包括由气相前体物通过化学反应生成的二次气溶胶。气溶胶在大气环境中有可能扮演重要角色。气溶胶影响气候,也在平流层臭氧耗减中发挥着重要作用,同时也是城市和工业地区人类健康的一大威胁。不幸的是,我们对气溶胶的物理、化学和辐射特性的了解有很大不确定性,对影响气溶胶形成、气溶胶影响云形成和辐射传输等过程也知之不多,从而目前还很难定量评估气溶胶环境和社会影响。

大气气溶胶通过两种方式影响气候,其一是直接辐射强迫,即气溶胶通过散射太阳辐射产生冷却作用,或吸收太阳辐射加热地球系统;其二是间接辐射强迫,即气溶胶通过增加云反照率冷却地球系统(Charlson 等,1992;IPCC,1995;Ramaswamy 等,1995)。工业革命以来,由于人类排放上升(如二氧化硫和生物燃烧排放),导致大气中气溶胶浓度上升,气溶胶浓度上升又可能导致气候变冷(参见 Charlson 等,1991)。计算表明,气溶胶的冷却效应可能与温室效应相当,从而在北半球部分地区,气溶胶冷却效应可能部分抵消了温室效应(见图 II.2.12;IPCC,1996)。需指出的是,我们对气溶胶的源、物理化学特性和辐射影响还不甚了解,因此这些模拟计算的不确定性还非常大。

由于气溶胶为气、液和固相之间异质化学反应提供了平台,因此气溶胶也是影响大气中气相和凝相组分的主要因素之一。比如在平流层,极地涡旋中平流层云和火山喷发产生的硫酸盐气溶胶的存在,有利于将氯化物从非活性转化成活性物质,从而在平流层臭氧催化破坏中发挥着重要作用(Solomon 等,1986;1993)。类似的过程也影响着对流层化学。对流层气溶胶影响了云的增长速率和特性。反过来,发生在云滴表面和内部的化学反应也影响着云滴蒸发后气溶胶的化学特性。我们对这些过程的机制还缺乏深入了解,因此在大气模式中只能采用相对简单的参数化方案,因此也就不可能指望能在气溶胶未来变化趋势等方面获得可靠的预测结果。

在局地和区域尺度上,气溶胶导致能见度下降,也对人类健康产生不利影响(美国胸科协会,1996 a,b)。大量流行病学资料证明,即使在气溶胶浓度低于美国环保局现行的国家环境空气质量标准的情况下(粒子直径小于 10 μm,PM10),气溶胶都能导致死亡率和发病率显著上升。因此,美国环保局制定了一个新的、更加严格的细粒子空气质量标准(粒子直径小于 2.5 μm,PM2.5)。然而,在如此低浓度条件下,我们对气溶胶产生人体

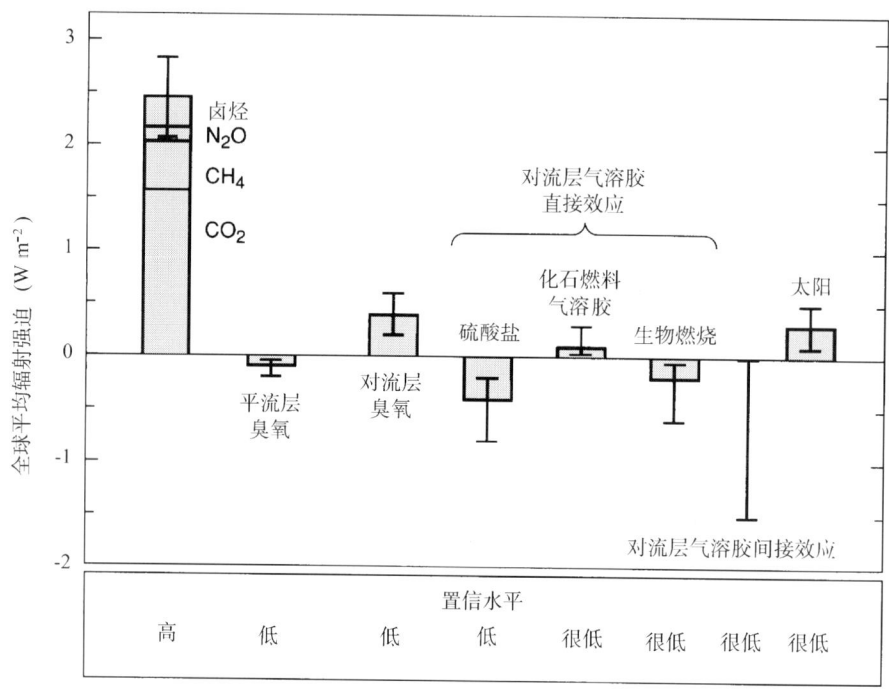

图 II.2.12 工业革命以来温室气体和气溶胶浓度变化以及1850年以来太阳变化导致的全球平均辐射强迫估计,垂直实线表示估计的不确定性。尽管气溶胶辐射强迫估计的置信度为"低"和"很低",但基于气溶胶直接和间接辐射效应的模拟计算结果表明,气溶胶冷却效应可能显著抵消了温室气体导致的增温。源自:IPCC,1996。

伤害的特定的物理和化学特性仍然知之甚少。

因此大气气溶胶研究的挑战在于(1)观测记录气溶胶的化学和物理特性,以便提供更准确的气溶胶对气候、平流层臭氧、对流层氧化、人类健康和福利和生态系统功能等影响的评估;(2)揭示影响气溶胶尺度、浓度和化学特性的物理和化学过程,从而开发更可靠的预测工具。

有毒和营养物质对生物圈功能的影响

我们对大气有毒物质和营养物质的输送和沉降、这些物质与生物圈的相互作用等还知之甚少,因而很难定量分析这些物质对自然生态系统当前或未来的影响。

有毒物质和营养物质的研究重点是(1)定量研究对生物圈十分重要的大气痕量物种通过干、湿沉降从大气输送到陆地和海洋生态系统的速率;(2)观测分析由这些沉降带来的多重强迫和收益对生物圈代谢的影响;(3)揭示产生这些影响的生物化学和生物物理机制。对于经济上和环境上均十分重要的生态系统长期活力而言,这些过程的重要性是显然的。这样的例子很多。事实证明臭氧及其他许多大气污染物沉降正在损毁森林

(Godbold 等,1988;Aber 等,1989;Schulze,1989;Van Dijk 等,1990)。农业活动产生的杀虫剂和营养物质通过径流流入水体,从而影响渔业生产,如切萨皮克湾和五大湖地区。水体是渔业和旅游资源,而酸雨是引起水体富营养化的因素之一。

尽管我们开始认识到大气有毒物质和富营养化对自然生态系统产生了剧烈影响,我们仍然对这些物质的输送和沉降、它们与生物圈相互作用的认识还很少,从而也就不能评估这些问题的严重程度,也不能预测这些问题能引发什么样的新问题。基于这些认识,提出关于有毒物质及营养化成分的两个研究挑战:(1)观测记录大气和关键生态系统之间化学交换速率,准确定量估计大气化学物质对生物圈的影响和生物圈排放速率;(2)揭示在多大程度上大气和生物圈之间的相互作用受有毒物质和营养物质浓度变化和沉降影响,从而更好地评估人类活动对大气－生物圈耦合系统的影响。

Ⅱ.2.2.4 突出的研究难题

在许多学科研究难题中,有四个非常突出。

以上章节的讨论已经确定了一系列学科研究难题,这些难题均是与环境上重要的大气成分有关的科学问题。文字框 Ⅱ.2.2 总结了这些难题。

文字框 Ⅱ.2.2

大气化学学科研究挑战概要＊

- 平流层臭氧:观测平流层臭氧以及控制臭氧催化破坏的关键成分的浓度和分布,揭示平流层和对流层上层中化学、动力和辐射之间的耦合。
- 温室气体:揭示那些控制大气 CO_2,CH_4,N_2O 和上对流层和下平流层臭氧和水汽丰度和变率的过程;扩展全球监测网络,使之包括对对流层上层和平流层下层臭氧和水汽的观测。
- 光化学氧化物:为有效控制臭氧污染,开发决策者需要的观测和计算工具和战略;揭示臭氧前体物、对流层臭氧和大气氧化能力之间的相互作用及其控制过程。
- 大气气溶胶:观测大气气溶胶物理和化学特性;揭示控制气溶胶尺度、浓度和化学特性的物理和化学过程。
- 有毒和营养物质:观测大气和关键生态系统(在经济上和环境上均十分重要)之间的化学交换速率;揭示在多大程度上大气和生物圈相互作用受有毒和有益物质浓度的改变和沉降的影响。

＊ 这些学科研究挑战重点放在解决与环境重要的大气成分相联系的关键科学问题所需要的努力和活动上。

从文字框 Ⅱ.2.2 中可以看出,不同学科难题可以合成以下四个重要研究问题,这些问题与大气化学观测有关,也与预测能力的开发(在机制和过程认识基础上)以及支持环境管理活动有关。以下将着重探讨这四个研究难题,同时也将讨论环境上重要的大气物种之间的相互作用。

总研究难题之一:记录分析大气化学气候学

大气化学研究的第一个主要问题应该是,通过观测分析环境上重要的大气物种以及影响这些物种生成和消除过程的其他物种的空间分布、时间趋势和变率,建立目前大气化学气候学。这需要我们在合适时空尺度上对大气成分开展长期和细心的观测。尽管我们已经建立监测网络和观测系统,用于许多重要长寿命大气物种和平流层臭氧全球分布监测,但对于那些短寿命物种的观测还很不完善,而这些物质的时空分布变化很大。因此需要新的推进:(1)我们必须开始开发可靠和经济有效的观测仪器,用于监测这些短寿命物质;(2)建立足够时空分辨率的监测网络,观测这些成分的浓度和变化趋势。同时,也必须继续投入,维护现有长寿命物种监测网络。

总研究难题之二:开发可靠的预测工具和模式

大气的化学正在发生变化,而且这些变化将对我们社会产生深远影响,这一事实使得我们必须开发预测模式,用于(1)预测未来趋势和对人为和自然强迫的响应;(2)预见那些用于逆转和减缓不良趋势所采取的政策和措施可能产生的后果。不幸的是,我们现有的大气化学预测能力还远不能胜任这些任务,这是因为我们对那些控制环境上重要的大气成分的物理、化学和生物过程和机制还认识不够。为了开发可靠的大气化学预测模式并对这些模式进行评估,我们有必要开展相关外场实验,用于过程和机制研究。

总研究难题之三:支持和评估环境管理的效率

针对许多与大气化学有关的环境问题,1990 年美国制定了空气清洁行动修正案(CAAA—90),这些环境问题包括城市臭氧污染、酸雨、大气毒性以及平流层臭氧耗减。尽管修正案所针对的环境问题可能给美国带来巨大的经济和环境费用,但这些问题的治理也是耗资巨大的。例如,据估计完全执行 1990 年大气清洁行动每年花费约 250 亿美元(J. Bachman,私人通信,1996)。考虑到 CAAA—90 所关注的大气环境问题的重要性,以及针对这些问题采取措施需要花费巨资,因此大气化学研究应当包括环境管理方面的研究,并及时调整环境管理措施。这些研究将着重提供工具和相关资料,评估环境管理行动的效率,并细化和改进行动。

总研究难题之四:发展一个全盘研究战略

以上讨论的是针对单个大气物种的不确定性问题,必须采取相应措施。但应注意到,这些物种以及影响这些物种产生、输送、转化及最终从大气中清除的所有过程是在高度耦合和相互作用的化学和物理系统中进行的。因此仅仅关注系统中的某个大气组分或某个方面的单个环境研究计划可能会导致不完整或错误的结论。在大气化学研究中,我们必须充分认识到大气化学系统内在的复杂性,必须采取措施,揭示和定量分析这些相互作用。为达到这个目标,大气化学家应当与其他相关科学科学家加强交流,如气候、云物理学、陆地生态系统、海洋科学和气象学以及社会科学和医学。

Ⅱ.2.2.5 基础设施建设项目

大气化学所关注的科学问题与全球经济活力和环境健康息息相关,从这个角度来讲,在大气化学研究所需基础设施的建设和巩固方面的投入相对来说是较少的。

21 世纪大气化学所面临的科学和技术问题十分复杂,也极富挑战。但应看到,近年来在仪器开发、航空科学以及计算资源等方面都有了长足发展,未来也将有很大进步,这些为大气化学研究提供了坚实基础,从而能够更好地解决这些问题。但如果不在研究能力和基础设施建设方面加大投入,大气化学就不可能吸收这些新进展,也就无法接受挑战。本章将提出六个与大气化学有关的基础设施建设项目,这些项目将为解决大气化学研究难题提供坚实基础。

在转到这些基础创建项目之前,有必要提及美国在这方面的投入越来越有限,因此,其他新的研究设想也就难以实现。应当看到大气化学所面临的这些难题,对美国经济活力和环境健康持续发展以及全球可持续性发展都意义重大。鉴于此,为解决这些难题在大气化学方面的投入应该是适度的。

基础设施建设项目1:部署中等寿命大气物种观测系统

在我们的讨论中经常提到长期观测大气成分的需求。为满足这个关键需求,我们应当设计和部署一个新的观测系统,观测中等寿命大气物种和气溶胶物化特性的区域和全球分布特征以及时间变化趋势。

由图II.2.13所示,大气中痕量气体的寿命差别很大,从长达几个世纪到仅有几秒钟不等。而且,如图所示,大气成分的时空变化强度与其寿命相反,长寿命物种往往在对流层中相对混合均匀,而短寿命物种则时空变化很大。由于长寿命物质混合均匀,因此在不同纬度上设置数十个地面采样观测站点,每天观测一次便足以了解这些长寿命物种主要分布特征和时间变化趋势。而对于短寿命物种,问题则变得十分复杂,大气物种寿命越短,其时空分布特征则变化越厉害,观测系统的设计就越困难。在空间上必须布设更多的地面站点以满足足够的空间分布要求,也必须加大采样频率以捕捉短寿命物种的时间变化特征。很不幸的是,目前站点空间分布太稀疏,限制了对这些短寿命物种时空变化特征的研究。

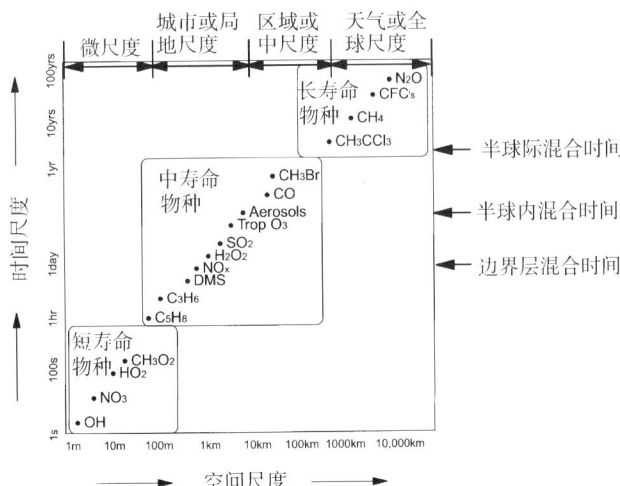

图II.2.13 大气中一些重要组分的变化时空尺度。注:C_2H_6=丙烯 propene;C_5H_8=异戊二烯 isoprene;CH_3Br=甲基溴 methyl bromide;CH_3CCl_3=甲基氯仿 methyl chloroform;CH_3O_2=甲基过氧基 methyl peroxy radical;DMS=二甲硫 dimethyl sulfide;H_2O_2=过氧化氢 hydrogen peroxide;NO_3=三氧化氮 nitrogen trioxide;OH=羟基 hydroxyl radical;SO_2=二氧化硫 sulfur dioxide;Trop=对流层。

中等寿命大气成分观测网络建设极具挑战性,需要在仪器开发和监测网络设计和运行方面有所突破。由于对流层上层大气成分如臭氧和水汽十分重要,因此开展包含对流层上层和平流层下层关键成分的全球观测与地表观测同等重要。这可以通过采用现有的但还未被大气化学界采纳的观测平台来实现,也可通过建立适合在偏远地区开展长期观测的新观测平台来实现。

基础设施建设项目 2:建立暴露量评估监测网络

现有的监测网络大都用于观测大气化学的气候学特征,或根据特殊的环境规则开展监测,不适合观测生物圈与大气之间的相互交换,或分析因生态系统暴露于大气有毒和营养物质下而带来的危害。因此迫切需要一个新的监测平台,即建立暴露量评估监测网络,来评估目标数量和生物群对暴露于大气有毒物质和营养成分下的响应。

基础设施建设项目 3:发展地表交换观测系统

地表交换是要素通过大气的各种循环中的一个基本环节。地表交换不仅可以通过控制地表排放和大气清除速率来决定大气物种浓度,也可以表征生物圈和海洋与大气之间相互作用。因此准确评估和揭示地表交换速率与前面谈到的研究任务 2 和 4 是密切相关的。不幸的是,我们还不十分清楚地表交换速率及其控制机制,因此,这些过程在大气模式中往往是以高度参数化的形式表达。为发展预测模式和更好地理解大气-生物圈交换,拓展新的研究思路十分必要,那就是发展和评估观测平台,量化环境重要大气物种多种空间尺度上的地表排放和沉降速率。

基础设施建设项目 4:一个业务性化学气象系统的示范

一个标准的大气化学研究方法,从初始的观测阶段到后期的资料分析和模式模拟,往往需要数月到几年时间。采用这种研究套路,预测模式的开发和评估将十分缓慢,也限制了决策层使用模式。相反,气象学界早已发现采用实时资料,使用三维和四维资料同化模式,连续制作短期和长期预报,这十分有利于增进科学认识,增进模式系统的开发和评估,也促进社会和决策层对科学的认识。大气化学学科已经发展到一定成熟阶段,使得在大气化学研究中采用类似气象方法成为可能。因此,我们建议在大气化学研究中采取一个所谓业务"化学气象"系统的思路,包括在局地和区域尺度上对一些大气质量参数的逐日预报(如氧化物和酸性气溶胶浓度、能见度、臭氧柱浓度),这可通过采取实时气象和化学观测系统、资料分析、统计的和/或机理的预测空气质量和大气化学输送模式来实现。这一思路将有助于上面谈到的第 2 和第 3 个研究挑战的实现。

基础设施建设项目 5:仪器研发和技术转让计划

近几十年中,大气化学学科发展的一个主要成功之处在于将现代化学分析技术运用到大气痕量成分的观测中,这些观测是在野外条件下,使用具有研究精度的观测仪器来完成的。然而,也应看到,在仪器的评估、仪器标准化和规范化发展、仪器转让到普通研究机构以及私人和管理机构等方面还存在很多问题。为了有利于这些过程的发展,从而更好地发展全球观测系统和建设数据库,以及更好地支持环境管理活动,我们建议通过发展合适的标准和规则,实施一个旨在评估新仪器、帮助仪器转让到科学界、管理界和私人公司的计划。

基础设施建设项目 6：凝结相和异相化学过程实验室建设

  大气是一个在温度、气压、湿度和太阳辐射等方面均变化很大的环境。这些多变的环境导致了大量气相、凝相和异质化学反应过程，这些过程最终决定了地球大气现在和未来的大气组分。历史上，对这些化学过程的研究主要依赖于先进的实验室测量。因为匀质气相化学反应是一个相对成熟的研究领域，许多重要大气物种的气相化学过程比较清楚。相反，关于异质化学反应的研究和研究方法都十分不成熟。因此我们还不太清楚在哪些表面上发生了大气异质化学反应，也不清楚如何发生。随着对平流层和对流层凝相和异质化学反应重要性认识的日益提高，同时也认识到大气气溶胶对气候和人类健康产生了很大影响，我们应当提高对多相化学反应过程的基本认识。因此，我们提议一个旨在发展和维持实验室研究的研究计划，实验室研究将着重揭示那些基本的凝结相和异质化学。

Ⅱ.2.2.6 结 论

  一个精心设计的研究计划将促进我们对大气化学的理解，也将提高我们解决当前所面临的许多重要环境问题的能力。

  21 世纪大气化学界面临非常艰巨的挑战，需要观测和研究的大气物种非常多。在很多情况下，大气物种浓度经常超过了现代分析技术的极限。大量观测只能在实验室外进行，观测条件难以控制，使得问题变得更加困难。另一个同等困难的难题是大气化学关注的问题跨越很大的时空尺度。为提高对大气化学中最紧迫且具有重大科学意义的科学问题的理解，也为了能够提供及时和相关信息给决策者和管理层，我们已经拟订了四个学科总研究挑战和六个基础设施建设项目，参见表 II.2.2。

表 II.2.2 总学科研究挑战和基础设施建设项目

基础设施建设	总学科研究挑战			
	化学气候学	预测模式研发	环境管理支持	总研究方法
1. 中等寿命物种观测系统	X	X		X
2. 暴露评估网络	X	X		X
3. 地表交换观测系统		X	X	
4. 业务化学气象学			X	
5. 仪器和技术转让	X		X	X
6. 凝结相态和异质化学	X	X	X	X

  尽管 21 世纪的科学和技术难题很复杂，也很有挑战性，但应当看到，在仪器开发、航空领域和计算能力等的发展，极大地扩充了我们的研究能力，从而为综合解决这些问题提供了基本条件。充分利用科技发展，与相关学科紧密合作，采取缜密设计的研究策略，这些均将提高我们对大气化学问题的理解，同时也将提高对现在面临的许多重大环境问题的管理。

Ⅱ.2.3 环境重要的大气物种:科学问题和研究战略

Ⅱ.2.3.1 平流层臭氧

过去几十年的研究表明,大气臭氧总量在全球大部分地区已经显著下降,而且研究业已证明人为活动产生的氯氟碳化物和其他氟化物是臭氧耗减的主要原因(WMO,1995)。臭氧耗减的后果十分严重,因此国际社会已经逐步采取措施遏制臭氧下降趋势。随着平流层臭氧浓度缓慢恢复到CFC排放之前的水平,大气化学界仍然应当继续监测臭氧变化,提高对平流层的基础认识。

在平流层研究战略制订过程中,我们已经确定五大基本科学问题,我们确信这必将推动未来几十年平流层臭氧的研究:

(1)南极平流层臭氧洞是否在短期内(大约5年)将继续持续加强,随后进入一个较长时间段恢复到正常水平(大约50年)?

(2)中纬度臭氧耗减的变化前景如何,我们是否能够发展模式正确模拟其变化前景?

(3)赤道地区平流层在全球臭氧变化中的作用如何?

(4)平流层臭氧耗减和气候变化如何相互作用?

(5)现在和未来扰动,如飞机排放和火山喷发对平流层臭氧浓度影响如何?

文字框Ⅱ.2.3中列举了解决这些问题所需要的主要研究活动。

监测平流层臭氧分布

平流层臭氧耗减研究核心在于不间断地观测臭氧总量和垂直分布,这些观测必须有很高的时间分辨率和精度,这需要我们利用放置在空基、地基和探空等平台上且相互比对的仪器来实现。近年来我们从空间监测平流层臭氧分布的能力有所削弱,因此强调这个研究核心仍不为过。

至少,平流层臭氧的连续观测将给出臭氧耗减范围,也可记录随着平流层氯化物浓度下降,臭氧浓度的逐步恢复过程。这将是衡量那些为阻止臭氧继续耗减的国际公约的必要性(或执行情况)的基础。

更重要的是,连续观测平流层臭氧可以对任何不可预见的平流层臭氧趋势提出及时预警。平流层臭氧与人类活动以及许多自然化学过程的相互关系十分复杂,目前还不是十分清楚,因而当平流层化学物质随着氯化物和溴化物浓度的变化而相应变化,任何自然和人为扰动的影响可能难以预知。比如,我们现在知道火山喷发对含有氯化物与先前没有CFC时代的平流层所产生的影响显著不同(Brasseur和Granier,1992;Solomon等,1993)。类似的现象也可能发生在其他人为扰动上,如飞机排放(Bekki和Pyle,1993)。

文字框 II.2.3　建议的平流层臭氧研究任务

1. 监测平流层臭氧,以
   - 观测未预料的变化;
   - 证实减缓对策是否有效;
   - 提供短期 UV-B 辐射预报。
2. 分析自由基成分分布,以
   - 绘出臭氧耗减损速率空间分布,
   - 提高预测臭氧耗减能力。
3. 绘出痕量物种的分布,以
   - 确定对流层和平流层输送机制,及
   - 提高我们的风场和温度的预报能力
4. 分析关键化学过程,来
   - 为化学模式提供资料;
   - 预测化学反应性,及
   - 评估异质化学反应的影响。

扩展对平流层关键气相和凝结相态物质的观测

尽管监测平流层臭氧分布是未来数十年平流层臭氧研究的中心任务,而开展在痕量气体变化条件下,平流层化学演变规律的研究是另一个重要研究课题,即观测那些决定臭氧耗减强度的大气物种的分布和变化特征,分析这些大气物种之间复杂化学反应。平流层臭氧破坏速率由几个催化反应决定,而这些催化反应速率由大气中特殊自由基的丰度控制,比如羟基 OH,过氧羟自由基 HO_2,氧化氯 ClO,氧化溴 BrO,氧化氮 NO,二氧化氮 NO_2,和原子氧 O。关于臭氧耗减化学的一个基本科学问题是,哪个速率限制过程是决定臭氧耗减随纬度、高度和季节变化的原因所在? 同等重要的是,这些反应速率和每个耗减过程的相对作用是如何随着上述催化剂、温度、气溶胶表面积、水汽等的变化而变化的?

显然,要回答这些问题,需要我们观测对流层上层和平流层相关自由基的浓度。然而,为理解平流层臭氧对大量现在和未来可能的平流层扰动(如火山喷发的硫;亚音速和超音速飞机排放的气溶胶、氮氧化物和水汽;溴化物和氯化物的排放;臭氧耗减和温室气体强迫导致的温度变化)的所有反应,我们需要知道那些速率受限的化学反应的变化速率如何随反应物浓度和自由基浓度变化而改变。图 II.2.14 给出了这一双重方法诊断能力示意图。在这种情况下,图中给出了臭氧损失速率(源于 HO_X、卤素和 NO_X 自由基驱动的催化循环)与 NO_X 浓度上升的函数关系,臭氧总损失是各种贡献之和。由于 NO_X 和其他自由基之间存在耦合,臭氧损失对 NO_X 浓度变化的响应非常复杂,依赖于每个与 NO_X 有关的速率限制过程的梯度分布。综合这些梯度,致使臭氧损失在中等 NO_X 浓度条件下达到最低。臭氧破坏过程对其他主要自由基的依赖也有类似现象。

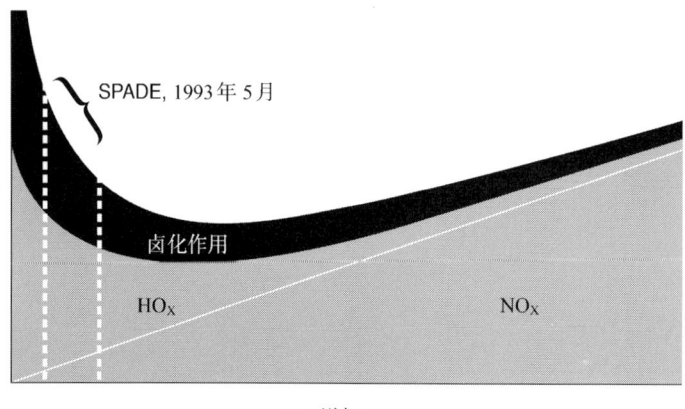

图 II.2.14 臭氧损失速率与 NO_x 浓度关系的示意图。由于自由基家族之间存在耦合,总臭氧损失速率对 NO_x 的响应是非线性的。例如,当 NO_x 浓度很低时[平流层光化学,气溶胶和动力实验(SPADE)期间观测结果],臭氧耗减速率与 NO_x 浓度反相关。源自:Wennberg 等,1994。经美国科学促进联合会惠许重印。

既然控制臭氧损失的关键化学物质之间的关系在不同时空尺度上发生改变,因此非常重要的是将这些关键化学物种的观测推广到各种条件下。这需要开发新仪器和新观测平台,能够包括对平流层相关区域开展观测,着重强调对每一速率受限的自由基的变化特征的观测,以及对于每一种关键物种的臭氧催化损失速率变化特征的观测。

揭示大气化学、动力学和辐射之间的耦合

平流层是一个耦合的光化学、动力和辐射系统,平流层臭氧从热带高层输送到中高纬度,沿着示踪物(如 N_2O 和 CH_4)等混合比面输送。这些痕量物种之间以及与其他反应物种之间的紧密关系表明,这些示踪物等混合比面与垂直坐标有很好的一致性。这一特点导致我们对平流层动力学和平流层臭氧对物理和化学扰动的认识更加深入。如图 II.2.15 所示,空气主要从热带对流层顶比较冷的区域进入平流层,在这一过程中空气中的水汽被除去,上升气流被限制到平流层中部。

显然,热带地区上升的空气与中纬度平流层的空气交换的时间尺度为几个月,并随季节变化。然而,我们对这种交换还很不了解,这可能是我们难以预测平流层对各种扰动响应的潜在原因。

极地系统秋季温度骤然下降,同时下沉几千米以及伴随着强极地急流的建立,进而限制与中纬度的混合,从而导致冬季极地平流层与其他地区平流层隔绝,特别是在南半球。这种冬季极地平流层隔绝在平流层每年动力循环中发挥了重要作用,也是导致南极臭氧洞形成的一个重要因素。

为分析极地和中纬度臭氧耗减,我们必须了解平流层与对流层之间的相互交换过程,也必须研究热带、热带外以及极地平流层之间的相互交换。这也就提出了另一个重要研究方向,即努力揭示平流层化学、动力和辐射之间的耦合。因为气团来源与示踪物

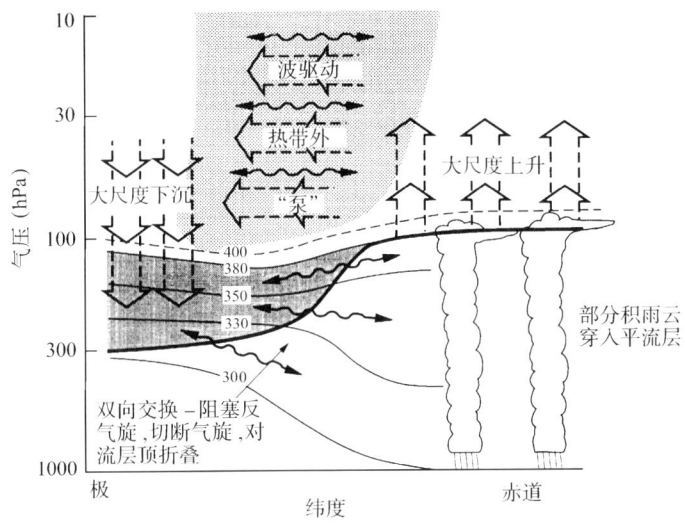

图 II.2.15 平流层—对流层交换和平流层内部输送的动力过程。粗线表示对流层顶。细线是等熵面(位温相同,单位:K)。深阴影区表示最低平流层,在这个区域等熵面穿越对流层顶,通过对流层顶折叠发生交换。380 K 等熵面以上区域全部落在平流层。浅阴影区域表示波动驱动强迫(温带"泵")。波状双水平箭头线表示涡旋运动(这包括赤道地区对流层上层槽及其切断低压,以及中纬度对流层上层槽及其切断低压)驱动的经向输送。垂直宽箭头表示全球尺度环流输送,由热带上升气流和热带外下沉气流组成。这个大尺度环流是导致平流层内跨等熵面交换的主要原因。源自:Holton 等,1995。经美国地球物理学会惠许重印。

浓度之间的密切关系,因此这可以通过分析以下资料来实现:具有高空间分辨率(如 0.1 km 分辨率)、高精度的二氧化碳和水汽之间位相关系的实地观测资料;N_2O,CH_4,SF_6,CFC-11,CFC-12,O_3,NO_y 之间关系的季节变化观测资料;以及气团年龄的观测资料。这些观测可以采用地基仪器、载人飞机和无人飞机观测以及小卫星等观测方式,因为这些观测方式具有历时短、花费少、易于实施等特点。需要用轨迹模式和三维模式来分析解释这些观测资料。

从上对流层到 30 km 范围内大气浓度具有很大的垂直梯度,因此主要依赖实地观测。在更大的高度大气垂直和水平梯度变得比较均匀,因此适合小卫星观测。也需要在这两种观测方式均适合的过渡地带加强观测,因为这对于获取多年季节变化规律耦合的观测资料是十分重要的。

关键气相和异质反应机制的量化和刻画

预测平流层臭氧浓度未来变化,需要我们完全了解那些基本物理化学过程,这些过程决定了平流层臭氧形成、输送和破坏之间的平衡。平流层气相或凝结相态化学反应最终决定了平流层的组成。通过实验室观测(在一些情况下采取计算技术)定量分析这些过程,可以为解释、模拟和预测平流层过程奠定基础。因此,持续发展和采用实验室实验和计算技术,用于平流层相关化学过程的研究,这是任何研究计划中的重要环节。尤为重要的是,要加强异质过程的研究,粒子成核和增长的物理化学过程的研究,我们在这些方面认识要远远落后于对气相匀质反应的认识。

II.2.3.2 大气温室气体

温室气体吸收地球表面发射的红外辐射,并将部分吸收的红外辐射发射回地球表面。因此,温室气体作为热绝缘体,通过所谓的温室效应加热地球表面。预测未来气候变化对温室气体长期趋势的响应,这不仅需要准确认识主要温室气体如何随时间演化,也需要加深对控制大气中温室气体产生和清除速率过程的了解。这些温室气体包括直接排放到大气中的初级气体(CO_2,CH_4,N_2O,CFCs),也包括大气中由光化学过程产生的次级气体(如O_3)。水汽是最重要的温室气体,可以直接排放到大气中(通过蒸散作用),也可以在平流层中通过CH_4的氧化生成。臭氧的独特之处在于,它不仅是温室气体(吸收红外辐射),也是一种重要的太阳辐射吸收成分。

文字框 II.2.4　建议的温室气体研究任务

必须涉及以下温室气体:
1. 直接排放到大气中的初级温室气体,包括
   - 生物过程产生的温室气体(CO_2、CH_4、N_2O),它们与生态系统和生物圈过程密切相关,
   - 卤化物温室气体(CFCs,HCFCs,SF_6),这些气体主要来源于人为活动。
2. 臭氧O_3:这一成分是一种次级温室气体,由大气中光化学过程产生。
3. 水汽H_2O:这一成分可以由蒸散作用从地表直接排放大气中,也可以在平流层通过光化学氧化CH_4间接生成。

大气中CO_2,CH_4,N_2O和CFC(见图 II.2.2)浓度上升的观测事实雄辩地说明全球变化已经发生。H_2O和O_3的历史变化趋势还有待于定量确定。但有限的资料表明,地面背景臭氧浓度在 20 世纪上升了两倍以上(图 II.2.10),然而平流层臭氧浓度在过去 20 年间显著下降(见图 II.2.2)。此外,初步分析表明,平流层水汽浓度可能正在上升。

大气温室气体浓度上升绝大多数源于人类活动,如能源利用、工业化、土地利用变化以及农业活动(IPCC,1995)。如果没有比较重大的政治和经济干预,这些全球变化人为驱动因素在未来数十年将不会有所缓解,这使得关于温室气体及其气候影响的科学研究十分迫切。而且,尽管近年来我们在温室气体源和汇的认识方面已经有了很大发展,但我们还不能准确预测这些温室气体浓度未来如何变化。缺少了这个预测能力,我们预测未来气候趋势,制定有效的长期政策的能力就仍是有限的。

在本节,我们将列举大气温室气体研究的框架战略,这些研究战略主要围绕一个中心主题:

二十一世纪温室气体浓度变化趋势如何?

基于这个中心问题,我们确定了以下几个需要攻关的关键科学问题:

(1)自然碳和氮循环如何控制大气中CO_2,CH_4和N_2O的浓度。这些循环如何受人

类干扰？更具体的是：
- 除矿物燃料燃烧之外，CO_2 的区域源和汇是什么？
- 单个 CH_4 和 N_2O 的源强多大？
- 未来气候变化如何影响这些源？
- 是什么引起温室气体变化趋势的年际变化？

(2)蒙特利尔公约及补充条款能否有效减缓 CFC 和 HCFC 的气候增温效应？未来哪些新的卤素化合物将影响气候？

(3)对流层和平流层臭氧趋势如何？其变化原因何在？

(4)对流层上层和平流层下层水汽趋势如何？其变化原因何在？

针对这些问题，我们需要在以下几个主要方面开展研究活动（见文字框 II.2.4）。这些研究活动可分三类：①与直接排放到大气中的温室气体有关的研究；②与完全由光化学反应产生的臭氧有关的研究；③与由地表排放和光化学反应产生的水汽有关的研究。一般而言，首先应当着重加强正在进行的研究，然后开展需要科技发展支持的新研究，在大多数情况下，新研究需要投入新资源。应当指出的是，在此提及的研究活动与大气化学研究中的其他关键问题密切相关。比如，关于 N_2O，CH_4，卤素化合物和臭氧的分布以及地表交换速率的研究与平流层臭氧和光化学氧化剂研究关系密切。反之，在本学科评估报告中讨论的其他关键大气化学问题中描述的研究活动与这里所讨论的对温室气体的认识有关。例如，有毒和营养物质可以强烈影响生态系统的结构和功能，从而又将深刻影响大气中 CO_2，N_2O，O_3 和 H_2O 的平衡。

初级温室气体

初级温室气体大致分为两类：(1)那些源和汇与生物圈过程密切相关的温室气体（即 CO_2，CH_4 和 N_2O）；(2)完全人为排放的卤素化合物（如 CFCs，HCFC 和 SF_6）(NRC, 1993, IPCC, 1995)。然而，一些卤素化合物如 CH_3Cl（甲基氯）和 CH_3Br（甲基溴）与生物圈之间存在重要相互作用，因此可归为上述两类。建议的研究任务列于文字框 II.2.5，并详细讨论如下。

文字框 II.2.5
建议的初级温室气体的研究任务

1. 维持现有监测网络以
   - 观测记录温室气体变化趋势，及
   - 揭示温室气体源和汇的信号。
2. 监测垂直结构来揭示源和汇的中尺度变化。
3. 开展通量观测来
   - 揭示生物机制，及
   - 建立气候变化与地表交换速率之间的关系。
4. 开展大尺度气体交换研究，建立外推方法，将小尺度通量信息外推到中尺度和全球尺度。
5. 在源区附近监测气体浓度来
   - 更好地描述区域尺度上的源强度，及
   - 发展方法以监测国际排放协议的遵从度。

> 6. 改进海洋通量观测以
>   - 更好地描述海气交换速率,及
>   - 为大气收支和过程模式提供更严格的约束条件。
> 7. 为空基、自动驾驶飞机和其他先进观测平台(能够长期观测)开发新观测系统,来
>   - 提供全球通量信息,
>   - 提供偏远和无人地区长期观测资料,及
>   - 提供技术来验证国际排放协议的执行度。

  维持现有的监测网络 温室气体的源和汇的最稳键大尺度信号及其时间依赖关系,是温室气体(CO_2、CH_4 和 N_2O)混合比的变化,它们同位素比率的变化以及 O_2 的变化。这些信息可用于区分 CO_2 的陆地和海洋汇问题。因此,维持这些参数的全球网络监测十分重要。因为有关的地球化学信息是从很小的时空变化中提取出来的,因此要保证这些资料有用,高精度和高准确率的观测是十分必要的。

  扩充现有监测网络,增加陆地上垂直廓线观测 预测未来温室气体浓度,需要我们了解这些温室气体与生物圈之间交换速率如何随季节、土壤湿度以及其他因素改变而变化,也需要了解这些交换速率如何响应局地、区域和全球气候变化。现有地面网络还不能完全抓住区域尺度上气候变化对温室气体排放的影响。此外,因为局地源和汇对这些观测影响很大,陆地地面站观测资料经常很难解读。相反,陆地上空垂直廓线资料可以帮助我们分析空间尺度在 2000 到 3000 km 左右的生物源温室气体通量信息。廓线观测的一大优点是这些观测对垂直混合的细节不大敏感。廓线观测需要整年进行,而且也需要足够空间分辨率。对于这些观测而言,合适的空间尺度应与现有的生态系统分布一致,也应与主要气候事件的空间范围一致(如 1988 年美国的干旱)。对于北美大陆,这可能需要几十个台站。考虑到观测预期的信噪比,在不久的将来采用小飞机每星期两次采集空气样品是一个经济可行的方案(Tans 等,1996)。这种观测系统的优点在于样品可以在严格控制标定的情况下,分析多种成分和同位素比。大陆地区季节甚至逐月的质量通量可以采用这种观测系统来观测。这些资料可用于气候变化研究,也可应用于三维气候和化学输送模式研究中。此外,这种观测系统可以提供与较小尺度通量观测类似的大尺度通量观测。将这些次大陆尺度的通量研究推广到半球和全球尺度,我们需要开展大尺度研究,这将在下面谈到。

  对不同生态系统开展多年通量观测 预测未来温室气体浓度需要我们了解这些温室气体地表交换速率如何响应局地、区域和全球气候变化。对于生物过程产生的温室气体,这可能需要在大量生物群落和气候带开展多年地表通量观测,以及水文和气候观测(Baldocchi 等,1996)。这些观测对于建立气候条件与生物圈排放和吸收速率的经验关系十分关键,也是研究产生这些关系的生物机制所需的。

  开展大尺度气体交换研究 尽管多年通量观测可以让我们洞察几米到几百米尺度上气体交换的机制,更大尺度上的研究也是十分必要的,这对于将这些通量信息外推到区域和全球尺度的方法的建立,以及外推方法有效性都是必要的。这些大尺度研究(比

如 1998 年巴西计划开展的研究)代表 20 世纪 80 年代和 20 世纪 90 年代早期中尺度研究的一个自然进展,这些研究将要求开展地面实验、飞机观测、有效的气象和输送模拟尝试。这些观测实验将由于通量观测技术的发展、无人飞机的引进和仪器的改进而得到大大增强。

在源区附近开展地基观测 原则上,痕量气体的大陆源的估计,可以通过在受附近大陆污染影响的地面站点开展观测而得到(Prather,1985,1988)。比如,爱尔兰西海岸污染事件可以通过分析痕量气体浓度资料来确认,从局地人为排放长寿命气体浓度的临时增强可以推断污染事件的发生。Prather 通过观测不同卤烃和 N_2O 以及 $CFCl_3$ (trichlorofluormethane)的浓度协方差来推断前两种气体对 $CFCl_3$ 的排放比率。如果某参考气体的排放强度已知,而且不同气体的源是相同的,则可推断其他气体的绝对源强。最终,利用三维模式模拟天气尺度上的污染事件,从而推断某气体的大陆源强,而不需要定标到参考气体(Prather 等,1987)。

因此在主要源区下风方向建立监测站点,观测温室气体浓度,便可提供关于这些源区排放强度的信息。这些信息对于分析大气温室气体收支是十分重要的,也可用于任何国际排放协议执行情况的评估。然而,采取这种方法确定生物源温室气体源强比确定 CFC 更具挑战性,这是因为 CFC 排放基本不变,而生物源温室气体源随季节而变化,从而它们的背景浓度也表现出季节性。基于此,在上风和下风方开展连续观测是十分必要的。研究难点是发展算法,准确定量揭示这些信息,确定背景浓度,以及确定从某源区平流输送的温室气体浓度。基于观测风场的大气输送模式在分析这些资料中能发挥重要作用。

改进海洋通量的观测方法 生物源温室气体海洋通量是全球大气温室气体收支的重要组成部分,因此我们必须深入研究海气交换过程。遗憾的是,目前海气交换速率的不确定性超过 200%,在某些情况下,甚至超过一个数量级。因为现有观测平台和设备还有缺陷,海洋通量的直接观测还不足以缩小这一不确定性。传统涡度相关方法大体可以提供足够精度和准确的数据,但该方法需要快速响应和高精度的化学探测仪器。对于长寿命痕量气体,待观测的大气和海洋之间浓度梯度非常小,因此,观测容易被水汽和热通量的影响所掩盖,因为这些通量非常大。

随着技术发展,改进的涡度相关方法(即条件采样方法,该方法使用一容器从上行涡旋采集样品,而使用另一容器从下行涡旋采集样品)将可能是十分有前途的观测方法(Businger 和 Oncley,1990)。经过细心处理,两个容器之差便可以采用常规的慢响应仪器来探测。在海洋上采取这种大气观测方法,可使我们确定那些驱动海气交换的动力学因素,而对于其他因素,则需要采取时间分辨的全涡度相关观测方法。

开发新系统进行准确的浓度测量 因为卫星具有很好的全球覆盖特征,因此卫星是观测从中尺度到全球尺度温室气体浓度的理想平台。将卫星平台得到的全球资料库与地基实地通量观测数据很好地结合起来,必将增进我们对温室气体生物地球化学循环的理解。这些资料的获得,必将满足社会政策需求,并提供重要手段,评估那些为控制温室气体通量的国际协议执行情况。对这些观测系统从精度上(0.1% 或更好)和空间分辨率上(优于 0.5°,具有垂直分辨信息)的需求都远远超出我们现有技术能力。因此需要开发高精度遥感仪器,以及采用实地观测数据开展验证研究。

无人的或自动飞机是另一种新兴技术,可以用于温室气体的研究,也将是温室气体观测的重要组成部分。这些飞机可以提供一个平台,在全球偏远的和/或无人地区(如海洋、热带森林、冻土地带和冰盖)开展准连续的通量观测。为充分利用这个平台,我们需要开发轻便的、具有快速响应的和高精度的仪器。这些仪器不仅可以用于边界层内低层实地观测,也可用于高空遥感观测。

开发和改进模式 为解决生物源温室气体长期变率问题,需要开展模式研究,其必要性主要表现在以下几个方面。将小尺度加强研究结果外推到更大时空尺度上,需要改进的全球生物过程模式。由于开发模式所用的野外观测资料时间太短,因此模式还有很大局限性。如果有上述长期野外观测研究做基础,那么这些全球模式便可以由一些参数来驱动,比如温度和湿度,在某些情况下也可以由卫星观测的植被参数来驱动。

我们需要改进大气化学输送模式,以便更好揭示地表源和汇的变化如何影响大气浓度。尽管大气模式需要在所有尺度上加以改进,但重点应当放在次网格尺度输送过程的改进,如大气边界层湍流混合过程,浅、深对流输送过程。目前,大多数模式还没有考虑生态系统对大气动力学的影响(如通过蒸散作用)。使用同化风场的输送模式需要改进并用于对流层痕量气体收支的研究,在输送模式中应当考虑输送的年际变率的影响,这些模式对于区域通量研究是十分重要的。我们需要运用海洋模式来集成稀疏的海洋资料,认识海洋生物地球化学循环,并提供海气之间痕量气体交换的区域估计。最后,需要开发考虑各种反馈的耦合的生物、海洋和大气模式,从而达到预测未来生物源温室气体变化趋势的目标。

臭 氧

臭氧除了在平流层中作为平流层紫外辐射吸收成分和在对流层的氧化化学中发挥重要作用外,在 9.6 μm 处红外吸收使得臭氧成为一种重要温室气体,特别是在上对流层和下平流层(Lacis 等,1990)。因此,我们必须分析上对流层和下平流层臭氧趋势以及导致这些变化趋势的原因。研究臭氧变化趋势的成因必须开展的研究工作将在后面介绍。在文字框 II.2.6 中,我们将着重强调为揭示臭氧变化趋势而开展的研究活动。

文字框 II.2.6 建议作为温室气体的臭氧研究任务

1. 扩展地基臭氧垂直探空计划,观测记录上对流层和下平流层的具有高垂直分辨率的变化趋势。
2. 维持和扩展空基臭氧遥感观测,观测记录上对流层和下平流层全球尺度变化趋势。

实施扩大的臭氧垂直探空计划 臭氧垂直分布实地观测,对于分析上对流层和下平流层臭氧长期趋势是十分关键的,这些观测可以提供垂直高分辨率资料,也可用于遥感资料的验证。尽管目前已经有国际臭氧探空计划,但现有臭氧探空站参差不齐(Logan,1994)。这些站点没有采用同样的技术,也没有采用统一的标定,在一些站点观测频率过低。一些站点分布在污染过重地区,因此对对流层资料的质量难以保证。更重要的是,

在目前计划框架下维持的站点数目过少,难以提供可靠的全球图像。由于臭氧具有相对较短的寿命和非均匀的分布特征,增加观测站点对于分析上对流层臭氧特别重要。

因此,现有臭氧探空监测建设要上新台阶,许多已有的臭氧探空站仍然需要更新。此外还需增加新站点,特别是在赤道陆地和海洋地区。就此而言,规划中的监测平流层变化网络(NDSC)还不足以监测对流层变化趋势,因为该网络主要偏重于平流层资料的获取,站点也太少(大约 5 个)。使用无人飞机,这可能是解决该问题的一个有效方法。

维持和扩展空基臭氧观测 尽管探空观测可以提供垂直高分辨率资料,但只有空基观测才能提供全球分布资料,因此维持和更新臭氧垂直廓线卫星观测是十分关键的。除 1991 年 6 月皮纳图博火山爆发,SAGE II(平流层气溶胶和气体实验 II)无法获取下平流层资料以外,1984 年以来,SAGE II 开始提供 17 km 以上宝贵的臭氧趋势信息(McCormick 等,1992)。在维持 SAGE II 业务运行的同时,发射新仪器将保证资料重叠,并获取更可靠的变化趋势信息。应当注意到臭氧观测的不连续是一个严重问题。

遗憾的是,尽管 SAGE II 在分析平流层臭氧趋势中十分有用,但 SAGE II 不能提供上对流层臭氧信息。结合 TOMS 和 SAGE II 资料,可以推算对流层臭氧总浓度(Fishman 等,1990,1991)。但缺乏垂直分辨率资料以及资料不连续,使得该方法在分析上对流层臭氧趋势方面受到限制。美国以外的其他国家的卫星可在一定程度上弥补资料的缺失。另外新的遥感技术可以用于从空基角度反演对流层臭氧分布,垂直分辨率可达到 2～3 km。不久的将来将重点考虑布设这样的仪器。

水 汽

与臭氧类似,揭示水汽浓度变化在温室效应中的作用,需要我们分析上对流层和下平流层水汽趋势(IPCC,1995)。以下将讨论这方面的研究并参见文字框 II.2.7。

文字框 II.2.7 建议的水汽研究任务

1. 执行下平流层水汽探空计划,观测下平流层的、具有垂直高分辨率的变化趋势。
2. 维持空基观测,观测下平流层全球尺度长期变化趋势。
3. 开发和实施上对流层观测技术
   - 弥补大气水汽数据库中上对流层资料的缺失,及
   - 观测记录上对流层中全球尺度长期的变化趋势。

实施下平流层水汽探空计划 与臭氧类似,采取探空手段实地观测水汽将提供高垂直分辨率资料,并用于卫星产品的验证。在科罗拉多州博尔德(Boulder)的观测表明(Oltmans 和 Hofmann,1995),一个使用相对简单和便宜仪器、精心实施的监测计划,可以记录 21 世纪可能发生的平流层水汽变化。如果这些观测能够得到卫星的全球尺度观测资料的补充,那么在 5 个地点开展类似观测,如在 NDSC 站点(即两极地和中纬度以及赤道 5 个地区)就足以解决问题。

维持卫星观测计划来测量平流层水汽长期变化趋势 星载仪器,如 SAGE II(McCormick 等,1992)和高层大气研究卫星(UARS)上卤素掩星实验及微波临边探测器等

观测表明,卫星可以获取高精度的平流层水汽观测,给出某些高度上的时间变化特征。基于空基平台观测,可以提供很好的全球覆盖资料,在全球变化原因的分析中,连续的卫星观测是十分关键的。

开发和使用观测技术来分析上对流层水汽趋势 与下对流层和中对流层相比,上对流层水汽含量非常低(一般而言,从地表到对流层顶水汽浓度下降超过三个数量级)。因此常规气象探空技术无法可靠地观测上对流层水汽。而且现在的空基观测平台(如 SAGE Ⅱ)仅在气溶胶含量非常低的情况下才能比较好地反演上对流层水汽含量(McCormick 等,1993;Rind 等,1993)。所以,必须开发新的观测技术,观测上对流层水汽。最好的方法是将这些仪器搭载在小卫星平台,这样提供了一个以合理的花费获取全球范围的上对流层水汽观测的方法。

Ⅱ.2.3.3 光化学氧化剂

工业化国家城市和区域尺度上氧化物浓度的上升,提出了一个棘手的空气质量问题(NRC,1991)。因此,提高我们对发生在边界层和对流层化学过程(这些过程决定了从城市到区域乃至全球尺度上光化学氧化剂及其前体物的分布和趋势)的认识,是 21 世纪大气化学研究目标之一。

为达到这个科学目标,需要在未来数十年解决以下几个关键科学问题。

1. 是什么决定自由基氧化清除大气污染物能力(包括现在和未来)? 更具体的是:
- 在何种程度上,我们能够解释观测的 OH 浓度和 OH 主要化学生成和损失过程?
- 能否成功地根据化合物氧化或其氧化产物的出现推导 OH 浓度?
- 在何种程度上,OH 之外的氧化物(O_3,NO_3,H_2O_2,卤素原子等)在大气化学中扮演了什么角色?
- 在何种程度上,平流层臭氧、气候和/或云量变化影响低层大气的氧化能力?

2. 什么决定了对流层臭氧分布,这种分布未来如何变化? 具体是:
- 平流层输送对对流层臭氧的贡献是多少,平流层输送如何随气象和季节变化?
- 生物源排放了多少臭氧前体物,这些排放如何随自然(如气象变化)和人为(如土地使用、气候变化)扰动变化?
- 城市污染对郊区和区域臭氧的贡献是多少? 反之,郊区和区域臭氧对城市污染的影响如何?
- 气象变化如何影响臭氧趋势和/或其前体物?
- 不同地理区域不同大气区域氮氧化物的主要源是什么? 这些 NO_x 源排放速率是多少?
- 决定 NO_y 族分配的气相和异质化学过程以及主要库和氧化物质是什么?
- 何地何时臭氧产生受 VOCs 或 NO_x 存在的限制?
- 区域和局地臭氧前体物(NO_x,VOCs,CO)的变化趋势是什么?

3. 如何改进大气模式,更好地描述大气氧化物和更好地预测大气对未来污染物的响应? 具体的是:

・需要开展什么样的实验室研究才能提高对对流层氧化物形成的基本化学过程(异质和气相)的认识?

・在对流层氧化剂化学的诊断和预测模式中,需要哪些大气观测,这些观测需要何种精度和准确率?

・对流层氧化剂化学的诊断和预测模式模拟有多大的不确定性?

・如何提高对流层氧化剂化学的模拟能力,使模式能够模拟多种强迫机制(彼此相互作用)的直接和间接影响(如气候变化、平流层臭氧耗减和人为扰动)?

4. 需要什么来评估和提高光化学氧化剂空气质量管理战略? 具体如下:

・需要设计和实施什么样的方案来建设监测网络,才能确定光化学氧化剂控制措施是有预期效果的?

・需要设计和实施什么样的方案来建设监测网络,才能使我们知道,对于一个特定空气质量问题,多大程度是不可避免的(如臭氧前体物自然排放和平流层臭氧注入),多大程度是可以控制的(比如人为前体物排放)?

要在未来数十年成功解决这些问题,我们必须意识到,关于光化学氧化剂方面的研究,确实是资料匮乏,观测有限。因此要想在这些方面有长足发展,能够揭示那些控制光化学氧化剂产生、输送和清除的重要物理和化学过程,我们必须获取高质量的观测资料,包括覆盖全球的观测资料,而对于某单一观测项目,需要具有足够高的时空分辨率。为实现这个目标,我们需要一个继往开来的研究计划。关注北美城市和区域尺度光化学氧化剂的研究计划已经启动(参见北美对流层臭氧研究策略(NARSTO)及其主页:http://narsto.owt.com/Narsto/)。这个研究计划概要叙述如下,可参见文字框 II.2.8,这个计划在很多方面与以往工作类似,但更多地关注长期和全球有关的科学问题。

继续开发和验证化学仪器

仪器开发和验证工作主要包括提高仪器灵敏度,特殊性及采样速率,从而为从任意观测平台,观测大气科学界感兴趣的大气物质提供基础(Albritton 等,1990)。这项工作主要包括以下几个方面:(1)开发简单而可靠的仪器用于长期观测;(2)开发适应于机载观测的小型仪器;(3)开发连续、具有快速响应能力的仪器用于通量观测和机载观测;(4)使用空间分辨、长路径观测方法(如激光雷达)用于机载和移动观测平台,观测那些感兴趣的大气成分在一定距离上的分布。

文字框 II.2.8 建议的光化学氧化物研究任务

1. 继续开发和验证化学仪器以
   ・为长期监测提供技术;
   ・为通量散度方法提供连续的、快速响应技术;
   ・为空基平台提供小型化技术,及
   ・为多维观测提供长路径的具有空间分辨的技术。
2. 继续开展集成的外场观测来
   ・揭示基本过程;
   ・观测记录关键成分变化趋势、源和汇;

> - 评估空气质量和化学输送模式。
> 3. 开展以观测为基础的研究以
>   - 揭示短寿命自由基物种的变化趋势和分布；
>   - 独立地推断排放清单，及
>   - 推断臭氧前体物的关系。
> 4. 发展和布设监测网络以
>   - 观测记录光化学氧化物的化学气候学；
>   - 观测记录臭氧对前体物浓度变化的响应（如排放控制）。
> 5. 开发分析模式和工具，用于支持集成评估。

继续开展集成外场试验

集成的外场试验的开展可以提高对基本大气过程的理解，揭示关键物质的分布、源和汇，并为评估空气质量和化学输送模式提供资料。科学外场实验设计中，应当确定如何缩小关键不确定性，哪些关键科学问题需要解决。在计划和实施空气质量观测和监测中，应当将大气化学和气象集成在一起。现在所面临的科学问题需要我们多学科协作，同时对化学、输送和生态系统反馈问题开展研究。观测计划的设计以及观测结果的解释，都需要有能模拟那些过程的模式，此外，足够配备的研究也是大气科学界在开展大气化学研究中所必需的。

开展基于观测的推论性研究

详细设计的特殊痕量成分或整套痕量化合物的观测，结合诊断或基于观测的模式，我们可以推断(1)那些短寿命自由基（尽管观测缺乏连续性，空间分布也不够理想）的长期趋势、季节变化和空间分布特征；(2)臭氧前体物的城市、区域和全球尺度上的排放清单；(3)臭氧和其他光化学氧化剂对前体物的敏感程度。应当注意到解释野外实验结果，需要我们深入理解相关大气过程的基本机制。

发展和布设监测网络

为建立臭氧、其他光化学氧化物及其前体物的化学气候学特征，发展和布设监测网络十分必要。气候学特征研究将缩短臭氧对其前体物浓度变化响应的观测时间。这些网络必须配备天气要素观测，在分析天气和动力学对大气化学成分分布的影响中，也将用到这些资料。而且，一个完备的光化学氧化剂化学气候特征还需要涵盖地表到自由对流层的资料。因此，这些网络需要使用气球探空、自动和无人飞机观测以及空基观测等手段，同时与新开发的小型、轻便、低能耗技术协同发展。

支持集成评估

为给决策层提供更加综合的科学和技术建议，应当集成评估广泛的科学信息和学科成果。我们还没有完全认识光化学氧化剂的分布和趋势以及决定这些物质产生和清除的过程，这严重限制了我们对全球变化开展严格的集成评估（Logan, 1994；IPCC, 1995）。大气化学研究计划应当支持这些评估研究，这可以通过提供分析和模拟工具来实现。

II.2.3.4 大气气溶胶

大气气溶胶在大气化学和辐射传输中起着关键作用。南极臭氧洞和全球臭氧耗减就与平流层颗粒物(尽管数量很少)以及上升的人为氯化物有关(WMO,1995)。广泛认为工业气溶胶和生物燃烧气溶胶可能部分掩盖了温室气体导致的全球变暖(IPCC,1995；NRC,1996a)。气溶胶对人类健康和材料退化也有重要影响(美国胸科学会,1996a,b)。尽管我们已经意识到了气溶胶的重要性，但我们对气溶胶的认识还很不成熟。为什么这样？一个主要原因是气溶胶特性及强迫极其复杂。不同于大气气体成分，气溶胶浓度、尺度和混合形式十分复杂。我们还不是完全了解气溶胶的影响，还不可能预测人为气溶胶影响如何变化。21世纪应当重点关注的问题是气溶胶对气候、大气化学、人类健康和福利的影响，主要包括以下几个方面：

1. 自然和人为气溶胶在气候系统中的作用如何？未来气溶胶前体物浓度变化将如何影响气溶胶的作用？
2. 未来自然和人为气溶胶将如何影响对流层和平流层臭氧以及大气氧化能力？
3. 大气化学在改变气溶胶成分中的作用如何？气溶胶如何影响人类健康、环境、能见度和基础设施材料？

要回答这些问题，我们必须对气溶胶的认识有质的飞跃，主要研究策略如下，参见文字框II.2.9。关于这方面更详细的讨论参见"气溶胶辐射强迫和气候变化"(NRC,1996a)。

文字框 II.2.9　建议的大气气溶胶研究任务

1. 维持和扩展平流层气溶胶观测以
   - 观测记录气溶胶化学对平流层臭氧的影响，及
   - 监测火山爆发的效应。
2. 发展新的对流层气溶胶观测方法以
   - 观测记录复杂的气溶胶物理和化学特性，及
   - 拓展遥感观测能力。
3. 布设监测网络，观测记录气溶胶特性的时空变化趋势及其对气候、人类健康等的影响。
4. 设计和实施加强的外场试验，更好地理解控制气溶胶形成、转化、传输和损耗的过程。
5. 发展和评估预测模式。

维持和扩展平流层气溶胶观测能力

实践证明，太阳消光卫星临边扫描对全球平流层硫酸盐及其随火山喷发的时空响应的监测十分成功。通过与气溶胶尺度谱气球和平流层飞行采样观测对比，表明卫星多波段消光观测能够提供足够准确的平流层气溶胶粒子表面积信息，用于异相化学研究。可搭载在小卫星上具有更高光谱分辨率的新仪器将是21世纪平流层气溶胶监测的主要手段。

设计和实施新的成套对流层气溶胶观测技术

对对流层气溶胶的复杂性提出了一个更难的问题。过去实地观测主要集中在个别地区气溶胶尺度谱分布或化学成分。正在开发的新技术侧重探讨单个粒子的化学组成。然而,这些点上的观测事实无法提供气溶胶时空变化信息。而且,用于分析生物燃烧质和工业活动的有机气溶胶成分的方法还很少。很明显,我们需要研制新的一系列气溶胶观测手段,在具有大气化学意义的地区定量分析对流层气溶胶的复杂化学组成。

当前遥感技术能够提供大空间区域上的对流层气溶胶一些总体参数,但诸如气溶胶组成和尺度谱还无法从遥感中获得。可见光和近红外扫描极化仪等新技术值得期待,因为这些仪器能够通过观测多波长辐射强度和极化特征,区分云和气溶胶并反演对流层气溶胶散射特征。而且,地基和机载激光雷达能够用于对流层气溶胶后向散射测量,与拉曼散射测量技术一道,提供气溶胶特性的一些信息。航天飞机上空基天底扫描激光雷达的初步观测结果显示,运用该方法能够获取详细的全球尺度上气溶胶的总特征。但布设这类仪器的时机目前还不成熟,这将是新世纪的首选方案之一。

设计和布设气溶胶气候学监测网络

新仪器的开发,可用于布设监测网络,记录关键气溶胶特性的时空变化趋势。这些特性包括气溶胶数浓度、尺度谱、化学组成和辐射特性。而且,这些网络的布设应当考虑解决不同空间尺度上的问题,比如,需要建立城市尺度监测网络,用于监测那些对人类健康有影响的气溶胶特性;需要建立区域尺度上的网络,用于分析气溶胶前体物与能见度之间的关系;需要建立全球尺度网络,用于更好地定量化确定气溶胶在气候变化中的作用。

设计和实施外场加强观测计划

为预测未来人类活动如何影响气溶胶,以及气溶胶如何影响气候、化学、环境和人类健康,我们必须从气溶胶气候学分析出发,深入了解控制气溶胶形成、转化和清除等过程。这需要我们设计和执行外场加强观测计划,这些计划采取地面、飞机和船舶观测,将气溶胶物理和化学观测,气相前体物研究结合起来开展研究。就此而言,应当注意到,为解决与对流层气溶胶及其影响有关的关键问题,有两个崭新的实验思路在实验中被采纳(IGAC,1995)。第一个是采用了"闭合实验"的策略,即一组变量被过度观测。然后根据部分观测结果与相关理论,预测"闭合变量",而这个闭合变量也被独立观测。这样处理的目的是检验观测和理论,同时也评估我们的认识水平。采用现有的仪器设备,我们可以对气溶胶数浓度(使用不同尺度分级仪器)、质量(基于无机和有机物质的观测)、辐射特性(使用化学成分、相对湿度、米散射理论)开展闭合实验,也可就气溶胶长波和短波辐射的柱效应开展闭合实验。关于气溶胶质量的闭合实验可以回答与气溶胶化学组成有关的问题,因为如果丢失了观测成分,就不可能达到闭合。与气溶胶辐射强迫有关的理论也可通过局地和柱闭合实验来检验。因为闭合实验能同时提供观测和过程模式(综合模式所依靠的)的严格检验,未来十年大多数气溶胶实验将依靠这一研究战略展开。

另一新思路是在拉格朗日参照系中,观测气溶胶及其气相前体物的演化。拉格朗日实验并不新鲜,各种拉格朗日方法时常被采用。近来开展了许多这方面的研究工作,利用气球和化学示踪物跟踪气团,携带大量仪器装备的飞机可隔几天后光顾气块,观测其随时间的变化(Huebert,1993;Draxler 和 Hefter,1989)。尽管这些实验不能消除扩散和垂直混合对浓度的影响,但采用大量动态的观测,从而可以挑选出引发气溶胶变化的物理和化学过程。这些过程包括气粒转化、化学转化、干湿沉降、新空气夹卷和通过气块侧边的混合(扩散)。尽管这些实验比较复杂,也很昂贵(至少需要一艘船和一两架飞机),但这些实验可用于检验现有的或从未来实验室研究和其他过程研究中得到发展的气溶胶模式。

开发预测模式能力

21世纪的总体研究目标是研发预测模式,用于计算大气温度和化学成分浓度分布,并且基于这些信息,推演气溶胶形成速率,预测气溶胶化学成分和尺度分布,分析气溶胶对大气辐射、云反射率和寿命的影响。既然现有大气模式大都给定气溶胶分布,而不是预测气溶胶分布,因此很有必要在以后模式中加强气相前体物、气-粒动力学、核化和凝聚动力学及水汽-粒子相互作用的描述。一个推动气溶胶模式改进的战略是,鼓励模式研究人员直接参与上述野外实验项目的规划实施和资料分析。

而且,气溶胶预测模式需要关于大量异质增长、核化、凝聚、驻留和蒸发过程的定量化机制和动力学资料的输入,这些目前还难以满足。这些定量资料有待于从异质动力学和气溶胶微物理的实验室观测来获得。

Ⅱ.2.3.5 有毒物质和营养成分

大气圈和生物圈通过气体和气溶胶交换,彼此紧密耦合。大气有毒物质和营养物质的干湿沉降深刻影响了生态系统,包括经济上十分重要的系统,如农业和林业系统(例如,Ridley 等,1977;Duce,1986;Aber 等,1989;Schulze,1989;Van Dijk 等,1990;Lindquist 等,1991;Benjamin 和 Honeyman,1992;Vitousek 等,1993;Shannon 和 Voldner,1995)。尽管许多大气自然形成的成分能够给生物圈带来毒性和/或营养输入,但人为活动深刻影响着大气中无数有毒物质和营养成分。有毒有机物质包括杀虫剂,多氯联苯、塑化剂、二噁英、呋喃,营养成分方面包括硫和氮物质、汞、钙、铅等重金属。

尽管我们正开始能够认识大气毒性和富营养化对关键生态系统的影响,但我们对该问题的认识还远远不足以评估问题的深度或预测未来变化。总之,关于有毒物质和营养成分的科学问题如下:

1. 日益改变的大气成分和有毒、营养物质沉降如何影响大气圈与生物圈之间的相互作用?

2. 那些对生物圈十分重要的痕量大气物种通过干湿沉降输送到陆地和海洋生态系统的速率是多少?

应对这些问题的主要研究战略参见以下讨论和文字框 Ⅱ.2.10。

> **文字框 II.2.10　建议的有毒和营养物质研究任务**
>
> 1. 发展和评估沉降通量观测技术来
>   - 为干沉降速率观测提供新方法,及
>   - 为获取空间上更加综合的沉降资料提供方法。
> 2. 设计和布设生态系统暴露监测网络,长期观测记录经济上和/或环境上十分重要的生态系统的胁迫和收益。
> 3. 开展以过程为导向的外场研究以
>   - 开发和评估沉降通量算法,
>   - 为耦合的生态—大气化学模式的发展作贡献,及
>   - 为集成的评估提供工具。

开发和评估沉降通量观测技术

由于我们还缺乏在合适的时空尺度上观测这些物质沉降通量的手段,因此许多关于有毒和营养物质的关键问题目前仍没有答案。对于干沉降而言,这个问题更加严重,因为还没有准确观测这些重要生物通量干沉降的技术。鉴于此,对这个领域提供足够支持,开发必要观测技术和手段尤为重要,比如松弛涡度累积、涡度相关和梯度方法都十分有发展前途。

就湿沉降而言,可靠的观测技术基本已经形成,但仍然存在十分严重的问题,比如采样代表性和观测污染问题。海洋上湿沉降观测尤其困难,在公海浮标上实际上不可能采集到不被污染的雨滴样品,在海轮上采集的样本断断续续。通过对比模式计算和非常少的海轮上和海岛上获得的海洋沉降估计值,其不确定性可超过 3 倍以上(Duce,1991)。也许从一个低空飞行的机载平台上开展观测,将是开发能够获取更具代表性的干湿沉降的新技术的首选。

在一些情况下,比如高纬森林和多雾地区,云滴的沉降可能是有毒物质和营养物质输送到地表的主要通道(Vong 等,1991)。要观测这些通量非常困难,因为云滴沉降非常短暂,因此其通量极易因仪器的存在而发生改变。鉴于此,应该开发新的观测手段,以获取可靠的通量观测资料和评估云滴沉降的重要性。

设计和实施生态系统暴露量监测网络

近年来,发现在评估大气沉降对生态系统的影响中,沉降监测网络非常有用(比如,国家作物损失评估网络的欧洲大气污染长距离输送的监测和评估合作计划)。然而,这些网络大多局限于监测某个或某类化学物质的沉降(比如,酸沉降、臭氧)。因此,关于大气沉降对生态系统的整个威胁和收益以及长期影响,这些网络提供的信息十分有限。随着新的沉降观测技术的开发,从而有可能设计更加综合的大气沉降和生态系统暴露量监测网络。针对关键生态系统和生物群开展这些网络监测(比如,在那些长期生态研究站点),将提供大气沉降长期记录;与同期生态监测一起,在建立大气沉降和生态系统活力之间的因果关系中,这些资料十分有用。

开展以过程研究为主的外场实验,用于算法发展和评估

即使采用可靠的和评估过的沉降观测技术,也不可能在所有时段观测被研究生态系统中所有感兴趣成分的干、湿通量。因此,必须采用以过程为主的外场实验手段,在各种精心选定的条件下开展各种通量观测,从而确定控制这些通量的主要因子;之后,研发并检验沉降通量的算法和参数化方法;进而将这些算法和参数化方法用于区域和全球大气化学模式以及集成的大气－生物响应模式中。

Ⅱ/3

21世纪大气动力学和天气预报研究①

Ⅱ.3.1 概　要

在认识和预测天气方面的进步是20世纪科学最成功的事件之一。天气动力学和物理学基础知识的进展、全球观测系统的建立和数值天气预报的出现,将天气预报建立在一个坚实的科学基础上,天气雷达和卫星的布局与应急计划一起显著减少了灾害天气现象(例如飓风和龙卷)引起的死亡。

大气科学基础研究是社会在科学方面最有效的投资之一。在强雷暴等现象的基本认识方面取得的进步已经直接导致预警的改进和因灾死亡人数的减少,而数值天气预报技术的进步、统计学应用到模式输出、先进卫星和雷达技术已经有助于所有类型预报的大幅改进。

社会选择投资基础研究,不仅是因为感觉到其切实的利益,而且因为它推动知识前沿的内在价值。没有人会否认当时不切实际的但是很有现实价值的学术成就,例如量子力学的数学表达式、DNA的发现或确定性非周期系统物理学特征。在美国,大气科学进步的学术吸引力与宇宙论和分子生物学等领域的吸引力相匹敌。

大气科学取得的地位还基于另外一系列重大进展,其中很多将直接改进天气预警和预报。天气系统动力学基础认识和新技术(例如集合预报)开发的大幅提高,与新观测系统和先进通信方式的布局一起,为向美国公众发布改进预报提供了希望。

为了实现这些潜在进展,观测大气、海洋和陆面的新方法必须开发和运用,且现有观测系统,例如无线电探空仪、移动雷达、实验飞机,必须维护和升级。我们对现场和地基遥感能力的持续需求强调还不够,我们对基本观测系统例如全球无线电探空网的退化很吃惊。在调查天气动力学基础研究的状况时,我们不时发现更深一层进步将受阻于合适

---

① 天气动力学和雷暴系统特别工作组报告,组员有:K. Emanuel(主席), Massachusetts Institute of Technology; K. C. Crawford, Oklahoma Climatological Survey; R. Rotunno, National Center for Atmospheric Research; L. Shapiro, NOAA/AOML/Hurricane Research Division; J. Smith, Princeton University; R. Smith, Yale University; L. Uccellini, NOAA/National Meteorological Center; M. Wolfson, MIT/Lincoln Laboratories. 工作组感谢以下人员的贡献:A. Betts, L. Bosart, C. Bretherton, J. Derber, K. Droegemeier, B. Farrell, R. Fleming, J. M. Fritsch, R. Houze, M. LeMone, D. Lilly, M. Shapiro, A. Thorpe, S. Tracton, and E. Zipser.

观测能力的缺乏。由于这个原因,我们的许多建议集中在需求更好的观测系统方面。然而,必须承认,我们有能力以一定准确度预测观测系统或技术的进展如何从事实上改进天气预报。这个能力还没有开发。我们最重要的结论之一是必须做更多工作利用已知技术,例如观测系统模拟试验,预估应用于特定预报问题的观测系统和预报技术的最优组合。另外,我们感到大气科学家必须与其他学科更加紧密合作,尤其是经济学家,确定新观测系统和预报方法的潜在成本和效益。

这个学科评估的主体是在美国天气研究计划(USWRP)制定时期完成的。这里包含的很多内容与 USWRP 的目标(Emanuel 等,1995)有很强的共性。

Ⅱ.3.1.1　新的研究机遇

我们已识别出很多新兴基础研究、技术和技术发展,根据它们内在的学术价值和/或潜在经济或社会效益,在未来几十年必须给予很高优先权。这里概括这些关键发展,并给出专门建议。后面描述选择这些机遇的发展基础。

1. 陆气相互作用的基础物理学:对大气和陆面相互作用过程本质的基本认识是主要进展的开始,当与重大改进的陆面特征常规观测相结合,有潜力在认识和预测对流、边界层云量和区域气候异常等方面取得重大进展。土壤湿度和降水之间的联系可能是改进定量降水预测的关键。

2. 季节气候变动及其对随机和大气内在变率的依赖性,以及与海洋、大气和陆面中较长时间尺度现象相关联的变动:阻塞和陆气相互作用的研究有潜力在季节预报中取得显著进展。季节预报问题非常依赖于热、湿和动量源和汇的恰当描述,而短期预报更加依赖于这些量的平流作用。

3. 集合预报和资料同化技术的持续发展:这些为数值天气预报的改进和预报不确定性的定量化提供了很大希望。

4. 自适应观测战略:新近的研究建议,只要有程序化的观测平台,集合预报技术包括使用伴随模式和繁育法可以为最优观测地点和时间提供实时估计。观测系统模拟实验可以用来帮助确定观测系统的最优组合。这样可以在附加观测方面以相对小的投资来获取数值天气预报技巧方面大的回报。

5. 改进水文循环的认识和改进大气水的观测:提高大气中水(所有相态)控制机制的认识,将改进动力系统变化的认识和提高动力系统的预报能力。关键物理过程包括对流和云微物理过程对水汽的控制、大气边界层和下垫面的耦合。这些过程认识的改进,与土壤特性、大气中的水汽和凝结水观测技术的改进,对于解决定量降水预报这一难题是必要的,也将是准确模拟气候所必须的。

6. 大气边界层与深对流耦合以及云泡尺度动力学及预测的认识与对流整体动力学的认识融合:在湿对流云泡尺度动力学认识方面、在对流云泡整体与较大尺度环流之间相互作用的认识和表述方面,已经取得许多进展;这些发展的有效综合时机已经成熟。

7. 深对流下沉气流动力学:它们在至少是一些中尺度对流系统动力学中和在热带边界层整体热平衡中起主要作用,但是在积云对流公式表述中受到的关注相对很小。

8.对流层顶在大气动力学中的基本作用和对流层顶及其附近更好观测的潜在价值：天气尺度系统动力学的最近发展和位涡（大气旋转运动的一个度量）的优化分析已经指出，对流层顶是重要动力学过程和化学成分交换的场所。这指出未来模式和观测系统可以得益于对流层顶附近分辨率的提高。提高对流层顶附近分辨率的一个特别有前景的观测系统是全球定位系统(GPS)，可以用来反演高层大气温度廓线。

9.热带气旋的生成和强度变化，包括上层海洋响应的作用以及与上对流层与下平流层动力系统的相互作用：热带气旋已经牵连在美国重大天气灾害中，但是热带气旋在海洋上强度变化和生成的预报技巧很低。而且，国家气象局(NWS)现代化在提高我们观测和预报这些风暴的能力方面做得很少。

10.登陆热带气旋的动力学，尤其是它们与特发洪涝有关时：美国历史上最严重的一些灾害是由与热带气旋关联的洪涝造成的，但是花在认识登陆热带气旋动力学上的研究投入相对很少。

11.中尺度对流系统和其他产生强降水对流系统的动力学和云物理学：中尺度对流系统是美国中部夏季降水的主要来源，认识潜在动力学和云物理学的研究看来处于重大进展的关头。

12.地形和其他因素对大气位涡源和汇的影响：认识和数值模拟天气尺度动力学过程的平流相对发展成熟，但是我们还只是刚开始认识非绝热和摩擦过程的本质。几天以后的预报严重依赖于对这些过程的精确估计。

13.准平衡和非平衡环流系统的相互作用：这个相互作用能够产生天气尺度气旋中的内波和非平衡流，例如地形引起狭道风(gap winds)或开尔文(Kelvin)波。

14.中尺度锋面气旋的发展和演变：这些通常为模式所错失，它们的动力学还未很好地认识。

15.发展中尺度模式预报火险天气条件和发展交互式模式预报当前火情发展和移动：最近研究和模拟结果建议，发展这样的模式可以非常利于预报和控制森林火灾和野火。

16.高级统计技术的研究以及数值与统计方法的优化混合的研究：现有最佳预报是基于确定性模式输出和统计经验（主要依赖于模式输出）的组合。未来的改进应该来自事件概率高阶矩的结果和模式输出统计对非局地量（例如流域积分降水）的应用。

Ⅱ.3.1.2 推荐的关键

我们作出下面的推荐，部分基于认识到前面所概括的这些研究机遇的价值，部分基于更长远的考虑：

1.2~7天预报的本质进展有很大的潜在经济效益，但是它要求更好地收集和运用海洋和其他资料稀疏区域的资料。我们强烈鼓励支持研究如何优化组合卫星和地基遥感、飞机、气球和地面观测，也支持关键技术开发，例如星载主动遥感技术、大气水汽近场遥感和商业和无人驾驶飞机观测。该研究应该包括综合的、成型的观测系统模拟实验(OSSEs)和资料否定(denial)实验。成本效益分析应该在定义上述"最优"中发挥关键作用，而成本是把国家作为一个整体，而不是指单个机构，这应该是标准。

2. 当前研究强烈建议，伴随技术或繁育方法可以用来定出大气中作为随后资料同化循环中的观测研究的特定区域，从而大大减小预报误差。我们提倡加强目标观测及其大幅减小预报误差的潜力的研究。

3. 如果要在各种业务和基础研究问题上取得进步，全球无线电探空网的退化局势应该扭转，或者要开发更好的替代观测。减少有利于遥感观测的实地观测还不成熟，我们再次强调希望研究如何确定观测技术和布局的最优混合。

4. 大幅改进对陆气相互作用的认识，更好地观测陆面特征尤其是土壤湿度，将是一个重大学术进步，可能成为许多预报问题（包括陆上深对流开始的地点和时间、定量降水预报和季节气候预测）取得重大进展的关键。我们看到，这是一个鼓励水文学家和大气科学家相互作用和开发常规、普遍观测土壤特性新方法的重大机遇。

5. 对水相变影响的大气环流动力学的认识和在数值天气预报（特别是定量降水预报）方面的进展，严重地受阻于大气水汽观测的低分辨率和不精确性。必须把优先权给予水汽观测新系统和放在寻求描绘解决特定研究和预报问题所需的水汽观测的研究上。

6. 当前，季节气候变动是反映大气内在的随机变动，还是反映与海洋、大气和陆面中更长时间尺度现象相关联的变动，其程度还没有很好的认识。阻塞和陆气相互作用的研究是在认识上取得基本进展的机遇，并且有可能促进季节预报的显著改善。季节预报问题高度依赖于对热、湿和动量源和汇的正确描述，而短期预报更加依赖于它们的平流。我们鼓励加强研究阻塞、陆气相互作用、摩擦和非绝热对大气动力学的效应。

7. 美国历史上最严重的自然灾害是热带气旋造成的。尽管热带气旋生成、强度和结构变化以及运动的动力学研究一直在进行中，但是在近来国家计划或国家气象局（NWS）现代化中受到的重视很小。对登陆热带气旋动力学知之甚少，这限制了我们预报相关洪涝的能力。探测飓风由于卫星观测而大大加强，但是当前认识和定量预报雷暴运动以及结构和强度变化还是依赖于现场观测。我们强烈建议支持热带气旋运动和强度变化物理学和研究描绘飓风预报辅助观测系统的优化组合方面的研究。

8. 热带气旋和一些副热带海洋气旋类型对局地海表温度敏感，并通过风生搅动和上涌影响海洋温度。模式研究表明该反馈对于飓风强度有重要影响，但是缺乏该相互作用的观测。我们大力鼓励加强热带气旋和部分副热带气旋路径上的海洋上层的观测。

9. 保持全国均衡的基础研究的观测设施所需的资源必须恢复、加强和维持。卫星不能提供许多基本物理过程（例如涉及云和降水的过程）的诊断所需要的空间分辨率或三维覆盖。下一代天气雷达（NEXRADs）即使与其他技术联合，如果用于基础研究，也有业务限制性。在许多大气过程研究中，需要能够进行长时间连续获得高精度、高分辨率观测的可移动雷达、研究飞机、地面观测作为研究工具。

10. 前面提出的很多激动人心的、富有潜力的发展，本质上要跨越传统学科界限，紧密联系大气科学、海洋学、大气化学、水文学、计算科学、经济学、通信和业务预报。然而这些壁垒的打破没有很好地反映在主要政府基金和监管机构的组织结构上，这阻止了许多前沿的进步。我们建议考虑成立有效益的联邦基金和监管渠道，目的是推动交叉学科研究。

Ⅱ.3.2 引　　言

本节总结我们认为是当前基础研究重要的部分以及观测和预报方法和技术方面的关键发展。

Ⅱ.3.2.1　基础研究焦点

副热带气旋及相关中尺度过程

中纬度大多数重要天气事件的发生与温带气旋有关。中尺度特征是强上升运动和中到大雨，这些特征通常嵌在气旋内具有上升气流的天气尺度区域。一些较小尺度的特征包括锋面、雨带和飑线。无法预测这些中尺度特征的形成和相对地面的运动是精确预报降水的重要障碍。广泛地说，锋面形成是大尺度气旋作用于温度梯度造成变形场的一个自然结果。我们需要更多知道调制该锋生的非绝热过程（对流、辐射、边界层）。我们知道，成熟锋面有特定降水特征，例如雨带；这些特征的起源和形式需要更好的认识。最后，与锋面关联的环流能够推动离开锋面本身数十千米之外的重要天气（例如，锋前飑线）；对这些影响的准确本质认识得很差。

中尺度过程通常对大尺度气旋行为有重要影响。无线电探空网（站点之间相距约400 km）是否包含足够的精确预报许多大尺度风暴形成所要求的中尺度信息，这还是一个不确定性的问题。采用伴随模式进行的敏感性研究表明，在很多情形下气旋地点和强度的预报依赖于中尺度逆风气流的特征；特别地，需要关于对流层顶扰动的精细尺度信息。在先存锋上气旋尺度波的成长还没有很好地被观测和认识。预报模式对背风坡气旋生成还有困难；我们需要精确地知道中尺度地形特征如何促进气旋生成以及如何把这些认识放进预报模式中去。对于在中尺度地形特征（例如冰边缘或海岸线）条件下的气旋生成也有相似的问题。一个重要的不确定性是湿对流对大尺度气旋行为的累积效应。

总的来说，必须对非绝热过程及其对天气尺度动力学的影响有较好的认识。我们注意到大气中的许多总潜热加热和摩擦耗散与中尺度和对流尺度过程有关。因此，更好地认识中尺度及更大尺度过程不可避免地受到束缚。

中纬度大气观测表明，位涡梯度是大尺度动力学的基本变量，常常集中在地表和对流层顶附近。导致对流层中位涡分布几乎相同的混合和其他不可逆过程以及位涡梯度集中在对流层顶附近需要更好地认识。我们必须进一步探究所观测到的天气和行星波传播中的位涡分布和不稳定度的结果。

更好地预报3天后的天气对于许多重要预报问题（例如降雪、降水、强风）非常重要；这些大大地依赖于上游的更好观测和中尺度现象认识的进展。然而，当前数值天气预报技术不可能一律适用于中尺度。一个必须面对的大问题是初始化问题。当前大多数技术设计时滤掉一些现象，例如重力波和垂直及倾斜对流，这正是我们希望预报的中尺度现象。我们相信更好地预报时间尺度小于1天的天气将要求改进认识中尺度现象，例如重力波、倾斜对流和锋面气旋，以及先进的数值天气预报技术（例如保持内波和凝结加热的动力和非绝热初始化)。

由于缺乏太平洋上的可用资料,美国西海岸所有时间尺度的预报和美国东海岸1~2天以上的预报而严重削弱,但是对这些资料欠缺效应的研究非常少。我们强烈建议,采取OSSEs和资料否定实验估计海洋资料缺测对中期数值天气预报的影响,同样估计潜在新资料源对数值预报的影响。另一个必须开发的有诱惑力的技术是采用集合预报方法和伴随技术预估分析误差的分布、大小和预报技巧对其敏感性,这样可编程观测平台,例如无人驾驶飞行器或计划布置的商业飞机下投式探空仪,可以定位到敏感区域。目标观测战略可以帮助优化观测,有利于数值天气预报。

热带气旋

登陆飓风在美国海岸附近能够产生灾难性的社会影响,造成生命和财产的损失。飓风从1980年起已经造成美国超过400亿美元的经济损失和超过200人死亡。1992年飓风Andrew就造成约250亿美元损失和58人丧生,是美国历史上损失最大的自然灾害。(2005年Katrine飓风造成的人员伤亡和财产损失,是美国历史上自然灾害损失的最新最高纪录。——译者注。)

初始热带气旋一般通过地球静止气象卫星来监测。尽管卫星也用来监测气旋演变,但是这些遥感探测的误差能够发展成数十英里①的位置误差和数十节(knot)的风速误差。侦察飞机、海岸雷达、船、浮标和陆上站点观测,提供附加的资料源。

热带气旋轨迹主要由它所在的环境气流决定。气旋内部结构及其与环境的相互作用对于轨迹和强度预报也很重要。为了精确预报,就要求细致观测尺度范围从大尺度环境到气旋的内核结构。然而,正如近期美国气象学会政策声明(AMS,1993)所说,"当前侦察飞机编队和气象卫星信息不能提供飓风轨迹预报所要求的完全三维资料。飞机布置的Omega下投式探空仪可以提供从飞行高度到地面的风、温、湿信息,并且表明对轨迹预报模式有正面作用(现为GPS下投探空仪。——译者注。)。然而,飞机相对比较慢,且探空仪获得的信息没有覆盖飞行高度以上的重要区域。遥感卫星资料精度和覆盖度有限,尤其是关键的对流层中部。"

更加精确的热带气旋预报和预警,要求增强认识基本物理过程和增强对进入预报模式的飓风及其环境的描述。有技巧地预报飓风轨迹和强度要求同时准确预测从几千千米(决定移动)到几千米(代表强度)的多尺度运动。

通过正压模式研究表达驾驭风暴的厚度平均气流增强了对影响暴雨运动机制的认识,包括与环境相互作用的效应。利用正压模式实现了很好的轨迹业务预报。通过斜压模式已研究了垂直切变对移动的影响,描绘了飓风及其环境的完全三维结构。包含飓风合成描绘的初始化方案的应用展示了大幅度改进轨迹预报的潜力。研究还表明,轨迹预报提高20%或更多,来源于补充的环境观测的增加,包括Omega下投式探空仪。西太平洋外场实验研究了环境因子,包括与中尺度对流复合体的相互作用,它影响热带气旋的运动。我们现在能够利用先进数值模式预估新观测系统对飓风轨迹预报的潜在价值,客

---

① 1英里=1.609 km,1节=0.5144 m/s

观自适应观测战略的应用可能对于飓风预报特别有用。

在这里可能比任何地方在利用设计合理的观测系统模拟实验中的飓风预报模式更能够体现观测高级合成系统对热带气旋移动精确预报的必要性。毫无疑问,改进飓风天气环境的观测也许提供了改进预报的最佳时机,这将减少生命和财产损失。在资料源优化混合估计中必须考虑的平台,包括星载海表散射仪、特殊微波传感器/成像仪(SSM/I)、被动水汽测量、基于 GPS 的温度和水汽廓线、主动雷达和多普勒激光雷达系统,以及来自有人驾驶和无人驾驶飞机的实地观测和下投式探空仪观测。

目前,预报员们指出飓风强度预报的技巧即使有也很小。当前强度预测研究表明,飓风边界层和上对流层出流层的物理过程对于强度变化有很强的控制性作用。遗憾的是,高空区域是观测和认识缺乏的区域。高空(15～20 km)研究飞机对于观测很重要,有利于认识和预报由于环境相互作用而引起的飓风强度和结构变化。模拟研究表明,飓风强度非常敏感于控制海表热量和动量交换系数的比值,但是我们对于高风速情形下这些交换特征几乎一无所知。认识大风条件下海和气之间热量和动量交换特征对于认识和预报飓风强度很重要。

飓风的中尺度和对流特征,包括眼壁和螺旋雨带,正在研究中。同心眼壁及其相关联的次级极大风对一些强飓风短期演变影响的重要性业已确立,但是该现象的基本物理机制还没有最后确定。海气相互作用,包括控制海表温度,对气旋强度的作用正在阐明。使用统计回归模型预报强度突出了海表温度控制飓风强度上限的重要性。研究表明,飓风经过而引起的海表冷却缓和了飓风强度,但是冷水夹卷进入海洋混合层的物理学仍然有很大的不确定性。热带气旋物理学这方面的研究将受益于加强观测海洋在热带气旋经过时及经过后的响应。

尽管对飓风演变轴对称动力学有合理的认识,但是影响风暴强度的、与环境非对称的相互作用才开始建立。当前研究强调上对流层相互作用在影响风暴发展中的重要性。用动力预报模式预报强度显示出很大希望,但是仍处于开发的初始阶段。不仅在飓风内核而且在飓风环境场,尤其是上层,资料不足限制了这些模式的技巧。创新的数值技术正通过多层嵌套模式发展更加精确的预报。机载多普勒雷达观测正用于反演内核结构,卫星图片正用于反演风暴的降雨强度。

目前正在从动力学和统计学角度探究热带气旋发展的早期阶段。高层对热带风暴产生影响的重要性正在从位涡角度进行研究。从一个初始的东风波扰动演变成热带风暴的控制因子成了东太平洋外场实验的对象。目前正在从业务出发,制作某一给定飓风季节内大西洋飓风生成数目的预报。已经发现季节飓风频率与 ENSO 以及西非萨赫勒降水有特别强的相关。对确定飓风期特征的环境因子的研究表明了垂直切变在控制风暴形成中的突出作用。

最后,登陆热带气旋经常引起重大内陆洪涝、伤害和生命损失。一个最近的例子是 1994 年夏季发生在佐治亚州中部由于热带风暴 Alberto 残留体的停滞而引发的大洪涝。我们对登陆热带暴雨的动力学知之甚少,所以预报仍然是问题。我们强烈鼓励加强研究登陆热带气旋动力学。也许实验研究飞机可能直接用于登陆热带气旋的研究。

大气对流

过去 20 年中,我们在大气湿对流的基本认识中取得了相当大的进步。该研究使得从强天气的临近预报到短期气候变率的预报有了发展。20 世纪 70 年代第一次实现了灾害性、超级单体对流的数值模拟,与观测非常相似。超级计算能力的发展允许水平分辨率为 1 km、垂直分辨率为 500 m,虽然不足以分辨一般积云单体的外惯性区,但是足以分辨超级单体中的特强云尺度气流。近年来剧烈对流模拟已经有很大发展,可以分辨类似于龙卷这样的环流。

20 世纪 80 年代初,就已经知道超级单体对流可以实现数小时尺度上的预报。俄克拉何马州一个超级单体群(有完好的观测)的模拟抓住了该群单体的轨迹和许多单体的新信息。尽管根据风暴发展前的初始条件实现风暴真实位置的显式预报并不总是可能的,但是实际风暴前的热力场和风场探空资料可以用来预报对流的形成及其移动。这些信息已经被风暴分析和预测中心(CAPS)和业务气象、教育和培训合作计划(COMET)用来帮助业务天气预报员预测灾害天气。

数值模拟和理论的发展已经帮助我们认识飑线动力学和识别有利于该对流形成的环境条件。这里已经认识到,蒸发驱动的冷下沉气流所形成的地表冷池、大尺度切变气流以及对流本身之间的动力相互作用,是降水对流动力学的关键部分。

已经有几个模拟采用参数化对流,比较成功地模拟了中尺度对流系统(MCSs)。已经找出了一些有利于 MCSs 的天气尺度环境,也提出了 MCSs 形成和维持的理论,但是只是最近才开始与观测或显式对流数值模拟进行严格检验。我们感觉到还没有实现对 MCSs 的基本认识。

尽管龙卷动力学才开始通过数值试验和风暴追踪观测(多普勒雷达和高质量录像)有所揭示,但是由经过专门训练的风暴追踪者和多普勒雷达的组合已经在预警方面取得一些进步。

尽管在强雷暴、微下击暴流和龙卷的探测和预警方面已经取得实在的进步,但是仍然存在很多问题。示范风廓线仪网、局地中尺度网和静止业务环境卫星(GEOS)8 和 9 提供的资料,由中尺度数值天气预报(NWP)模式频繁升级循环产生的众多数值指导,和来自天气服务雷达多普勒天气雷达系统(WSR-88Ds)的大量观测和反演信息,正组合起来覆盖风暴尺度所需要的资料,提取相关信息,并产生更有技巧的预警决策。对于居住区地表所真实发生的或可能发生的情况我们还没有充分的认识。例如,雷达上所显示的中尺度气旋不一定就是地面上的龙卷。即使中尺度气旋是真实的,但是不足一半的情况才与龙卷雷暴有关。

我们持续实际关心的和有很大研究兴趣的对象是对流风暴中短时强下沉气流,它们常常称作下击暴流,当它们接近或离开机场时将对飞机造成很大的威胁。最近在 1994 年夏季,一架美国喷气式飞机在靠近北卡罗来纳州的夏洛特(Charlotte)时坠毁,可能就是由此引起的。下击暴流由于持续时间非常短且强辐散可能局限在几百米之内,因而比龙卷更难用多普勒雷达观测到。尽管 NEXRAD 和现场风切变探测系统在机场的出现将无疑改进下击暴流的预警,但是该现象仍然是一个突出的挑战研究和预警系统的重要关注点。

更好地了解云微物理过程可以更好地认识对流,也可能改进对流预报。在所有情形下,这都要求更好地现场观测云微物理特征尤其是冰云,以及应用遥感技术例如偏振雷达。如果没有足够长时间连续的高精度风资料,就无法充分认识云微物理过程。只有知道了风暴所有范围内(包括弱回波区和晴空区)的三个风速分量,才可能从动力学角度研究其微物理过程,更好地证明夹卷过程,和确定下沉气流与微物理学之间的相互作用。

除此之外,另一个经常出现的科学问题是风暴初始化和演变对大气水汽的依赖性。我们强调,水汽与温度、气压和风不同,它不会受到动力学限制而在变形半径尺度上慢慢变化;飞机和卫星观测证据表明水汽有显著的小尺度结构,即使在晴空区。气象的很多领域将得益于大气水汽观测的战略性改进。

在现有认识中,对流启始和演变强烈依赖于云层下的水汽分布,对流风暴动力学敏感于湍流夹卷关联的蒸发和下落降水的蒸发,此两者都敏感于环境湿度。当风暴经历变化的环境湿度时,它们经常会发生强烈转变。然而现有刻画大气水汽分布的方法很不够。大气水汽观测质量和数量的改进是头等需要的。一些水汽信息可以从卫星获得,但是积分测量资料(例如可降水量)用处有限。

另一个机遇领域是边界层和陆面特征,尤其是土壤湿度。不断有证据表明,陆地上行星边界层的演变受到土壤湿度分布的很大影响,通过它影响地表上空气的温度和湿度,但是土壤特征日常观测严重不足。我们相信,加强研究陆-气相互作用包括加强大气科学家和水文科学家之间的合作,并通过增强我们刻画土壤特征的能力,可以在对流风暴启动的预报方面取得显著进展。

在小的时间和空间尺度上,尤其在大陆上对流可以看做累积的条件不稳定的局地释放。在更大时间和空间尺度上,特别在海洋上,对流可以视作湍流的一个特别形式,可以看成处于一个与环境统计平衡的方式。这个平衡似乎是大尺度过程,例如上升运动、辐射冷却和地表通量产生潜能速率,与对流单体内动能耗散率之间的一个近似平衡。历史上对对流模拟的关注的景观存稳定度的局地释放,但是近来工作已经利用增强的计算能力显式地模拟与外强迫处于统计平衡的对流云集合。尽管现在断定集合方式将引向何处为时过早,但是它对于定量认识对流与大尺度气流之间的相互作用以及增强我们描述大尺度模式中对流的能力是很重要的。业已认识到,气候模式敏感于对流参数化方法,特别是参数化方法对大气水汽影响的表述。必须更加关注评价积云对流描述所要求的高质量资料集的获取问题。通过对大气对流的总体行为综合认识云尺度动力学,由此我们会获益匪浅。

季节变率

季节预报介于大多数确定性预报时间尺度(1 到 10 天)和气候预报时间尺度(大于几年)之间。尽管与特殊现象诸如 El Nino 相关天气的季节预报已经取得了显著成功,但是还不清楚制作有一定技巧的季节预报的可能性有多大,以及确定性和统计方法以什么样的方式结合用于预报问题。

与季节预报有关的几个突出问题必须回答：

1. 能把集合技术向前推进多远？可预报性理论的传统应用是基于大气不稳定性的指数增长，但是近来关于大气扰动的代数增长思想给出了一些希望，即"准"（quasi-)确定性技术可以进一步向前推动。欧洲中期天气预报中心的科学家表明，确定性预报的有效时间范围实际可以扩展到一系列预报中最佳预报的时效长度。也有一些希望存在于下述情况中：即在短波可预报性衰减之后，仍可以成功地制作长波的确定性预报。

2. 加强对耦合海—气和陆—气系统低频模态的认识与加强系统陆面部分的观测一起，将改进季节预报。一些例子展示一定的季节预报技巧，包括与厄尔尼诺关联的天气异常，和根据长周期振荡例如厄尔尼诺、准两年振荡以及次撒哈拉非洲陆面条件等季节预报大西洋飓风活动。海冰和陆上雪盖也证明是季节时间尺度耦合系统的重要部分。

3. 高频的极端事件对低频耦合海—气和陆—气现象的影响必须关注。例如，飓风进入目前干旱的区域可以结束干旱，而改变土壤湿度分布。

4. 季节可预报性程度可能依赖于初始条件。一些季节预报容易受到初始条件微小扰动的影响，而另外一些则不受影响。这种脆弱程度必须量化，这样才能给出季节预报的置信度范围。

5. 非线性全球海—陆—气系统对边界条件的小扰动的敏感性可能是线性的，此敏感性可以通过观察系统对自然出现起伏的响应进行探究。一个方法是利用起伏—耗散关系找到平衡传递函数。季节预报模式应该与观测到的起伏—耗散关系一致。

6. 必须加强外部因子对短期气候变化影响的认识，包括太阳入射和火山爆发的小扰动。

7. 支持季节预报的观测系统必须是全球性的。现在卫星能够准确观测土壤特性的程度还不确定。

陆地—大气相互作用

地表特征差异经常导致天气形势的地理差异。一个突出的、极端事例是佛罗里达的陆—气边界。与许多陆面各向异性区域不同，佛罗里达天气形势差异的物理机制认识得比较清楚。新的观测能力为显著增强认识控制区域气候的物理过程提供了可能性。这些过程认识的进步将非常有助于天气预报和评估气候变化的潜在效应。

土壤湿度在研究陆面对天气的影响中起了突出作用，因为它是陆面最重要的动力分量并在突发山洪水文学中起中心作用。土壤湿度与山洪水文学的联系主要来自如何确定降水在土壤渗透和地表径流之间的分配。这种分配是山洪主要的陆面控制。土壤湿度与降水过程的联系是未来研究的一个重要领域，也是天气预报可能取得显著进步的领域。利用欧洲中期天气预报中心预报模式进行的初步研究表明了考虑土壤湿度对大雨预报的重要性。

陆面特征特别是土壤湿度含量对陆面上空大气热力学和水汽含量有重要控制作用。这可能对很多问题都很重要，从定量降水预报到季节气候异常。要在这些问题的认识上取得进展，就要求更好地观测土壤特性。

在大雨和山洪暴发预报中地形特征需要特别考虑。实际上，美国所有有记录的降水和山洪时间都与不同的地形特征有关。大雨事件诊断研究中通常关注的是地形在维持准静止风暴系统和维持异常大湿度通量对风暴系统的作用。

地形对天气的影响

我们知道,地球的地形造成或调节许多类型的大气现象,包括:
- 地形增强降雨和雨影区(无雨区——译者注);
- 暴雨和突发山洪;
- 林火雷暴;
- 控制龙卷形成的切变线;
- 背风面强风屏蔽;
- 强下坡风和狭管风;
- 与大尺度气流的遥相互作用的重力波;
- 冷空气堆;
- 锋面和气旋的调整;
- 雷暴的日变化控制;
- 山谷污染和长距离污染输送;
- 晴空湍流。

处理山区气象学的研究和业务人员所面临的三个基本困难是:

1. 地球地形的连续尺度:大气科学家传统上把地球地形划分成两类:大尺度山地和小尺度粗糙度。大尺度山地产生的气流扰动可以显式分析,而小尺度粗糙度采用参数化方法。该划分方法在物理上是不适当的。地球的地形实际上有连续尺度,而没有自然分离的尺度。即使数值模式分辨率从 400 km 提高到 100 km 甚至 25 km 或更小,但仍然存在可分辨和不可分辨地形所产生现象的人为划分。再者,在数值模式网格大小附近存在部分的分辨尺度。这些部分可分辨尺度不能用参数化方法精确处理,也不能直接计算。其他方面,跨地形气流激发的内波经常在对流层和平流层下层破碎,对大尺度气流施加一个净拖曳力。天气预报模式证明敏感于该现象的描述方式,显然在内波破碎能够在模式中正确表示之前,必须在跨连续尺度地形气流的基础研究方面取得进展。

在未来 20 年,地形尺度问题将为理论家和数值模式者提供挑战。改进模式将抓住从 100 km 到 1 km 包含地球大气的重力波谱的水平地形尺度开始。重力波与大尺度气流(可分辨尺度)的相互作用将把新的物理和数值问题带进我们的研究和应用中。

2. 可预报性和触发作用:现在认为山区大气现象是否有利或不利于预报问题有双重答案。一方面,地形可以在时空上锚住气流系统。另一方面,山地气流形势有自己的不稳定性和触发特征。周围风速、风向或切变的微小变化能够导致气流和降水形势的突然重组。因此,集合预报和概率方法在有关地形影响问题中将是有用的。

3. 模式发展和验证:过去 20 年数值模拟山地所引起的中尺度现象已经取得极大进展。当前该课题的兴趣以及预期的计算机技术进步表明该领域还将持续向前发展。然而,关于数值技术和地面边界条件等基本问题仍然存在。数值模式中垂直坐标的选取仍需讨论,尤其与湿度扩散的关系和小尺度参数化方案的适用性。地表粗糙度和土壤蒸散量应该在山地气流模式中考虑的程度需要进一步研究。

尽管对高分辨率数值模式能够精确描述中尺度地形现象的信心增强,但是我们对根据实际资料验证模式输出能力的信心却不大。必须研究地形宽谱尺度问题和地形气流场的四维(时间和空间)结构。评估模式在山区结果要求应用现有观测技术和新观测工具。

火险天气预报

森林火灾在整个美国特别是西部造成大量树木、财产以及有时的生命损失。各种尺度的天气信息和预报是火灾开始前后火情预报和控制的至关重要部分。当前预报模式为预报火灾危险区域提供很好的指导。如果森林干燥,利于火灾形成的天气气象条件是湿度低、温度高、风大和产生云地闪电而少降水的雷暴。短期预报精度的全面提高将更好地预报火险区域。

然而,未来10年科学进步的最大机遇在于发展和完善山区野火蔓延的计算模式,可以用作发展火灾的最优控制策略。该模式的气象部分是一个非静力气流模式,相对精细的水平分辨率小于 1 km,用来模拟火情接近区域。该模式可以嵌套进中尺度模式中,后者为火灾影响区域提供恰当的大尺度边界条件。这样的模式已经发展很好了。科学挑战是如何把它与野火蔓延模式集成,利用气象条件预报局地野火蔓延和燃料燃烧率,预报起火的热量变更火情周围的气流。这个想法已经有了有前景的示范性试验,定性模拟了所观测火情的许多特征,但是当前火蔓延模式仍非常粗糙,必须改进并充分利用该模拟方法。以当前计算技术,在便携式计算机上实时运行该模式正变为可能。这可以帮助决定何处需要布置消防队员或投放阻燃剂,从而可以减少人员危险。即使是为减轻以后火灾的风险而故意控制的燃烧,有时燃烧出错也会造成生命损失。因为气流发展的复杂性,对于这些情况下预先模拟对一般使用的启发式规则和人们的判断是一个很有价值的辅助手段。

较大尺度的中尺度模式也可以用来预报火灾中的烟羽分布。有时,烟可能太厚,主要通过减少太阳入射而显著影响大面积温度。显然,该效应必须在预报模式中考虑。

Ⅱ.3.2.2 技术发展

集合预报

集合预报从一组扰动初始条件出发用预报模式生成多个预报结果。扰动可以通过很多不同方法产生,包括时间滞后和繁育(最快增长模态通过预报-资料同化循环而自然选择),使用伴随模式产生特快增长扰动。集合预报的两个主要好处:集合预报成员之间的发散度给出数值预报不确定性的定量估计,以及集合预报所有成员的平均统计上优于任何单一成员。尽管还有许多其他概念和实际问题需要考虑,集合预报也适用于区域模式的短期预报。

资料同化和自适应观测

资料同化把观测信息与大气预报模式组合起来,提供大气状态的最可能估计。过去几年,在资料同化理论和实践中取得了很大进步。这些进步归功于四个基本部分的进展：预报模式、资料库、质量控制技术以及分析或同化技术。预报模式和资料库方面的进展不在本学科评估报告的领域,但是必须注意的是,这些部分的任何进展会立即导致资料同化系统的进展。

由于仪器工作不完善以及资料来源于很多不同途径（部分还使用手工传送方法）,资料含有误差。坏资料能够引起资料同化系统出现问题。因此,必须进行某种质量控制剔除或订正资料中的大误差。在大多数同化系统中,与模式预测相异的观测差异与附近的观测差异（内插到该观测点）作比较。质量控制基于这些差异做决策。例如,美国国家环境预测中心（NCEP）建立了一个复杂的质量控制系统,不仅接受或拒绝资料,而且订正部分同类型的观测误差。

大多数业务资料同化方案采用间断资料同化技术,模式向前积分一段时间,然后基于可用资料利用三维客观分析技术进行调整。三维客观分析技术通常是某种最优（或统计）内插方式。随着解决分析问题的变分技术的发展,最优内插中的许多近似可以消除。这些方案的优点包括消除资料选择、包含更加物理真实的限制、易于包括其他类型资料。作为这些改变的一个结果是,独立初始化步骤可以消除,观测结果如辐射率、折射率和散射仪观测资料等可以直接进入分析系统。一个更有前景的方法是四维变分同化,在时域和空域进行优化。随着过去几年资料同化理论方面认识的增强,资料同化未来的很多方面变得清楚了。

随着许多新观测平台和新变量观测及同化的引进,质量控制将变得更加重要。采用几个独立质量检查而做出更鲁棒（robust）决策的复杂质量控制,将继续改进,还将努力从错误通信或错误解码资料中抢救出信息。

观测网将为同化资料提供许多新平台,例如多普勒雷达和卫星新传感器。为了从这些资料中获取最大量信息,理想做法是采用它们最原始形式。这样,当前进行的很多资料集（例如从卫星观测辐射率反演温度和湿度）的反演步骤可以去掉,直接使用所观测的辐射率。要这样做,必须有高质量正演模式把模式场转换成观测场。这个把观测量直接并入分析的步骤对于充分利用资料至关重要。然而,必须花很大气力去恰当地使用每一个新类型资料。

未来同化系统也将要求包括很多新变量（例如云、土壤湿度、表层温度、降水、臭氧和其他痕量气体）。要恰当同化好这些量,必须把它们并入预报模式、发展合适的统计方法、在模式中包含这些量所影响的观测资料。这三个步骤都需要很大的努力。未来系统中,非绝热过程可能起更大的作用。随着动力学和物理学之间的耦合变得更加重要,模式中包含更加精确的限制将变得很有必要。

未来资料同化系统的最终结构还没有完全确定。它可能基于三维变分系统向四维变分系统或卡尔曼滤波形式扩展。

集合预报和资料同化方案的一个激动人心的潜在副产品是自适应观测概念。这里集合技术用来根据 12 或 14 小时预报找出大气中对观测误差特别敏感的区域,且/或伴随技术用来估计给定预报误差测度对这些区域扰动的敏感性。然后,可编程调整平台（例如装备下投式探空仪的高空飞机）布置到该区域。低阶模式试验显示应用该技术可以大幅提高预报技巧的潜力。它可能代表利用有限观测资源的最优方法,对于给定误差测度(一些情形下可能是局地的)它将提供一个优化预报的方法。这样,我们可以在给定气象条件下选择能够减小预报误差的观测资料,例如人口密集区域强风暴的 72 小时预报。

先进计算设备的应用

研究和业务数值模式刚开始在大规模并行处理器(MPPs,见下)上运行。然而,在业务应用 MPPs 之前,几个问题必须解决。一个主要问题是把标准代码转换成 MPP 能够有效使用的代码的软件。经验表明,为 MPP 所写的特别代码非常难以理解,且到目前为止,它们在很多应用中不可运行。

在全尺度规模开发前,MPPs 必须有一个绝对稳定的卖主环境。最近几个 MPP 卖主的转让降低了业务数值天气预报中心在 MPP 开发早期的风险。

物理过程参数化

精确预报湿度场(包括水平和垂直云的分布)是数值天气预报和气候预报中最重要的项目之一。近期研究已经表明薄云水平分布预报对耦合海-气系统的重要性。对流层上层湿度分布是辐射热平衡中的一个重要部分,但是它既没有被很好地观测,当前模式也没有对其很好地预测。显然,湿度预报要求湿度源和汇的精确描述,而且模式风场对湿度的平流必须极其小心地处理。模式参数化过程的完全处理不在本学科评估范围,但是最重要部分的当前状态可以概述一下:积云参数化、大气所含液态水或冰浓度的显式预报和地表面物理学。

当前积云参数化方案可以分为三个基本类型:

1. 调整方案(例如,Manabe 湿对流调整和 Betts & Miller 方案)
2. 质量通量方案(例如,Arakawa & Schubert 方案)
3. 基于水统计平衡的方案(Kuo 方案)

最近,很多业务中心决定采用其中一个质量通量方案。在预报模式中检验积云参数化方案的整体体验表明了几个重要点,包括(1)饱和下沉气流效应,(2)穿透对流与边界层及云下层混合过程的相互作用,(3)云-辐射相互作用。来自耦合海-气试验的一些迹象表明,可能由于积云-边界层相互作用表达不充分,模式生成的对流降水对海面温度变化的敏感性比实际小。然而,评估积云参数化方案很难,因为积云对流与其他很多物理过程相互作用,而这些过程本身在模式中可能描述不充分。尽管调试可以改善最明显的问题,但关于积云参数化的理论基础仍然有疑问。

现在开始尝试在中尺度和全球预报模式中预报云中液态水和冰水含量。云水和辐射的相互作用也正在显式计算。初步结果显示在很多方面预报取得进展,包括降水量及其落区和云量。正在利用与卫星资料的比较定量证明这些进展。

在显式云和参数化对流云中,必须更加关注考虑云微物理过程。大气中的水汽含量非常敏感于所采取的云物理过程,预报好水汽含量对于改进定量降水预报、较长期数值天气预报和气候预报非常必要。

在地表物理学尤其是地面水文学参数化改进方面已经付出相当大的努力。这些进展包括二层土壤热力学和含有显式表示的蒸发、蒸腾、潜热通量估计的冠层截取的水文学;改进的地表交换系数;排水、径流和雪盖的参数化。结果显示改进了陆地屏蔽(screen)温度和降水的预报,总体上也改进了陆面日变化。

需要一个包括数值升级及物理参数化回顾和发展的综合计划,以利用当前研究进展和更大的计算资源。物理参数化的升级必须依赖于更加精确的理论、更好的评估技术、更高的模式分辨率和可用率。近期,预期上述领域取得进展,包括地表物理学、云和云辐射参数化、与灾害天气(例如飑线、出流边界层和中尺度气旋)有关现象更加真实的模拟。

数值技术

典型天气预报问题的实质推动了研究更加精确、高效的方法把连续方程离散化。目前正在努力发展双时间层(two-time-layer)半拉格朗日技术,尽管结果可能导致双时间层欧拉技术的发展,但是可以避免原来遇到的不好特征(例如不稳定、阻尼)而保持自然优点(例如简单、守恒)。另一个技术是只在必要的计算区域提高分辨率。自动调节格点加密技术是一个有前景的研究技术,因为很多特殊天气现象与气象场的强水平变化有关(例如锋面、海岸空气质量差异)。一个相关的进展是对几乎所有气象有关尺度(从行星尺度到云尺度)实行单一通用模式。这些统一模式,采用可控格点加密技术,可以同时用高分辨率计算嵌套区域非静力云和/或重力波破碎以及计算行星尺度区域大尺度气流。其他重要数值问题包括:

模式垂直坐标 数值技术的一个最新进展是在全球和区域模式中采用等熵垂直坐标。因为等熵坐标是准拉格朗日的,不存在常常与垂直差分有关的问题。另一方面,等熵坐标不能用于非静力模式,因为在内波破碎等现象中可能引起等熵面翻转。在统一模式中需权衡等熵坐标的使用。已经提出混合坐标技术来克服地面附近分辨率不足问题和等熵面与地面的交叉问题。还需要更多研究采用该混合坐标的可行性和确定它们用在数值天气预报和气候模拟中是否有优点。一些业务中尺度模式采用 eta 坐标,它是 sigma 坐标的一个变种,保持相对水平和采用阶梯山地地形。它比谱方式更加能够精确描述陡坡地形。随着近期计算能力的提高,中尺度模式可以达到 20 km 的水平分辨率和垂直 50 层,比现有模式有很大改进。

平流的数值技术 尽管很多预报模式仍采用经典数值方案,但是近几年半拉格朗日方法处理动力学受到很大关注。该方法与半隐式时间积分耦合,可以有比传统柯朗(CFL)稳定准则所允许的时间步长大得多的时间步长,减小位相误差和计算发散,容易达到保形。这些考虑使得半拉格朗日方法用于很多研究和业务模式。半拉格朗日方法的一个主要缺点是无法保证守恒,而守恒被认为是气候模拟的关键。尽管这个课题还需要进一步工作,最近提出了一个新半拉格朗日方法,可以实现质量和其他标量的精确守恒。半拉格朗日技术也应用于区域和全球模式中的非静力系统。半拉格朗日方案一个需要关注而未解决的问题是当采用大时间步长时如何处理陡坡地形周围的气流。

地基和机载观测系统

地面台站、船舶、飞机和气球实地(in situ)观测仍是全球观测系统的主力,用于做天气预报。这些实地观测能力和地基以及机载遥感仪的改进为整个大气状态认识的改进提供很好的前景，将提高天气动力学和物理学的认识和预报水平。

实地观测也证明对于甚短期预报问题有价值。最近俄克拉何马州投资一个地面观测台站高密度中尺度网。这些台站资料确实提高了局地和区域短时预报及关联的经济效益，也提高了公众意识和科学教育。现在正努力通过增加廓线仪观测和土壤湿度观测增强中尺度网，并通过中小学校网络化这些资料。专家组认为这样的中尺度网是大幅提高区域和局地短期预报和科学教育的有效途径。这样的中尺度网可以通过公私合股来资助。

我们为提高无线电探空技术进行了一些努力。下一代气球探空将更加自动化，也许只要求一周或一个月有人参与，状态变量传感器也将大大改良。刚开始发展 GPS 跟踪来进行无线电探空测风和下投式探空。尽管气球探空有明显的采样缺陷，但仍是一个有效的大气探测手段，并且全球无线电探空网的状态恶化也正敲响警钟。

商业飞机携带设备提供了另一个探测大气的手段，可以在巡航高度以及起落阶段进行观测。这些观测资料提供了很多比气球探空优越的资料，包括更加高的时空覆盖密度，而且成本低。与气球相比，它的一个缺点是探测资料限制在巡航高度及其以下。我们强烈鼓励观测系统模拟实验和资料否决试验，从而确定标准航空高度之上常规观测的重要性。

大气观测的另一个方法是遥控飞机。军方已经使用无人驾驶飞机约 50 年了；它们在犹太人赎罪日战争和沙漠风暴战争[①]中发挥了重要的侦察作用和诱骗作用。低雷诺数空气动力学、螺旋桨设计、碳素纤维环氧化合物和发电机的技术进步，使得可以制造高性能无人驾驶飞机，能够在 18 km 高度飞行两天或三天，荷载数百千克，包括基于 GPS 的下投式探空仪。这些飞机很快可以大量直接观测平流层下层，而代价相对较低。它们特别适合于探测海洋或人烟稀少的大陆上空。它们将成为自适应观测数值预报系统中的仪器。一个需要清除的主要障碍是把无人驾驶飞机作业与空中交通控制系统配合的问题。

很多技术发展允许大气水汽观测的大幅改进。微分吸收激光雷达(DIAL)工作方式是，通过发射一个水汽吸收带上和一个少许偏离该吸收带的激光脉冲，比较所接收的返回脉冲强度。该技术的一个主要缺陷是人眼安全；这要求发射低功率且/或宽束脉冲，目的是获得相对长时间段返回信号的积分，从而得到一个合理的高信噪比。目前把该技术得到的水汽估计的最小误差水平定为约 1 g/kg，垂直分辨率为 100 m 量级，最大高度约 3 km。该技术不能用来反演云底以上的水汽廓线。即使这样，DIAL 世纪大幅改进了对流层低层水汽观测。

大气水汽含量的部分信息可以从 GPS 获取。单一 GPS 接收器能够测量一个或多个星载发射器发射时刻与发射信号被接收时刻之间的时间延迟。该时间延迟起因于电离层的电磁效应、大气总质量和水汽。电离层时延可以通过利用两个不同频率和比较两个

---

① 1973 年 10 月 6 日"赎罪日战争"，又称"第四次中东战争"、"十月战争"、"斋月战争"，1991 年 1 月 17 日"沙漠风暴"战争。

时间延迟来订正,而大气质量时间延迟在地面气压测量精度好于约 0.3 hPa 时可以计算。剩余部分时间延迟正比于垂直积分水含量。任一时刻,从一个观测点可以看到约六颗 GPS 卫星,因此卫星的不同仰角可以用来推算水汽垂直分布。该技术的最大垂直分辨率限制为 1 km 左右。最后,如果有独立温度垂直分布估计,星载 GPS 接收器就可以通过观测星载 GPS 发射机的掩星而用来估计水汽的垂直分布。该技术确定的水汽含量是水平尺度约 200 km 上的平均值,垂直分辨率限制为 1 km 左右。

虚温垂直廓线可以利用无线电声学探测系统(RASS)估计。该技术中,雷达跟踪一个垂直传播声脉冲;因为声速是虚温的函数,虚温可以通过声脉冲的观测速度来推算。垂直分辨率和最大高度主要受到发射机特性的限制,且资料的噪声大。

星载观测系统

卫星资料比其他观测系统更加均匀地填补实地观测系统之间的时空间隙,尽管信息通常限制为辐射量积分和云顶特性。

卫星遥感未来十年将在几个技术领域发展。被动微波技术将为探测降水提供希望,但是地球静止位置的遥远是必须克服的一个主要障碍。主动冷却和红外探测器可以把精度从百分之一提高到万分之几。最近邻的像素瞄准精度将是可能的。阵列探测器能够几秒钟内传送一个区域快照,而弱光探测器可以在月光之夜提供高分辨率云量观测。局地预报员可以通过商业途径利用即时数字资料传输直接指挥所预订的"天空照相"业务。

未来 10 年,卫星将携带红外光度计能够分辨红外谱,并把垂直分辨率加倍提高到温度和湿度被动探测的理论极限。

普遍认为认识全球风场是促进天气和气候认识和预报的基础。一些主动探测技术可以用来探测大气风场。一个技术是多普勒激光雷达,原理非常像多普勒雷达,其接收器接收远处目标物返回的信号,谱分析这些信号恢复目标物运动造成的多普勒频移。激光雷达采用短波长(例如 9 μm)表示目标物可以远小于雷达探测的目标物,以及多普勒频移和信号谱宽也大得多。对于风探测器,目标物是云粒子或大气中自然出现的悬浮气溶胶,它们近似以风速移动。

研究已经表明,对流层风可以用当前激光雷达技术从太空观测。作为激光大气风探测仪(LAWS)仪器设计研究的部分,在实验室成功地进行了一个 5 J 类二氧化碳(CO_2)激光实验示范。

海面散射仪可以用来重构海洋表层风场。散射仪是一种绝对定标雷达,它可以观测分布目标的反射信号强度。对于给定的工作参数(波长、入射角和极化率),海面后向散射主要是毛细波谱的函数,它是海面风应力的一个直接测度。这可以与海面风矢量相联系。这样,几个角度(由极轨多固定天线仪器提供)观测的后向散射可以用来推算一个海面上空几个可能的平均风矢量。辅助资料和连续性约束可以用来选取地球物理上最可能的解。

该技术的空间应用始于 1978 年美国海洋卫星(SEASAT)任务,但是直到 1991 年 ERS-1(欧洲遥感卫星)发射才配置了后续者。ERS-1 后向散射仪用三个 50 km 分辨率天线在卫星轨道 200 km 到 700 km 宽度上采样。现在有大量研究比较 SEASAT 和 ERS-1 后向散射仪风资料与美国国家海洋和大气管理局(NOAA)浮标风资料和客观分析风资料。在 2~3 m/s 范围,剔除海冰或降水干扰,后向散射仪测得的风与其他估计值在 2 m/s 和 20°内一致。此外,同化 ERS-1 后向散射仪的风资料可以改进业务天气预报,尤其是热带气旋形成和定位。该改进效果在资料稀疏的南半球最大。

反演风和标识雨或冰干扰资料的算法是经验性的。为了提供最大可能的风资料,很多研究组继续优化这些算法。另外,必须开发新算法提取二级产品,例如,跟踪海冰补充合成孔径雷达提供的图像。

除了将要取得的重要科学进展之外,大量迹象表明业务天气预报中使用好的风资料将对国家有显著的经济效益。两个显著的例子是通过对流层上层风场预报的更加精确而减少航空公司燃料消耗,以及改进飓风预报而减少不确定性面积。如前所述,卫星搭载 GPS 系统也可以用来观测大气水汽。

分析为加强大气风场信息而计划的各种系统的潜在成本和效益极其重要。这里比其他任何地方更需要比较现有的及计划系统的成本和效益,这些系统跨越很多联邦机构,而不重视单个机构的要求和目的。我们再次强调希望利用模式估计新观测系统对预报的影响,设计观测系统的优化组合,这里"优化"也包括有关成本。

计算机

大规模并行机 为了克服单个中央处理器计算机固有的缺陷(光速以及单体最小尺寸),已经提出多个处理器并行执行任务的概念,并且现在市场上有了几个这样的机器。迄今,它们的运行至少就气象应用而言还没有达到预期结果。该问题有双重性:(1)学习如何编程这些机器是大多数科学家避免花费时间和精力的投资。(2)当前大气环流模式经验表明性能基本与 Cray YMP 系统(1.2 kM 浮点)相当,尽管在更加专业问题上可以实现更高性能(10 kM 浮点)。如果在天气尺度(1000 km)区域制作 km 尺度分辨率数值天气预报,则目前大规模并行机是理论上能够传输所要求的 1000 kM 浮点速度的唯一机器。该技术基本问题的解决有待于计算机企业研究出来,而更好的软件必须由使用者开发从而达到所需速度。

工作站 近几年,高性能工作站(接近单处理器 Cray YMP 的速度)的出现已经有可能制作真正局地数值天气预报。高分辨率[水平格距 O(5 km)]预报模式,在面积足够大区域运行可以避免区域边际带来的人为信号干扰,能够提供显著加强的短时预报(3~12 h)。研究者正在探究的可能应用,包括加强紧急应急系统、对军事行动更加细致的局地预报、雷暴预报、以及地形、海岸线、和/或其他地形特征对天气有显著影响的日常天气预报。考虑到成本趋势以及操作预报模式的难易性,在世纪之交每一个局地天气预报办公室都可以有这样的系统。

II.3.3 结 论

大气科学基础和应用研究已经在过去几十年在天气预报和预警方面取得很大进展,

目前正将取得更加辉煌的进展。在基础研究和业务气象中实现巨大进步主要是需要更好的大气、海洋和陆面观测资料，以及需要更好认识和勾画特定预报问题所需观测系统的优化组合。美国在环境卫星上已经投资很大，并且有了很多回报，增强了大气的认识，改善了从飓风到灾害雷暴和龙卷等的灾害预警。然而，特别重要的观测系统（部分低成本的）已经退化了。例子包括研究型多普勒雷达、全球无线电探空网、边界层研究的小型研究飞机以及地表中尺度研究网。同时，对于从定量降水预报到气候预报而言，很多情况下大气水汽测量仍然严重不足。在一些情况下，我们刚刚开始认识到某些类型观测的潜在价值，例如土壤湿度和对流层顶的细致结构。我们必须后退一步，注视所有现有和计划中的观测系统的成本和效益，要从基础科学进步和社会需求的角度，而不是单个联邦机构的目标和收支预算。

如果我们选择一个合理的且深思熟虑的观测方法服务于基础研究和业务目标，有理由相信它必须对于认识和预报的重大进展有潜力。合理考虑陆面物理学和大气中的不可逆过程可以导致季节预报技巧的很大提高。更好地观测大气水汽和云微物理过程，尤其是涉及冰的过程，可以使得我们解决很多突出问题，例如预报中尺度对流系统的发展和移动、大气水汽和云量对气候变化的响应。集合技术和伴随技术对数值天气预报的先进应用可以几乎实时地揭示对初始误差特别敏感的大气区域，使得我们可以定出仔细观测的区域，从而大大减少预报误差。更好的对飓风的大气和海洋环境实地观测可以大大改善这些严重灾害移动和强度的预报。如果我们现在采取正确的措拖，这仅仅是我们在未来几十年就可以实现的一些例子。

II/4

21世纪的高层大气和近地空间研究[①]

II.4.1 概 要

本学科评估确定具有强烈社会和环境影响的重要研究,这些影响取自国家研究委员会(NRC)的日地研究委员会(CSTR)和太阳及空间物理委员会(CSSP)涵盖的科学学科。这些委员会关心的领域是太阳和日球物理学、磁层物理学、电离层物理学、中高层大气物理学和宇宙线物理学。

II.4.1.1 主要的科学目标和挑战

考虑社会和环境的效应,中高层和近地空间的主要科学和技术目标可以确定如下:
- 认识决定平流层、气候和生态圈之间相互作用的物理、化学和动力过程;
- 发展能够进行业务空间天气预报的基础设施;
- 认识中高层大气变化与地表及低层大气气候之间的关系;和
- 研究太阳变率及其对中高层大气的影响。

[①] 日地研究委员会和太阳及空间物理委员会报告。日地研究委员会:M. A. Geller(主席),State University of New York, Stony Brook; G. P. Brasseur, National Center for Atmospheric Research; J. V. Evans, COMSAT Laboratories; P. A. Evenson, Bartol Research Institute, University of Delaware; J. F. Fennell, The Aerospace Corporation; J. T. Gosling, Los Alamos National Laboratory; S. R. Habbal, Harvard—Smithsonian Center for Astrophysics; M. Hagan, National Center for Atmospheric Research; M. K. Hudson, Dartmouth College; G. Hurford; California Institute of Technology; M. C. Kelley, Cornell University; J. U. Kozyra, University of Michigan; N. F. Ness, Bartol Research Institute, University of Delaware; A. D. Richmond, National Center for Atmospheric Research; T. F. Tascione, Sterling Software; and R. K. Ulrich, University of California, Los Angeles. 太阳及空间物理委员会 J. G. Luhmann(主席), University of California, Berkeley; S. K. Antiochos, Naval Research Laboratory; T. I. Gombosi, University of Michigan, Ann Arbor; R. A. Greenwald, Applied Physics Laboratory; R. P. Lin; University of California, Berkeley; M. A. Shea, Air Force Phillips Laboratory; H. E. Spence, Boston University; K. T. Strong, Lockheed Palo Alto Research Center; and M. F. Thomsen, Los Alamos National Laboratory.

Ⅱ.4.1.2　科学战略的关键部分

解决中高层大气(middle-and upper-atmosphere)和近地空间科学中主要科学问题战略的发展基于4个国家目标：

1. 利用观测、实验室研究、理论和模式研究大气过程。
2. 具备所需的观测、认识、模拟能力以及转变成具有预报技巧的空间天气业务预报。
3. 记录中高层大气的变化，并研发模式能够模拟这些变化以及低层大气－地表系统变化相对应的变化。
4. 记录太阳输出的变化，确定这些变化如何影响低层大气和地表气候，并与气候记录进行比较。

Ⅱ.4.1.3　未来十年及数十年的科学需求

平流层在气候、天气预报和对流层化学中的作用

平流层在气候系统中起到两个作用。第一个涉及平流层温室气体和气溶胶(包括那些人为源的)对通过对流层顶的辐射通量的影响。平流层在气候系统中的第二个作用是在平流层与对流层之间的动力耦合。平流层在气候和天气各方面中所起作用的研究，包括：

- 模拟和观测研究平流层如何影响气候，
- 确定在数值预报模式中如何正确地表达平流层，
- 分析确定现有的及未来的平流层资料对气候和天气预报是否足够，及
- 分析确定平流层变化如何影响对流层化学。

空间天气

为了进行临近和有效预报近地空间环境的关键行为从而减少空间天气对人类健康和技术的负面影响，必须在以下前沿领域取得进步：

- 取得有关物理现象和过程的基础认识，从而可以研发近地空间系统物理模式；
- 建立基础设施把研究模式转化成为业务模式；
- 获得必要的资料，同化进入和测试空间天气数值模式；
- 改进已有的描述空间气候的统计模式；及
- 开发临近预报和数值预报能力以及使用这些模式发展减缓灾害的战略。

中高层大气中的全球变化

我们必须认识自然变率和人类活动对臭氧层的影响、平流层对对流层气候的影响以及高层大气变化对空基系统和通讯的影响。这个领域的科学需求包括：

- 20世纪40年代到60年代观测系统的历史资料分析；
- 监测中层和高层大气中的敏感参数；
- 监测来自高层空间和低层大气对中高层大气的输入；
- 认识目前还不了解的大气现象，例如中高层大气"闪电"(sprite)；
- 发展模式，这些模式能正确地处理将中高层大气与上下区域耦合在一起的重要的

根本不同的和相互作用的过程。

长期太阳变率和全球变化

太阳辐射和粒子能量输出存在着小量变化。长期很好定标的输出测量资料、认识太阳的变化以及大气的响应是这个领域的研究重点。这个课题的科学需求包括：
- 至少在一个完整太阳周期连续测量太阳能量输出；
- 研究地球温度和中高层大气化学对太阳能量输出变化的响应；
- 太阳变化与类似行星变化的比较研究。

Ⅱ.4.1.4　对国家福祉的预期效益和贡献

在高层大气和近地空间方面一个成功的研究计划，包括臭氧层长期稳定性的研究，将会提高对以下问题的深入认识，即紫外线辐射增加产生的生物效应以及中高层大气变化对空间飞行器活动和无线电通讯的影响。

Ⅱ.4.1.5　高层大气和近地空间研究任务

建议的平流层研究

平流层臭氧
- 采用有人和无人飞机进行高精度和高密度的测量。
- 使用来自地球观测系统（EOS）的平流层卫星观测仪器进行综合的高层大气化学测量。
- 发展三维平流层模式来评估平流层臭氧对不同大气排放情景的响应。

火山效应
- 改进对平流层火山气溶胶的刻画和模拟以研究平流层异质化学和辐射传输。
- 改进刻画平流层气溶胶的微物理模式以改进大气模式。
- 使大气化学模式更加接近现实的一个基本需求是改进大气模式中目前对大气化学的粗糙处理。

飞机的大气效应
- 发展包含异质化学和微物理学的三维平流层模式，使之更加真实。
- 改进平流层－对流层交换的刻画，正确处理对流层顶附近化学物质的交换。

平流层在气候和天气预报中的作用
- 验证在数值预报中包含更加真实的平流层的效果，以确定这一效果是如何影响预报技巧的。
- 更好地认识上对流层和下平流层水汽测量以改进模式。

建议的空间天气研究
- 发展物理现象和过程的基本认识，以提供空间天气模式所需要的基本知识。
- 发展更好的空间气候统计模式以提供有用的空间天气预报。
- 发展临近和数值预报能力以提供更有技巧的空间天气预报。
- 评估灾害减缓战略以保证现有空间天气预报的充分利用。

建议的中高层大气全球变化研究
- 分析历史资料以延扩资料记录来识别中高层大气中的变化。
- 监测中高层大气中的敏感参数以识别显示意外变率的参量。
- 模拟对中高层大气的输入以识别中高层大气变化的驱动因子。
- 继续研究认识贫乏的过程以确定全球变化的重要性。
- 认识和模拟化学和物理相互作用过程从而发展综合的大气环流模式。
- 区别自然和人为影响以确定它们在中高层大气全球变化中的相对重要性。
- 研究中高层大气变化对生物系统、对流层化学和气候的影响。

建议的太阳变率和全球变化研究
- 至少在一个完整太阳周期内连续测量太阳能量输出从而建立太阳辐射和粒子能量变化的范围。
- 建立地球温度对太阳输出变化的敏感性以将人为造成的温度变化与太阳引起的变化区分开。
- 确定太阳 X-射线和紫外辐射变化的大气效应以确定中高层大气化学和电离对这些变化的响应。
- 确定太阳内部的动力学以发展太阳动力模式。
- 探究太阳类恒星的变率以发展此类太阳变化的统计估计。

Ⅱ.4.2 引　　言

这一学科评估确定最具强烈社会效应的优先研究,这些效应取自 NRC 日地研究委员会和太阳及空间物理学委员会涵盖的科学学科。这些委员会涵盖的科学领域有:太阳和日球层物理学、磁层物理学、电离层物理学、中高层大气物理学和宇宙射线物理学。日地耦合系统是这些研究的主题,下面做一简单描述。然后讨论四个确定的优先研究。

Ⅱ.4.2.1 太　　阳

到达地球最为显著的太阳输出是来自太阳可见的光球层的稳定的 5700 K 黑体光子辐射。另外,还存在更加精细的太阳－地球联系,它们源于太阳不同区域以及不同的能量辐射形式。在光球层之上,太阳大气温度先在色球层中慢慢地降低,然后在光球层上几千千米的日冕中快速上升到 10^6 K。日冕由其下层次加热,其机制尚不清楚。在太阳磁场不能约束的区域,热电离气体向外扩展形成太阳风并在几倍太阳半径距离处达到超音速。

Ⅱ.4.2.2 行星际空间

行星际空间充满着稀疏但很热和快速流动的太阳风等离子体(见图Ⅱ.4.1)。由于等离子体的高电导率,太阳磁场的残余被冻结在太阳风流中。行星际磁场(IMF),一端根在太阳,另一端由于太阳自转以及太阳风外出流的共同效应被扭成阿基米德螺线。由太阳爆发产生而存在于行星际空间的高能粒子由 IMF 引导。

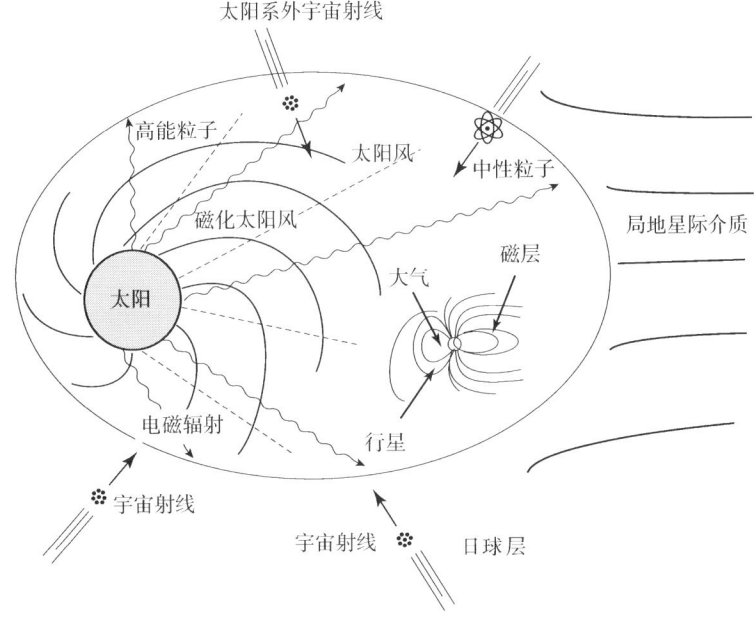

图 Ⅱ.4.1　太阳和地球的联系

Ⅱ.4.2.3　磁　　层

地球磁场是太阳风的一个障碍物。它与太阳风相互作用在太阳风流中产生了一个大空腔,称为(地球)磁层(见图Ⅱ.4.1),它环绕着地球。这一空腔在朝日面受到太阳风的冲压而被压缩,但在背日面延长成为一个非常长的磁"尾"。在保护地球免受太阳风冲击的同时,地球磁场也起到一个磁瓶的作用,俘获从太阳风中漏入或从电离层外逸的等离子体。这些等离子体在电离层中被加热、加速和输送,其一系列过程仅是部分地被认识。

在本学科评估中特别令人关注的是太阳风传播结构引发的地球磁层灾变。行星际磁场的向南转动增加太阳风向磁层的能量传输,导致范艾伦辐射、极光、地表磁场变化和高层大气加热(高层大气加热产生高速风和组分的变化)等的增加。

Ⅱ.4.2.4　电离层和高层大气

地球高层大气向外延伸几千千米,被太阳远紫外辐射部分电离,产生了大家已知的电离层。宇宙射线和高能粒子的照射和磁层粒子的沉降增加了太阳产生的电离,尤其是在极光纬度区。太阳电离辐射和加热的日变化驱动着高层大气和电离层的大尺度运动。电离层和磁层之间的电力学耦合使得磁层磁流和磁场影响电离层结构。在中性大气中的碰撞、摩擦和化学变化也强迫产生电离层结构和动力学的变化。

Ⅱ.4.2.5 中层大气

大气根据温度结构的显著变化分成数层。这种温度结构(见图Ⅱ.4.2)主要是由对太阳辐射的吸收所确定的。大气对大部分太阳辐射,即在可见光波段(400~700 nm),几乎是透明的。这导致大部分太阳辐射被地球表面吸收。来自地球表面的感热和潜热输送加热了低层大气,这解释了对流层中温度随高度的下降。紫外(UV)太阳辐射(波长小于242 nm)分解分子氧并导致了平流层臭氧的形成。臭氧反过来吸收波长稍长一点的紫外辐射(波长小于300 nm)。这些过程解释了整个平流层中温度随高度的增加。在平流层之上,在中间层温度随高度降低,一直到远紫外(EUV)辐射(波长小于180 nm)离解和电离大气气体,又导致热层中温度随高度增加。

臭氧损失是一系列化学反应的结果,其中与氢氧化物、氮氧化物和卤素氧化物的催化反应十分关键。导致这些活性成分浓度增加的任何过程将导致平流层臭氧的减少。例如,工业氟利昂(氯氟碳化物CFC)排放已增加了平流层中活性氯的浓度并产生了引起社会关注的臭氧损耗。

不同时间和空间尺度的大气波动主要是在对流层中被强迫生成。随着这些波动向上传播并且振幅增加,它们变得非常重要并成为更高高度上环流的一个主要部分。这些波动影响中层大气的动力学,进而产生许多微量大气成分(包括臭氧)的输送。由于臭氧吸收太阳紫外辐射但受到化学和输送过程的影响,因此中层大气行为取决于相当复杂的辐射—化学—动力相互作用。

Ⅱ.4.2.6 宇宙射线

除上述中性气体、等离子体和场环境外,地球还沉浸在极其稀薄的高能带电粒子(即宇宙射线)雨中。这些粒子产生于我们的银河系和其他星河系。发生在太阳上和行星际空间的一些过程偶尔加速粒子成为宇宙射线。地球磁场是这些宇宙射线轰击的阻碍物,但遮蔽效应不完满,特别是磁场开放的极区以及高纬地区。由于能量很大,宇宙射线对空间活动的人和机器可能特别危险。

Ⅱ.4.2.7 优先研究

CSSP-CSTR一份近期报道中指出了这些领域整体科学进展的优先研究。这里,我们从早些时候的报告(NRC,1995b)中更广泛的优先研究中选择一些必须执行的研究,解决如下国家目标:
- 保护生命和财产,
- 维护环境质量,
- 增强基础认识,
- 增强经济活力。

根据这些标准所选择的主题按优先级排序

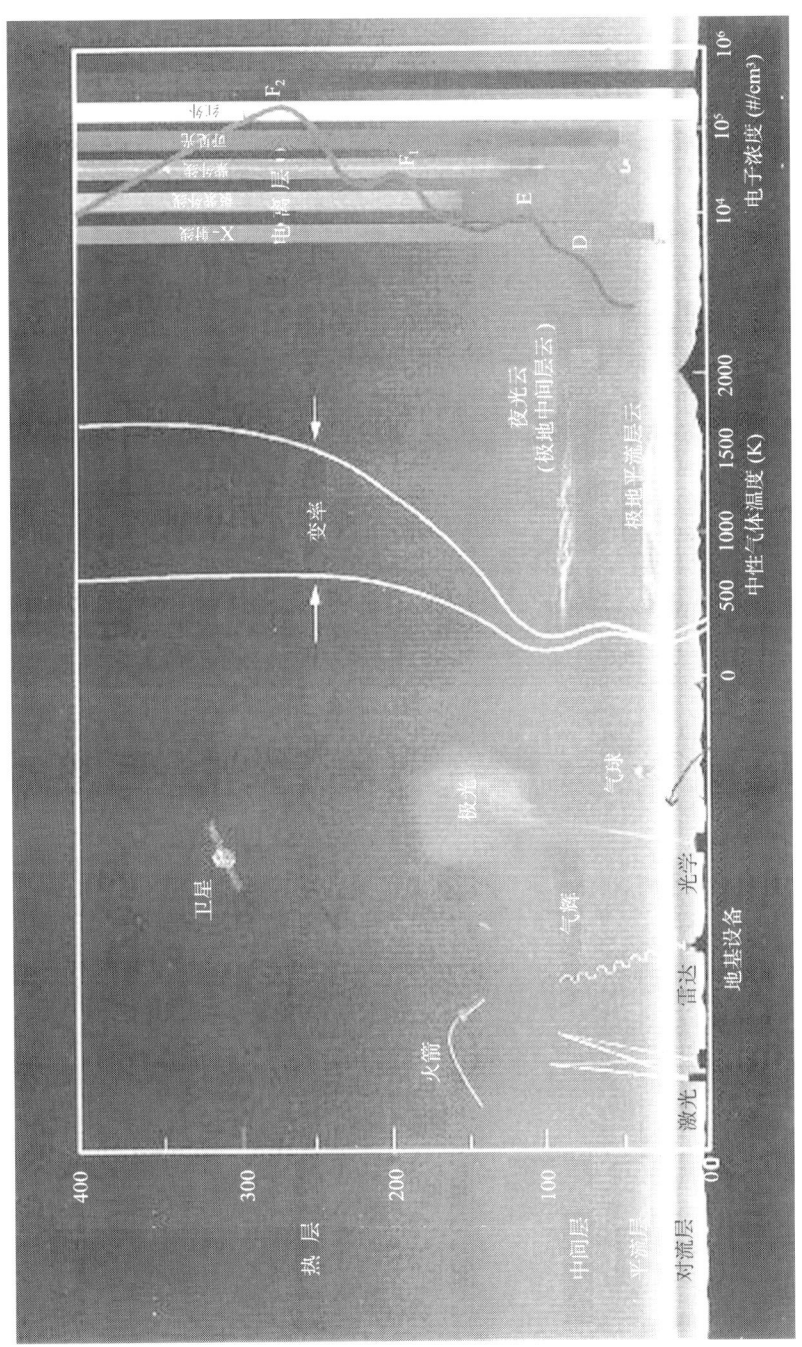

图 II.4.2 大气热力结构和电子(离子)浓度分布示意图。图中给出了令人感兴趣的不同过程所观测到的高度范围。它们包括珠母云、夜光云、极光以及那些以及那些产生电离层并激发和离解大气成分的选择性太阳光波长段的衰减。源自:J. H. Yee 及其同事,应用物理实验室,约翰斯·霍普金斯大学。

1. 对气候和生物圈重要的平流层过程；
2. 空间天气；
3. 中高层大气的全球变化；
4. 太阳影响。

这个优先级顺序不仅反映了国家的优先级而且反映了其他考虑,例如研究的时间性以及与其他大气研究领域的关联性。

"对气候和生物圈重要的平流层过程"主题的研究对于我们认识地球大气至关重要。人为产生的物质已显示正在改变平流层臭氧层；在这一领域的研究对维持环境质量是重要的。国际上已颁布了条例以禁止氯氟碳化物的未来使用,关于未来超音速运输飞机的决定可能取决于其对平流层臭氧影响的预测。因此,在这一领域的研究对于国家经济活力有需要重点考虑的事项。最后,由于平流层臭氧影响有害 UV 辐射对生物圈接受的照射量从而影响人体健康,而且臭氧变化能够影响地球气候,故而这一领域的研究很明显对生命和财产保护有影响。因此,平流层过程的研究与以上所列的四个标准都有关系。

"空间天气"包括与太阳能量释放(以 X-射线、高能带电粒子和嵌入磁场中等离子流等形式)变化相关的所有效应。通过一系列复杂事件,等离子流与地球磁层相互作用并产生极光事件、范艾伦辐射带和其他统称为"磁暴"的地球物理现象。这些事件已造成高纬地区输电网的中断和通信卫星的失控。X-射线(来自耀斑)或质子的爆发对空间活动的人员有威胁。甚至在某些条件下,在极区航线高空飞行的飞机中的乘员也暴露在很高强度的辐射中。

空间天气的强制性因其时效性而特别强烈。在气象天气预报、导航和通讯等领域的民用部门中,对空间系统的依赖性正在快速增长。这方面巨大的资源投资风险很大,除非我们发展一种空间天气预报协调方法并且发展改进的辐射灾害模型。过去几十年所进行的空间研究的结果,使我们对日地关系的认识达到了这样一个水平:现在正在发展数值模式并且努力将它们用于预报。我们无力将这一主题与"维护环境质量"相联系是该主题被归入第二优先级的原因,但是它对有人驾驶太空飞机和预报影响军事通讯的近地空间情况的重要性增加了战略要素,这些在本报告中没有进行充分探索。

中高层大气是我们大气中的一个层区,大约从 10 千米高度向外到几百千米。该区域受到来自人为效应和太阳变率效应长期变化的影响。人为引起的臭氧层变化和其他微量气体浓度变化预期将引起中高层温度结构的重大变化,在高纬地区将极其显著。这些变化将影响大气环流,包括对对流层气候、空间运行和无线电波通信的可能影响。虽然在这一区域还有许多未知,但正在建立模式,包括与动力学、化学和能量学相关的许多重要效应。与前面所列的相比,这一主题的社会紧迫性联系稍小点,因此被列入第三优先级。

在我们优先等级表上排第四的是"太阳影响"主题。太阳当然加热我们地球并维系着其上的生命。近期发现的太阳黑子周期中太阳辐射的小变化,现在猜测其在过去的气候扰动中起过作用。此外,大多数空间天气事件起源于太阳上的变化。我们对于太阳上所发生过程的认识可能是已讨论主题中最少的。然而,除了改进一些空间天气事件的预报外，我们不清楚如何能够将太阳的研究转变成短期的社会效益，例如增加经济活力和维护环境质量，但是它在驱动气候变化中可能的关键作用使它成为长期被关注的主题。

要注意，虽然基于我们最佳的判断，我们选定了优先领域和主题，但我们认为遗弃近期 NRC 科学战略报告(NRC,1995b)中含有的其他领域是鲁莽的做法。科学的进步已反复证明了在一个广阔的前沿领域进行基础研究是明智的，因为我们判断哪些领域可能有重大收益的能力(至少)还不完备。为了说明这一点，下面简单地讨论两个例子。

马可尼(Marconi)在 1901 年演示了无线电波能穿过大西洋，这使 Kennelly 和 Heaviside 独立地提出地球大气高层导电区能反射电波。英格兰剑桥的一个小组在 Edward Appleton 爵士的领导下于 1924 年首先测量了电波被反射的高度(对英国广播集团发射机中波信号的反射)。美国海军研究室的一个小组在 Breit 和 Tuve 的领导下紧随其后，研发了一种脉冲探测技术来研究垂直(即头顶)入射的反射高度随频率的变化。这些结果为电离层探测的广泛使用铺平了道路，并在二战期间证明对最佳高频通讯(武装力量依赖高频通讯)非常关键。此外，脉冲－高度技术经常被认为是脉冲雷达的前身，在二战中雷达被证明对盟国极其重要。电离层研究工作的起源完全是科学好奇心，当时完全没有意识它最终的重要性。

另外一个研究领域尽管初始阶段未列入优先研究领域，但它获得了基础性重要结果，即南极臭氧洞的发现和解释。虽然 20 世纪 80 年代中期臭氧耗减问题已受到了许多关注，卫星资料已用于平流层臭氧耗减研究，正是英国的一个研究小组，他们从 1950 年代开始在南极 Halley 湾一直进行臭氧总量的地基观测，首先注意到那里平流层臭氧在春季急骤下降。进一步，他们提出其原因可能是工业氯氟碳化物(CFCs)释放进入了平流层。也是在上世纪 80 年代，在平流层化学方面进行了许多研究，但重点是放在气相化学上。幸运的是，几个小组研究了异质化学(主要是关于对流层云中的化学反应)，并且仅在几年中就确立南极臭氧洞是由发生在极地平流层云中气溶胶表面上的化学反应造成的。这一发现很大程度上是由于涉及地基和飞机测量的指导性研究计划的实施，即旨在发现南极所观测到的极大臭氧耗减的原因。因此，重大的进展是建立在几个研究小组成果基础之上的，这表明了国家优先级不高的普通资助研究的价值，后来这些研究成为优先级极高的研究项目。

有了这些经验教训，本报告试图强调几个领域，其中我们感到在进入 21 世纪时进行一些指导性研究将获得重要收获。然而，维持高层大气和近地空间其他领域(早期 NRC 报告所讨论的,NRC,1995b)广阔的基础研究同样重要，因为这样可以为未来的知识以及对罕见的惊奇事实(有时很重要)的认识打好基础。

Ⅱ.4.3 对气候和生物圈重要的平流层过程

平流层臭氧(O_3)是地球大气中 UV-B 辐射(280～320 nm 波长)的主要吸收者。由于我们知道 UV-B 损伤 DNA 从而损害生物系统，因此任何过程，无论是自然的还是人为的，只要引起平流层臭氧减少进而造成 UV-B 增加，就要受到极大的关注。

平流层变化也通过与对流层的辐射和动力相互作用的复杂方式影响气候。一方面，臭氧减少导致大气对太阳 UV 吸收的减少，而使得更多的太阳辐射加热地面。另一方面，平流层臭氧减少导致平流层冷却，这使向下进入对流层的红外辐射能量减少，而导致对流层冷却。由于这些入射和向外辐射通量的改变，气候也会发生变化。平流层中臭氧变化也可能导致平流层风和温度分布的变化，进而影响对流层和平流层间的相互动力作用。平流层臭氧浓度的减少似乎也有可能增加对流层中的光化学活动，从而改变大气的氧化能力。

现在已有事实清楚地表明，由于人为引发的大气成分的变化，平流层已经发生变化（WMO，1995）。

地基、飞机和卫星观测已经清晰地显示，南极臭氧洞是由下平流层中增加的氯和溴浓度造成的，是人为排放的巨量含卤化合物与南极平流层下层特有的气象条件相结合的结果。类似地，北极冬季平流层下层中经常观测到氯基和溴基的增加，在北极以及纬度低一些区域（因不同气象条件）也看到了臭氧的减少，但对这些臭氧减少的原因还无详细的认识。最后，在中纬度地区特别是在北半球观测到很大的臭氧耗减（见图Ⅱ.4.3），使得广大人口暴露在增加的 UV-B 辐射之中。

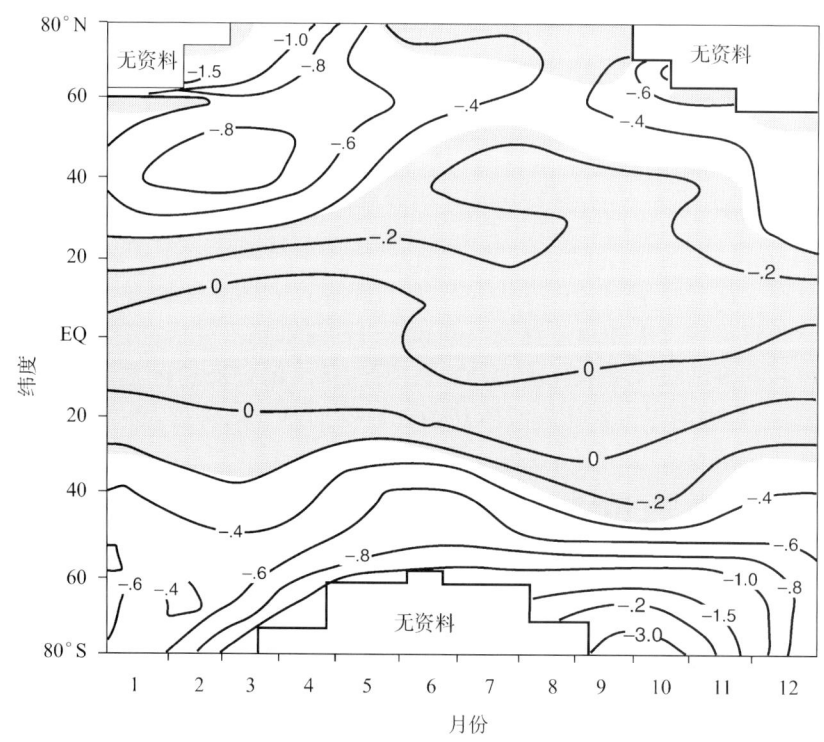

图Ⅱ.4.3 由 TOMS 观测得到的臭氧总量趋势（百分数/年）。

因此，平流层正对人类活动产生响应而变化着，且这类平流层变化能影响气候和生态圈（包括人体健康）。这种状况已使国际社会采纳了一系列法规，以减少影响臭氧的人为微量气体的排放,目的是使臭氧在几十年内回到其自然水平。

这个领域其他一些突出问题如下:

· 平流层气溶胶浓度的增加如何通过改变对流层辐射平衡和改变平流层化学来影响气候?

· 未来可能的平流层飞机飞行对大气的影响是什么?

以下,介绍六个具体领域,其中平流层效应的研究很重要(平流层臭氧、火山效应、太阳效应、准两年振荡效应、飞机的大气效应以及平流层在气候和天气预报中的作用),包括一个简要的科学背景、需回答的重要问题以及现在与未来的研究。最后,讨论由这些主题所引发的 21 世纪研究职责、它们对解决社会问题的贡献、所需要的计划和成功的度量。

Ⅱ.4.3.1 平流层臭氧

穿过大气的 UV-B 辐射主要由平流层中臭氧量决定,虽然气溶胶、对流层云和对流层臭氧也起重要的作用。UV-B 辐射对生物细胞组织是有害的。因此,观测到的臭氧减少(图Ⅱ.4.3)意味着生物圈受这种有害辐射的暴晒增加了。例如,图Ⅱ.4.4 显示广义 DNA 有效 UV 辐射日剂量的估计值,它是纬度和季节的函数对应于 1979—1989 年臭氧的平均分布,还给出了基于该时段臭氧趋势预测的日有效 UV 剂量的变化趋势。注意尽管臭氧最大下降趋势出现在北半球中纬度地区的 2—3 月份,但由于太阳天顶角的年变化,UV 辐射最大的增加见于此段时间之后。只有布设最新一代的研究仪器,臭氧和 UV-B 辐射的推测关系才能被验证(图Ⅱ.4.5)。先前的业务网络满足不了测量资料的需求。

平流层下层臭氧起到温室气体的作用。如前所述,它起两个不同的作用——太阳辐射的吸收者和红外辐射的发射者。由于这些作用,臭氧变化对于对流层气候的影响取决于臭氧变化发生的高度。模式表明地面气候对于对流层顶附近的臭氧变化最为敏感,在那儿温度是最低的(见图Ⅱ.4.6)。

这些考虑,与南极臭氧洞是由人为卤烃排放造成的这个事实一起,对国际政策产生深刻的影响。蒙特利尔协议伦敦修正案(1990)和哥本哈根修正案(1992)以及美国清洁空气法规修正案已加速了许多卤烃的退出。这些行动似乎已经产生了其所期望的效果,因为近来的测量已显示氯氟碳化物和卤烃的增长率在减缓,而 CFC 替代物正在大气中积累增加(WMO,1995)。这些结果通过全球观测网的记录,证实排放控制正在对大气中的卤烃浓度水平产生有益的效果。然而,根据模式,臭氧耗减至少在下一个十年还要恶化(WMO,1995)。决策者们继续向全球科学界咨询意见。我们预报未来臭氧层的水平如何? 为此将需要回答以下关键科学问题:

· 什么过程造成北半球中纬地区所观测到的臭氧耗减,为什么比现有模式预测的还要大?

· 在未来 20 年全球臭氧损失和地面 UV 增加将是多少,届时大气中的卤烃浓度水平将达到峰值吗?

· 在同一时期北极(南极)臭氧损耗和地面 UV 增加可能是多少?

- 全球下平流层臭氧损失、地球大气系统辐射强迫和气候变化之间的定量关系是什么?

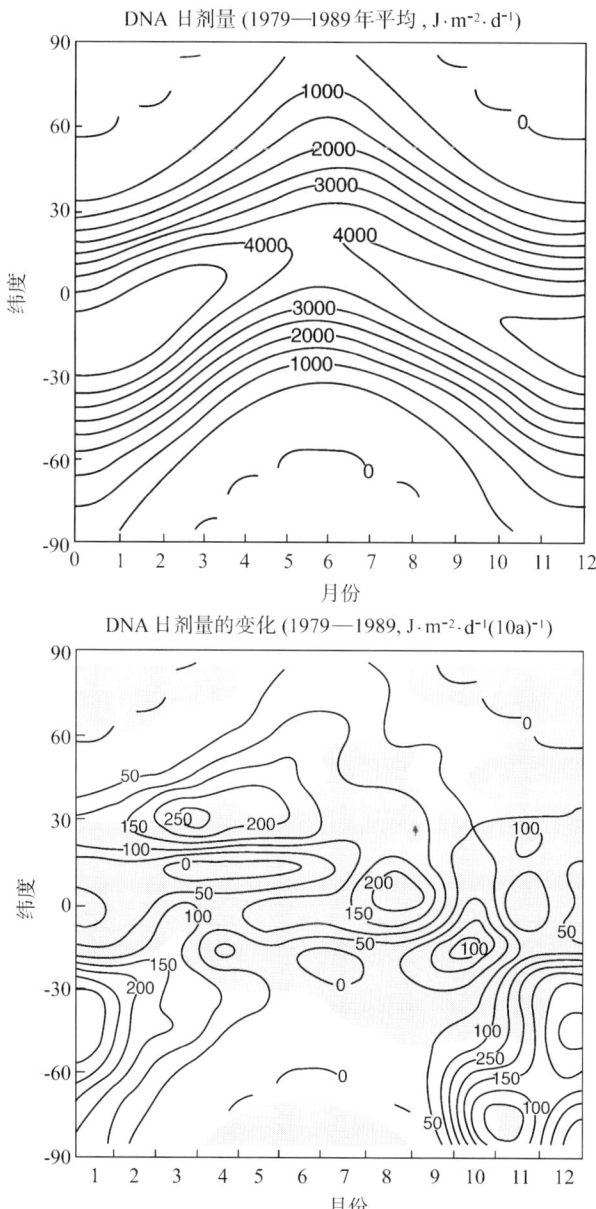

图Ⅱ.4.4 广义 DNA 有效 UV 辐射日剂量的估计值:季节和纬度分布(1979—1989 年)。

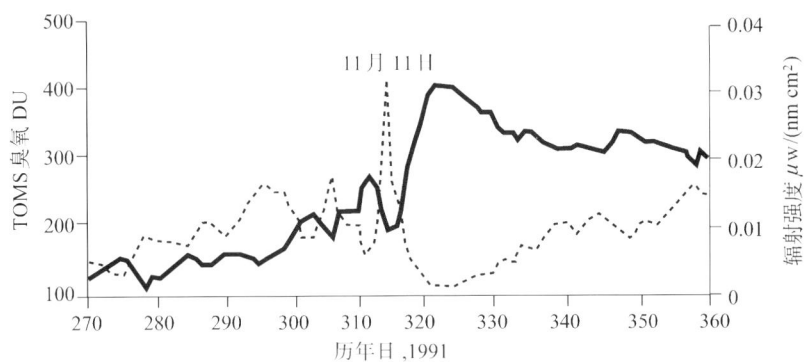

图 Ⅱ.4.5 南极春季 300 nm 辐射强度（点线，右纵轴）和 SBUV 臭氧（粗线，左轴）。

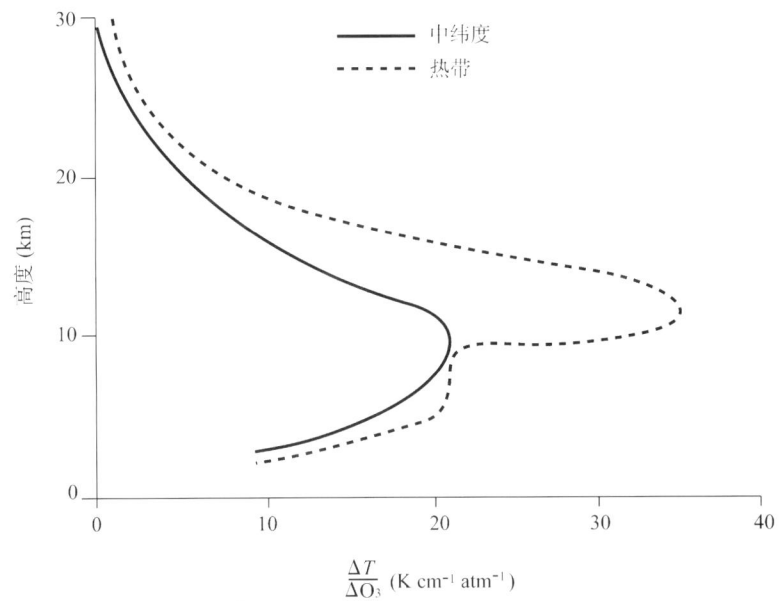

图 Ⅱ.4.6 由于不同高度臭氧扰动引起的地表温度变化（每单位局地臭氧变化）的计算值。地表温度敏感曲线对应于中纬度（实线）和热带（虚线）大气条件。源自：Wang 和 Sze，1980。

- 南极臭氧洞（预期在 21 世纪继续存在）的全球效应是什么？
- 我们对甲基溴在臭氧耗减中的作用认识如何？
- 何时臭氧层开始修复？

目前，在这些基本领域有许多研究，并发展了未来计划的建议。欧洲和美国进行了大规模的飞机测量实验以更好地认识平流层过程，特别是在北极和南极平流层下层。这些实验一般使用高低空飞行两种飞机，高空平流层飞机进行实地测量，而低空飞机进行遥感测量。为了更好地认识过程以及建立一些站点温度与成分的趋势，也开展了许多平流层地基测量。一个地面 UV 网已布设,但如前所述,由于仪器测量和定标不足,该网络还不能进行给出地面 UV 趋势的检测所需的测量。虽然研究型测量能够进行这种观测(图Ⅱ.4.5),但在业务运行环境中还很少使用。平流层臭氧的光化学模式已建立,但这些模式不能正确地预报在平流层上层测得的臭氧浓度水平或平流层下层中测得的臭氧减少。交互式三维辐射-动力-化学平流层臭氧模式还不成熟,但从这些模式的简化版本中已获得了许多认识。野外测量和实验室工作两者都正在认识那些对平流层臭氧有威胁的人造化合物,如甲基溴和 CFC 的替代物(它们的大气浓度正在快速增加)。最后,高层大气研究卫星(UARS)已提供以前从未进行全球观测的化学物质的非常宝贵的观测资料,以及太阳通量、高能粒子和风的观测资料,因而建立了平流层过程的全球图像(以前无法实现)。

这一领域未来计划应该包括采用无人驾驶飞机、平流层卫星观测、平流层模式建立和地面 UV 辐射的测量。下面详细叙述这些计划。

飞机观测已在阐明极地臭氧物理和化学中显示其巨大价值。在特定区域使用这些飞机进行许多大气参数高精度和高密度测量已经产生了认识上的巨大进步。然而,这些飞机仅能在下平流层中飞行,而且在遥远地区使用这些飞机非常困难且耗资很大。目前正在研发无人飞机,这种飞机将携带很多载荷飞得更高,运行花费更少,且不受有人驾驶飞行的安全限制。继续发展这些飞机并广泛用于认识平流层化学非常重要。

UARS 和早期的 NIMBUS-7 卫星已显示卫星观测对平流层研究的作用。但 UARS 观测有重要缺陷,即缺少烃基(OH)观测以及极地冬季综合化学测量很少。下一个综合平流层卫星测量的机会将由 EOS 提供,预期在 2002 年发射使用。那时大气将已经产生很大的变化,因此 EOS 测量应显示不同的化学特征。这些综合平流层观测按计划进行十分关键。

综合三维平流层模式正在发展。还很少使用三维平流层模式来评估平流层臭氧。为了将来做评估以及验证未来大气对目前化学物质使用法规的响应是否像预期的那样,需要继续发展综合三维平流层模式。

应使用改进的 UV 监测仪器来验证我们对到达地面 UV 通量控制因素认识的正确性,并验证用于未进行测量地区的计算方法。UV 通量对生物研究非常关键。

Ⅱ.4.3.2 火山效应

南半球春季南极臭氧洞的发现刺激了对臭氧总量这种意外减少原因的大量研究。发展的模式认为异质化学反应使化学性质相对不活泼的氯类(通常称为库物种)转化成活泼氯类(根),催化臭氧的损耗。这些模式预测,后来通过观测得到实证。损耗臭氧的反应发生在平流层下层,这里温度很低并出现了极地平流层云(由硝酸和水组成),从而提供了化学反应发生的表面。这一知识已刺激了异质化学研究兴趣的增长。

在 20 世纪 80 年代,有迹象表明 1962 年阿贡火山和 1983 年厄尔奇琼火山爆发后平流层臭氧减少。之后,有人提出在像皮纳图博(1991 年)火山喷发后在平流层形成火山气溶胶,其表面上可能发生异质反应。平流层气溶胶水平在皮纳图博火山爆发前后的比较由卫星观测提供。事实上,后来的飞机野外试验的确证实了平流层下层破坏臭氧的化学反应是来自于皮纳图博火山气溶胶上发生的异质反应。此外,很久以前就已知道,在大的火山爆发后,增加的平流层气溶胶量既增加太阳辐射的后向散射又增加其吸收。因此,预期地表温度降低而火山气溶胶所在高度的温度增高,事实上这些都曾观测到,虽然从自然变率中提取出相对小的信号应特别小心。

我们当前的认识是,大火山喷发导致平流层气溶胶载荷的增加引起大气辐射平衡和平流层大气化学的扰动。因此,为了进一步认识需研究下列问题:

- 过去几十年平流层气溶胶浓度的演变如何影响平流层臭氧的演变?
- 重大火山喷发对对流层和平流层温度的效应是什么?观测结果与模式预报的一致性如何?
- 我们能否观测重大火山喷发引起的平流层中化学元素族(例如,氮氧化物 NO_X)中物种分布的差异?
- 模式能否解释在背景大气和火山气溶胶条件下所出现的平流层化学差异?
- 大火山爆发对大气的净化学-辐射-动力效应是什么?

在近十几年中,几次重大的火山喷发已影响平流层。特别地,皮纳图博火山喷发发生在许多观测系统已用于观测平流层之时。已发展了微物理模式并与大气输送模式融合,试图认识火山引发的平流层气溶胶的演变。对发生在火山气溶胶上的异质化学反应的认识有了快速的发展。一些观测表明在平流层气溶胶粒子存在时预期存在的化学分离事实上确实发生了。一些大气环流模式运行以考察火山爆发所预料产生的气候效应。未来研究计划包括改进平流层气溶胶的刻画、改进微物理模式和改进异质化学的处理。

关于平流层气溶胶组成成分、表面特征等信息还缺乏。然而,这些特征在考虑异质化学反应和辐射传输中是十分重要的。最近几年来,已发展了几个微物理模式来刻画平流层气溶胶,但还要做更多的工作。为了更加真实地刻画大气和改进预报能力,这些模式应与动力和异质化学模式结合。实验室和野外测量已显示异质化学在平流层中非常重要。但是,这种异质化学在模式中的处理还很粗糙。需要在大气模式中更加现实地处理异质化学,并与详细的微物理模式耦合。

Ⅱ.4.3.3 太阳效应

平流层中臭氧和其他化学成分的浓度受到光解过程的影响,因而受到透过大气的太阳紫外辐射量的影响。因为太阳短波辐射强度随太阳活动而变化,所以预料平流层气体浓度(包括臭氧)随着太阳约 11 年的周期而变化。也可预料臭氧和其他化学成分响应太阳辐射 27 天时间尺度的变化,对应着太阳的自转周期。虽然中层大气中化学组分的这些自然扰动一般小于近期的人为效应,但却是重要的,后面展开讨论。

Ⅱ.4.3.4 准两年振荡效应

在赤道低平流层中,大气波动(重力波和赤道行星波,如 Kelvin 和混合 Rossby-重力波)与平均流互相作用,产生平均纬向风的振荡,风场从东风转向西风,平均周期约 28

个月。这就是大家已知的准两年振荡(QBO)。虽然风的振荡局限在平流层低层中,但是它似乎调制全球平流层环流,因而调制臭氧的经向输送和极地冬季温度。根据 QBO 相位的不同,这一效应调制南极臭氧洞的严重程度以及全球臭氧浓度。

有人认为 QBO 显著地影响对流层,包括大西洋飓风的数目。目前还不清楚这种影响如何产生,但有一个想法是 QBO 影响热带对流层上层风切变,接着影响飓风形成阶段出现的深对流的特性。需要更多的研究来认识 QBO 及其对大气环流的影响。

Ⅱ.4.3.5 飞机的大气效应

现代平流层臭氧研究的一个很大原动力根源于 20 世纪 70 年代超音速飞机运输的研究。那时的关注是这类飞机将向平流层排入大量的水汽和氧化氮,这些物质可能引起臭氧的催化性损耗。从那时起,航空业大大增长,并且包括太平洋地区长距离航线的快速增长。现在,正在发展下一代超音速民航运输计划。这一计划涉及评估提议的飞机运行对平流层的影响,特别是对平流层臭氧的影响。

这类研究将重点放在平流层光化学模拟上,因为目前没有其他方法可用于预测超音速运输的效应。这项工作特别关注现在的模拟能力。例如,二维模式已广泛地用于模拟卤烃对平流层臭氧的影响,这种研究方法有一定道理,因为含卤烃气体生命期长,在进入平流层之前在对流层中已经充分混合。另一方面,飞机排放物在飞行路线上堆积,且由于许多排放物生命期短,所以没有充分混合。因此,飞机的大气效应分析必须作为一个三维过程来处理。

此外,飞机排放物是堆积在平流层低层,对流层顶附近,这里是一个很难用模式正确模拟的区域,因为在这个区域,非常复杂的对流层化学与平流层化学结合在一起。还有,平流层和对流层间的物质交换,即平流层—对流层交换(STE),还没有很好地认识。另外,发生在环境气溶胶和飞机排放气溶胶上的异质化学反应也需关注。为了进行这一问题相关的模拟工作,必须在实验室测定平流层中出现的各种条件下的许多反应速率,必须开展实际大气测量以验证我们的认识和模式的正确性。

决定是否要建立高空飞机大队及如何运行它们,很大程度上取决于科学界具有的正确预报这些飞机的大气效应的信心。为了在这一领域获得有意义的认识,必须回答下列关键问题:

- 超音速飞机大型编队对大气成分和结构的影响是什么?
- 使用二维模式模拟飞机对三维大气影响的局限是什么?
- 在化学输送模式中我们如何正确地表达平流层—对流层交换过程?
- 在火山增强平流层气溶胶条件下和背景大气条件下超音速飞机的大气效应有什么不同之处?
- 飞机大气效应在极地地区将是怎样的?
- 飞机效应在不同氯荷载条件下将是怎样的?

在过去几年中,已实施了广泛的计划来评估目前飞机飞行的大气后果,并预测未来亚音速和超音速飞行的影响。已建立了实验设施来测量目前飞机和设想的飞机发动机的排放物。实验室研究正在继续测量转换飞机排放物的化学反应和影响大气组分的化学反应的反应速率。正在发展模式来预测飞机排放物在离开排气管到它与大气混合之时发生的转换过程。已研制出模式用来预测目前和未来飞机编队运行引起的大气组分变化。目前,这些模式大部分是二维的,但有几个三维模式开始建立。为了获得实质性进步,需要更加真实的三维模式,还需要更好地刻画 STE 过程(尤其是飞行路线上的)。这些模式需要更好地处理气溶胶物理学和异质化学。平流层-对流层交换的性质尚未有足够好的认识,因此,目前还不能令人满意地把它融入模式处理中。要获得这些过程的必要认识,必须开展观测活动及模拟工作。

Ⅱ.4.3.6 平流层在气候和天气预报中的作用

平流层在气候系统中至少起两个作用。第一是平流层微量气体和气溶胶对地表-对流层系统辐射平衡的作用。臭氧和气溶胶通过吸收和反射太阳辐射减少对流层顶处向下的辐射通量。另一方面,臭氧、二氧化碳(CO_2)和其他几种痕量气体通过发射长波辐射增加向下的辐射通量。平流层在气候系统中的第二个作用是通过对流层与平流层的动力耦合进行的。平流层环流影响对对流层波动的垂直传播,但这一过程对对流层环流的反馈还没有很好地认识。

在认识一些气候方面的问题中考虑平流层是十分重要的。例如,CFCs 是温室气体,因此其浓度的增加会导致全球增温。CFCs 还导致平流层臭氧耗减,并且可能对在平流层低层中观测的臭氧减少负责。由于平流层低层臭氧本身是一种温室气体,因此当考虑 CFCs 对平流层臭氧的效应时,CFCs 对辐射传输和臭氧耗减的组合效应导致较小的温室增温。当比较平流层低层温度趋势与模式预测时,既考虑 CO_2 的温室效应又考虑臭氧耗减的效应是十分重要的。

为了刻画平流层在天气和气候中作用,提出以下几个关键问题:
- 平流层中的过程如何影响未来气候状态的预测?
- 如何在数值预报模式中改进对平流层的描述?
- 现在和未来的平流层资料源(如水汽和风)对于气候和天气预报是否充分?
- 现有模式能正确地模拟对流层-平流层相互作用吗?
- 对流层-平流层系统不同的模式之间如何比较?

一些活跃的研究领域正在发展。已存的辐射化学气候模式可用于研究与对流层-平流层相互作用有关的一些问题,但大多数相对比较粗糙(不管是一维还是二维的)。关于动力-辐射相互作用已做了一些模式工作,但有时给出了不同的结果。例如,一种大气环流模式预测 CO_2 浓度倍增将导致冬季平流层低层增温,而另一些模式没有给出这样的预测。这个问题在认识未来北极臭氧洞出现前景时极其重要。已发表的几篇研究论文指出在数值预报模式中更好地包含平流层将导致预报技巧提高,但这类研究还没有大范围的运行检验。

为了取得深入进展,应更好地理解在数值天气预报模式中考虑实际平流层的作用。另外,模式应该互相验证并为观测资料所验证。在对流层上层和平流层下层中更好的水汽观测也是需要的。辐射和化学模式都需要这种资料。

Ⅱ.4.3.7 关键创新点

以下讨论未来 15 年的一些关键创新点，它们在上述研究问题中将获得进展。这些创新由科学领域组织，应注意虽然它们已在特定的科学领域列出，但其中许多在其他领域也将是有用的。在所有情况下，都需要一个战略来组合观测、实验室研究和模拟。

平流层臭氧

·无人飞机的开发和应用：飞机观测已表明其在阐明极地臭氧物理和化学中的巨大价值。在特殊区域运行飞机并进行许多大气参数高精度和高密度的测量的能力已在认识上产生了巨大的进步。然而，这些有人驾驶飞机的飞行上限高度限制在平流层低层，并且在遥远地区飞行很难且价很高。正在研发无人驾驶飞机，它将携带大载荷到达更高的高度，运行花费更小，并且不受有人驾驶所受的安全限制。重要的是无人飞机在平流层研究中有一个确定的作用。对其他独特平台（例如 NASA 的 ER-2 和国家科学基金会 NSF 的 WB-57）的支持也是重要的，因为这些研究飞机有能力携带大的科学载荷到高的高度上。

·平流层卫星观测：卫星观测，例如 UARS 的那些观测，对平流层研究有重大的影响。然而，测量还有局限，缺少 OH 观测，而且仅在一个南半球冬季有综合化学测量。综合平流层卫星测量的下一个机遇将落实在 EOS 使命上。

·平流层模拟：综合的三维模式正在开始发展。三维模式还很少用于平流层臭氧的评估。为了未来做评估及验证大气对现有控制的响应，这一领域需要取得持续发展。

·监测地面 UV 辐射：需要用改进的 UV 监测仪器来检验我们对到达地表 UV 通量的控制因子的认识是否正确，并检验将用于无测量地区的计算方法。正是这种 UV 通量对生态研究是极其重要的。

火山效应

·改进平流层气溶胶的刻画：缺乏平流层气溶胶组分、表面特征等的信息。但这些特征在考虑异质化学和辐射传输中极为关键。

·改进微物理模式：近几年来，已发展了几个微物理模式来刻画平流层气溶胶。还需要做更多的工作，而且这些模式应与动力和异质模式结合从而更加真实地刻画大气以及改进预报能力。

·改进异质化学的处理：实验室和野外测量以及在模式中均已显示异质平流层化学是非常重要的。但是，这种异质化学在模式中的处理还很粗糙。需要在大气模式中更加真实地处理异质化学，而且这些处理应与微物理模式耦合。

飞机的大气效应

·更加真实的三维模式：应该研制出模拟飞机大气效应更加真实的三维模式。这些模式需要更好地处理气溶胶物理学和异质化学及平流层－对流层交换。

·关于通过对流层顶物质交换的更好信息：对流层中典型的温度随高度下降和弱稳定性在平流层中反过来。虽然平流层温度随高度增加，但导致的平流层稳定度不足以阻正如辐射活性粒子或臭氧耗减物这类物质在平流层－对流层之间的交换。

• 平流层－对流层交换更好的刻画：平流层－对流层交换的特性还未有足够好的认识，还不能来用验证模式的处理。为了更好认识这些过程，需要有结合模拟研究的观测活动。

气候和天气预报

• 天气预报：在数值天气预报模式中包括更加真实的平流层的作用，必须更好地认识。应发展以真实方式包含平流层的数值天气预报模式的版本。为了看出包含平流层如何影响这些模式的预报技巧，需要回溯的和实时的预报检验。

• 模式的验证：包括对流层和平流层的大气环流模式，必须用观测资料进行更好地验证。还有，模式之间必须仔细地进行互相比较，这样才能认识它们不同表现的原因。

• 水汽：需要在对流层上层和平流层下层中进行更好的水汽观测。辐射和化学模式都需要这种信息。

Ⅱ.4.3.8 成功的度量

一个成功的项目将对影响中层大气物理和化学行为的基本化学、动力和辐射过程提供大为改进的定量认识。它将减少一些关键的不确定性，这些不确定性影响中层大气的臭氧和其他化学组分的行为，尤其在平流层下层，这里观测到大量臭氧耗减。一个成功的项目还应提供确定是否可能采取措施来增加臭氧层和地球气候的长期稳定性所需要的信息。

Ⅱ.4.4 空间天气

地球并非处于一个不变而温和的真空中。相反，它被强烈的太阳风包围，太阳风用来自太阳的连续超音速等离子流充满着行星际空间。太阳风与地球磁场相互作用（见图Ⅱ.4.7）产生了一个叫磁层的动力结构。太阳风出流的空间和时间变化，对应着太阳磁场的空间和时间变化，对磁层有着深厚的影响。在太阳风、磁层和电离层中由太阳变率造成的粒子、电场和磁场的随时间的复杂变化通称为"空间天气"。空间天气范围不同于传统已知的低层大气的天气范围（对流层气象学）。它包括在本"学科评估"引言中所提的那些区域，这些区域对来自太阳上的瞬变现象最为敏感。物理上他们以不同方式互相联系；这种耦合使得空间天气本质上是一个交叉学科。

像低层大气的天气那样，空间天气的研究有两个主要推动力：（1）基础研究聚焦在探索和认识联系日地系统基本单元的物理过程，（2）应用研究聚焦在发展有用的能够预报空间天气相关的变化的物理模式。与第2点相关，空间天气的不同方面对地基和空基技术资产以及对在空间或高空工作的人员可能有有害的影响。由于我们对空间系统的依赖性持续增加，那么我们对空间天气的脆弱性也在不断增长。第一颗粗糙的无人卫星约在40年前发射升空。现在，仅在地球静止轨道上就有200多颗复杂的卫星在运行，并且在低地球轨道中经常有人飞行。在未来几十年中，我们预见在空间中将有数百颗技术先

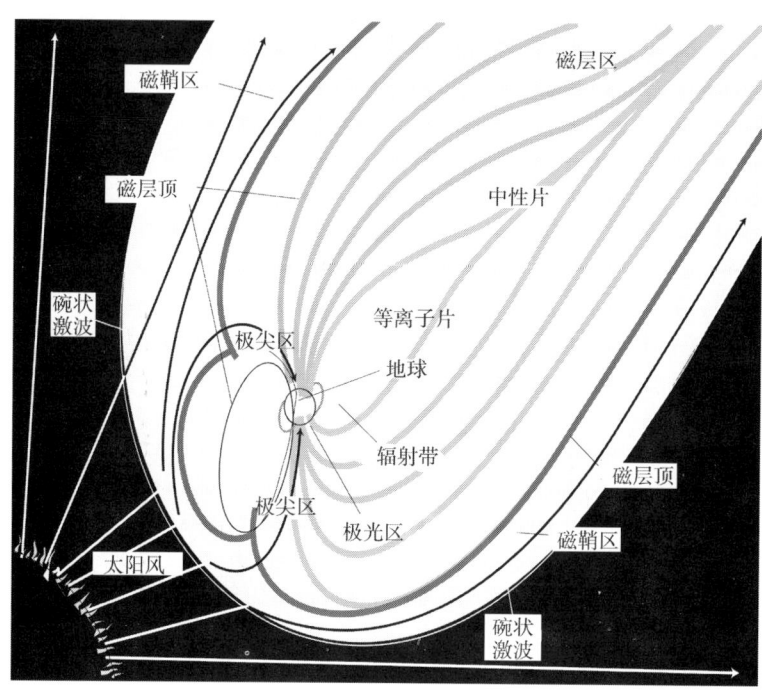

图 II.4.7 太阳和地球的联系

进的卫星运行并有几乎连续的载人飞行。

空间天气对卫星性能和人体健康的影响已有很好的记录。1989 年两个扰动期的一些影响列在文字框 II.4.1 中。自然出现的空间辐射和由空间环境引发的飞行器上的电气放电都能损坏和/或毁坏关键的空间飞行器组件。单个高能重离子的电离能随机地改变电子逻辑电路的状态，因而使空间飞行器处在危险之中。电离层结构的改变能对关键的民用和联邦导航和通讯系统有不利的影响。航天飞机或空间站上的宇航员，还有即使是在极地航线飞机上的人员，也都处在日地相互作用而引起辐射环境变化的危险之中。空间天气变化在地球表面上也有负面的影响。对大范围供电网的依赖已导致了电力供应对由近地空间时变磁场感应产生的瞬变电流的大范围脆弱性。当我们在空间活动增多以及我们变得更加依靠先进的通讯、导航和其他重要功用系统时，这些脆弱性将可能随着技术进步而增长。

我们对空间天气的认识，对其目前状态详细描述的能力，以及我们预报这种状态变化的能力都处于初级水平，或许就同上世纪 50 年代对流层气象学的水平那样。空间天气研究项目的目的是要把我们现在分散的认识转化成有机联系的知识体系，这样才能发展可靠的空间环境和与空间天气相联系的变化的数值模式。就如同将气象学能力延伸至平流层高度对商业飞机完全开发利用是十分关键的那样，将气象学范例应用于空间天气对于空间技术的完满利用也是非常关键的。在这一探索中应认识到长期（年）和短期（分钟）的变化都是重要的。以下描述太阳变率以及在太阳风、地球磁层、电离层和高层大气中出现的相应变化。

文字框Ⅱ4.1　1989年空间天气扰动的一些后果

1989年3月13—14日
- 大功率电站停运使加拿大魁北克省大部分地区停电达9个多小时。同时,瑞典中部和南部的输电线发生了停电。
- GOES 7 失去图像,并有一个通讯中断。
- 7个商业卫星需177次人工操作干预以维持运行姿态的定向。这比通常一年的常规操作数目还多。
- 许多LORAN(罗兰)导航问题。难以使用高频无线电通讯提醒用户这些问题。
- 加利福尼亚高速路巡警的通讯信息盖过了明尼苏达州的通讯。
- 海下电缆中大的电压摆动。

1989年9—10月
- 协和飞机上辐射遥感器资料指示乘客和机组人员受到的辐射剂量相当于一次X-光检查。
- 航天飞机阿特兰蒂斯上宇航员报告眼睛"闪光",由高能质子穿过光学神经而引起。
- 计算表明在月球上未穿防护罩的宇航员可能受到"致命"的辐射。

Ⅱ.4.4.1　科学基础

空间气候

为了认识耦合日地系统的动力行为和它可能的有害影响,必须首先了解它总的时间平均状态和极端状况,与平均的长期平均(即"空间气候")偏差。在本"学科评估"的引言中,已大纲式描述了组成日地系统四个耦合区域(太阳、行星际空间、磁层和电离层-高层大气)气候的某些特征。空间气候模式目前特别重要,因为,现在我们提供准确和特殊空间天气预报的能力还相当有限。确实,对空间气候而不是空间天气的知识主要为工程师所应用,他们设计建筑的系统能承受百年一遇的洪水和风暴。这种制造宗旨可能导致低效高花费的过量设计。将来,可靠的空间天气预报能力的产品可能给设计者以信心去建设"巧妙的"系统,这些系统充分利用对恶劣条件的认识。同时,改进空间气候模式有效性是达到认识和减轻空间环境效应的第一个重要步骤。

空间天气系统

太阳是一个变化的星体。受太阳内部动力驱动,太阳磁场不断演变。这种演变造成了众所周知的约11年周期的太阳活动。太阳磁场造成太阳外层大气(日冕)是高度结构化的。即使太阳相对宁静时,近地球太阳风也变化很大,因太阳自转(约27天的周期)产生不同的日冕区面向地球。近地球太阳风流速约在300至850 km/s之间变化,密度范围约为$1\sim50\ cm^{-3}$,以及磁场强度在约1到30 nT之间变化;平均值分别约是400 km/s,$8\ cm^{-3}$,10 eV(电子伏),和5 nT。与标准阿基米德螺线方向大的磁场偏差是常有的。这些太阳风时间变化经常组织成为高和低速流交替的流场,作为行星际空间发生压缩的结果通常在高速流的前沿密度和场强最强。当在高速流前沿压缩区中的磁场指向南时,太阳风激发地磁活动是特别地有效。

太阳活动最激动人心的形式是太阳耀斑和日冕物质抛射(CMEs)(见图Ⅱ.4.8)。耀斑由时间尺度在数秒到数小时很宽频率范围内的电磁波辐射增强所辨别。在耀斑过程中,粒子经常被加速到高能状态。CMEs是大量太阳物质突然被抛射进入太阳风中的事

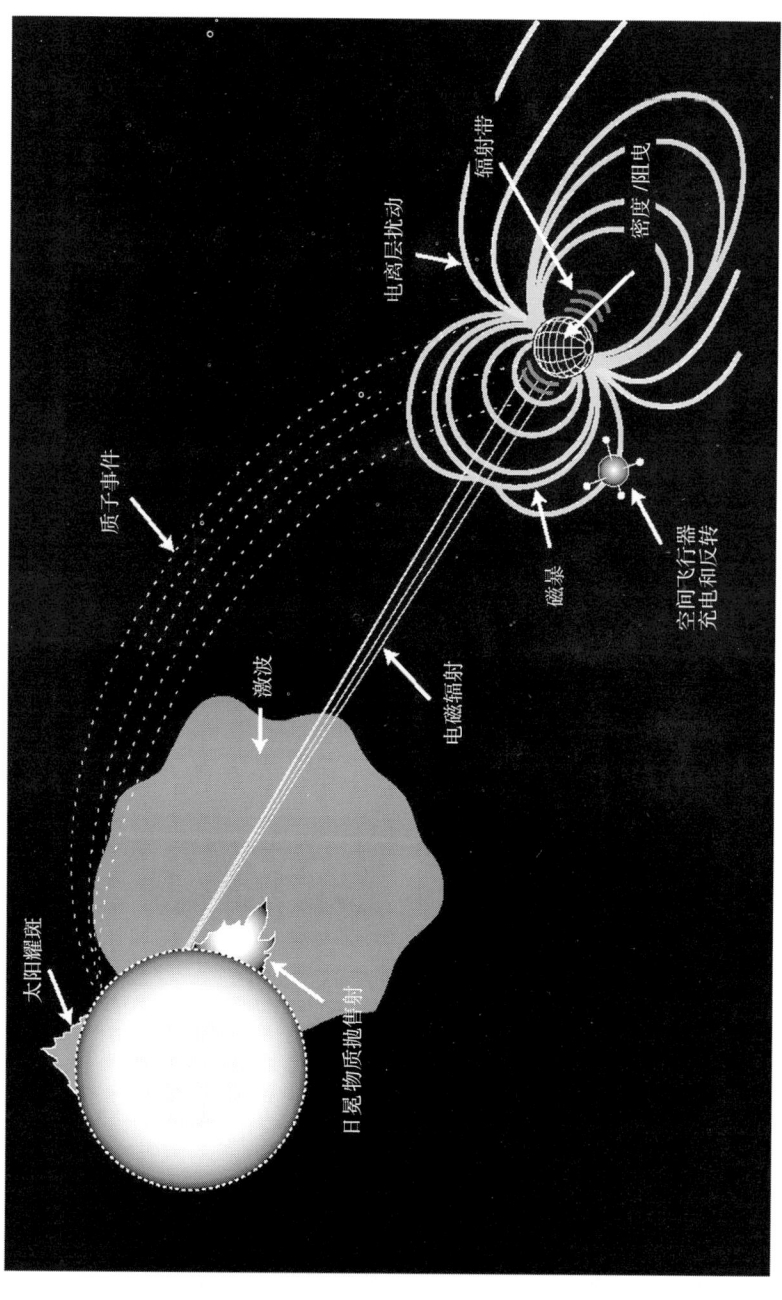

图Ⅱ.4.8 太阳耀斑和日冕物质抛射(CMEs)。

件。他们来源于太阳日冕中闭合的磁场区,这些日冕先前未加入太阳风的扩张中。虽然耀斑和CMEs是不同的现象,但两者似乎都来自太阳大气中不稳定磁结构所储能量的释放。特别地,耀斑通常在束缚在太阳大气中的闭合场线上观测到,而CMEs的特征是开放的行星际空间的场线上的物质运动。CMEs有宽的向外速度范围。快速的CMEs经常在太阳风中产生巨大的冲击波扰动。当这些扰动所产生的最强行星际磁场中包含有向南到达地球的分量时,它们对激发地磁场活动特别有效。

伴随着快速CMEs驱动的冲击扰动,在行星际空间中经常观测到强烈而又持续时间长的高能粒子事件,通常叫作太阳高能粒子(SEP)事件。这些粒子增强的时间变化廓线在不同事件中各不相同,取决于地球相对于行星际扰动传播方向的位置。然而典型地,在行星际空间中的主要高能粒子事件开始于快速CMEs升离太阳后不久,一直继续到数天以后CMEs驱动的冲击波经过地球。虽然,在主要SEP事件中观测到一些高能粒子经常在近太阳耀斑点被加速,但在大事件中大部分高能粒子似乎是冲击波加速过程的结果,冲击波加速过程发生在太阳日冕外层和行星际空间中。

在行星际空间中太阳变率的不同展现造成了磁层和电离层两者的响应,如图Ⅱ.4.8中所示,图Ⅱ.4.9显示与空间天气特别相关的磁层区,包括磁层顶、磁层腔的外边界;尾部等离子片,一个在地球阴面热等离子扩展通过地磁尾部中间平面的区域;近地球等离子片,即尾部等离子片向阳面扩展进入环内磁层区域一直到阳面磁层顶;等离子层,一个相对靠近地球以从电离层逃逸的粒子为主的浓密、寒冷的等离子区域;辐射带,由磁陷获的高能离子和电子($\sim 10^6$ eV);和环电流,一个准陷获、高温等离子区域,这些等离子携带电流很大,在地球表面可以探测到。所有这些区域都沿地磁场线连接到低高度。例如,极光辐射发生的卵形体是高地磁纬度等离子片在低高度的投影。近地磁极区的场线与行星际磁场相连,这叫着磁"开放"。

当地球上行星际磁场包含一个向南的分量,从太阳风向磁层的能量输送要增加,并且磁层受压迫。当磁层从这种压缩状态舒张时,强等离子加热和粒子加速就出现在近地等离子片中,增强的粒子降落到高纬高层大气中,同时出现极光的发光和运动,并且电流从磁尾向下转向夜侧电离层。能量的这种全球释放称为一次磁层亚暴。因为嵌在太阳风中的磁场经常包含一个向南的分量,即使在太阳风未受扰动时,也是如此,所以磁层亚暴典型出现率是每天1到数个。

如上所述,特别强的地磁响应由通常包含在高速流前沿压缩区域中的强南向磁场所激发,以及由快速日冕物质抛射驱动的行星际冲击波扰动所激发。以此方式激发的地磁活动经常维持几天;这段时间称为地磁暴。伴随大的地磁暴出现的电场和磁场扰动能扩展到地球表面,驱动强的地电流。在这类最强事件中也可能形成新的瞬时辐射带。

因为太阳和行星际事件在频率和强度上随太阳活动周期而变化,所以地磁活动也是如此。最为严重的地磁暴常常与由快速CMEs驱动的行星际扰动相伴,因此在太阳活动峰值附近时最为常见。与高速流压缩区域相关联的地磁暴一般不严重,但趋向在太阳27天自转周期上重复发生,特别是在太阳活动周期的下降相位期。此外,由于未知的原因,复发的磁暴在辐射带外缘对加速电子至百万电子伏特能量是更加有效。因此,在接近太阳活动最低峰处这些具有百万电子伏特能量的电子通量在磁层中被抬升得特别高,而且这些通量增加趋于在 27 天间隔重复发生。

在所有局地时刻和纬度上电离层－高层大气系统也对外部空间环境的改变产生响应。地球大气的上缘位于磁层的低层扩展区,包含中性和带电两部分。带电部分叫电离层,并且与高层中性大气配置(图Ⅱ.4.2)。电离层既响应又影响磁层和中性大气,因此在耦合磁层和中性大气中起关键作用。

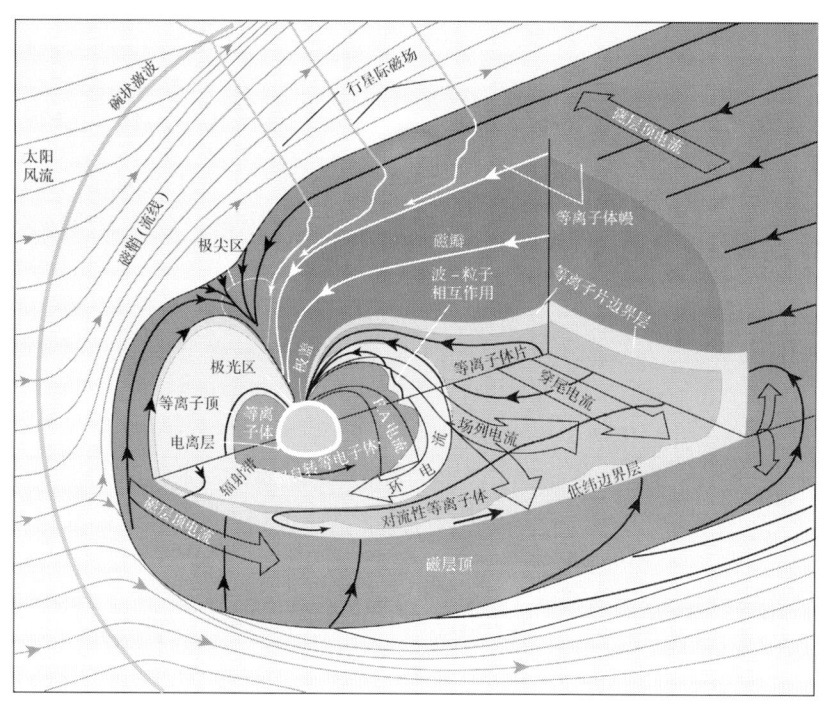

图Ⅱ.4.9　与空间天气特别相关的磁层区。注:F-A = field-aligned(场列)。

电离层和高层中性大气的物理性质受太阳辐射和磁层电动力学变化的动力影响。太阳紫外辐射电离中性大气,产生了如图Ⅱ.4.2所标的电离层结构。电离层从约 90 km 扩展到 500 km 高度,其中电子密度局地峰值位于 100 至 250 km。电流、电场和粒子雨从它们在极地磁壳和边界层、地磁尾和内磁层中的磁层源区加进电离层。磁层对流的时间变化,特别是在磁层亚暴和磁暴期间,通过在极光区的沿磁场电流与电离层运动实现电动力学上的耦合。水平电离层电流起到将极光纬度与低纬度耦合的作用。因此在大的地磁扰动期间,在相对高地磁纬度地区的活动能影响近赤道电离层的性质。这些影响包括增强或减弱电离、增强或减弱风、组分变化、加热、重力波产生、等离子区不规则和不稳定、以及增加的大气密度。这些可能变化将影响通讯、电网输送、导航、空间系统运行、卫星拖曳、地磁测量和辐射剂量。

电离层－高层大气还对伴随瞬时太阳事件发生的太阳电离辐射和高能粒子沉降的快速变化产生响应。这些瞬时太阳事件,包括太阳耀斑和 CMEs,在低高度(80～90 km)

造成电子浓度很大的变化,从而妨碍或阻止所有白天纬度上的高频无线电通讯。

从实用的观点来看,在空间天气中与人类条件有关的很大部分涉及地球电离层。这一环绕地球的电离物质层或离子层比环绕其他任何行星的离子层要浓密得多,而且只有接近太阳表面才能发现可比较的等离子体环境。我们对卫星通讯的依赖性在增加,卫星远远位于电离层之上,携带信息甚至定位信息的电磁波必须穿过此层。除了上述太阳大气的冲击外,电离层还受在地球浓密大气中产生的潮汐和重力波引起的高层强风的影响。正如海岸上波浪破碎产生湍流和巨流那样,这些向上传播的扰动产生了与太阳诱发效应严重程度相近的电离层空间天气。

空间天气效应

为了认识和评估空间环境对系统的效应,既需要知道环境又需要知道技术系统与环境相互作用的途径方式。以下提供几个发生相互作用的例子,不同类效应在下面描述。这样分类描述不是多余的;确实,这种描述在不断延长,因为新的和更先进的技术投入使用。

人类在空间和高纬受到的主要空间天气灾害是电离辐射的暴晒。在高空飞机上的暴晒低于航天器上的,因为飞机上方有大气层的遮护。对飞机最主要的关心地区是高磁纬区,那里高能宇宙射线和太阳粒子事件没有受到地球磁场的遮蔽。载人空间飞行计划也对宇航员受到的辐射暴晒非常关心。对于离开地球低轨道的任务,快速穿过已知辐射浓度的地球辐射带的能力以及预报高能太阳粒子事件出现的能力是极其重要的。

在太阳周期中太阳紫外的变化改变电离层高空廓线,因此改变以电离层为反射介质的地对地无线电通讯路线,而且限制了这类系统最大可用频率(MUF)。此外,电离层磁暴在电离层中产生局地增强的电离水平,而大气-电离层电路中的电场变化导致电离层电离结构的不稳定。这种结构性的电离状态能引起地到卫星和地对地通讯线路的不定时中断。

高频(HF)无线电通讯仍为国防部、短波广播局、海军和其他机构继续使用。支撑这些通讯的电离层受到扰动的影响,在此期间通讯能力下降甚至通讯中断。由强太阳耀斑造成的突发电磁层扰动是短暂的(数分钟到1小时)中断,由地球电离层最低层D区的增强吸收造成。长期的中断是极光纬区高层大气加热的结果。增强风带来的成分变化在中纬地区降低了电离层浓度(在F层),导致HF通讯不畅。这一效应在强磁暴时能持续数天。

现代和传统的导航技术都能受到空间天气的影响。例如,电离层电流及耦合电离层与磁层的电流的强度和位置的变化造成磁罗盘系统导航的很大误差。以上讨论的电离层电子浓度的变化率造成全球定位系统(GPS)信号中的相位漂移和时间延迟,这可能导致用户星历和定位的误差及GPS产品可靠性和精度的降低。

在磁暴和亚暴期增强的电离层电流所感应的地球电流能够影响电力系统。这些效应很大,足以损害电力网的部件(例如变压器)及中断电力输送系统。

空间天气能够类似地影响现代通讯系统的功能。例如,磁暴和亚磁暴驱动电离层电流,能够在长的通讯线路(例如跨洋电缆)中感生大电压,并且可能导致通信功能的损失和减少。为了防止这种可能,电力设计上限必须定得非常高,从而对系统的成本影响很大。

卫星经受到几种不同类型的空间环境的影响。一些是气候性的,例如,电子、太阳能板和材料由于长期的辐射暴晒而退化,或在穿过富氧高层大气时因氧分子轰击的材料腐蚀。类似地,UV 照射造成的材料聚合和脆化以及宇宙射线(见图Ⅱ.4.10A)引起的电子器件的单事件效应也可认为是气候性效应。

其他卫星效应出现在瞬变空间天气事件期间。例如,当一颗卫星快速进入热的等离子区时或当高能电子辐射长时间增强显著高于平均水平时,就会出现卫星充电(表面和内部电介质充电)。如果充电水平超过部件的介电强度,能发生一次静电放电,并导致运行的异常(见图Ⅱ.4.10B)甚至整个系统的损坏(见图Ⅱ.4.10C)。高能太阳粒子能够造成增加的太阳能板辐射损坏。偶发的太阳 X-射线和紫外输入或磁层能量倾入电离层—大气系统使得大气加热(见图Ⅱ.4.10D),增加卫星轨道上的大气密度,从而引起卫星轨道的加速下降。

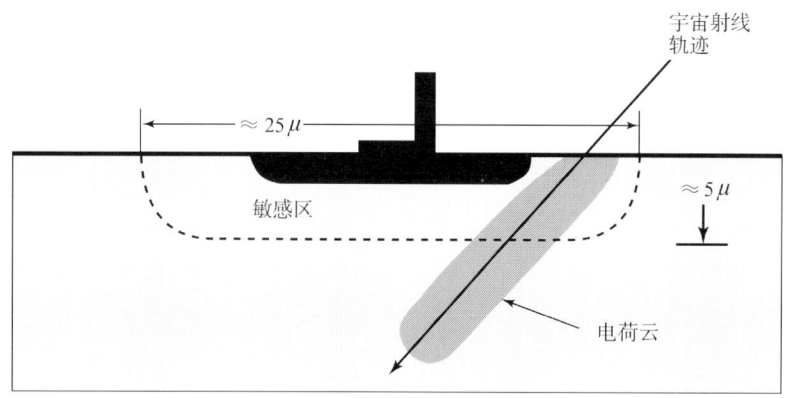

图Ⅱ.4.10a 辐射效应示意:由于来自宇宙射线或高能粒子产生的局地电离化的结果,在敏感区出现电子洞。

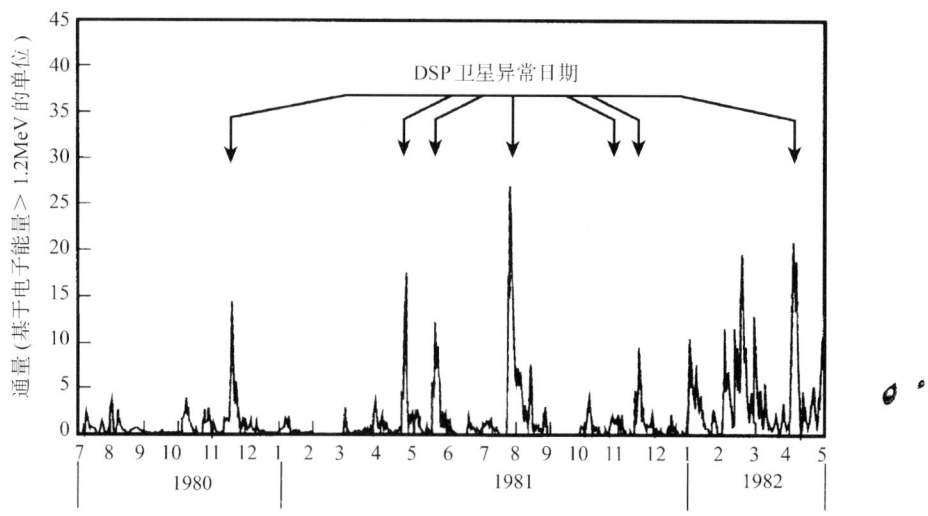

图Ⅱ.4.10b 在地球静止轨道上高能电子的通量,表明通量增强与卫星异常之间的相关。源自:V. A. Joselyn 和 E.C. Whipple, Vampola, 私人通信, 1990。

Ⅱ.4 21世纪的高层大气和近地空间研究

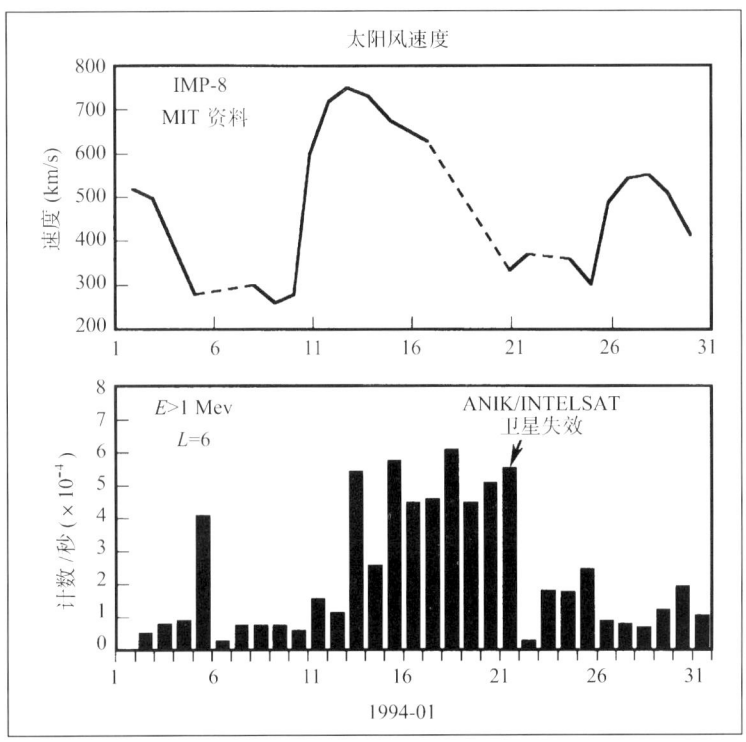

图Ⅱ.4.10c 平均太阳风速度。

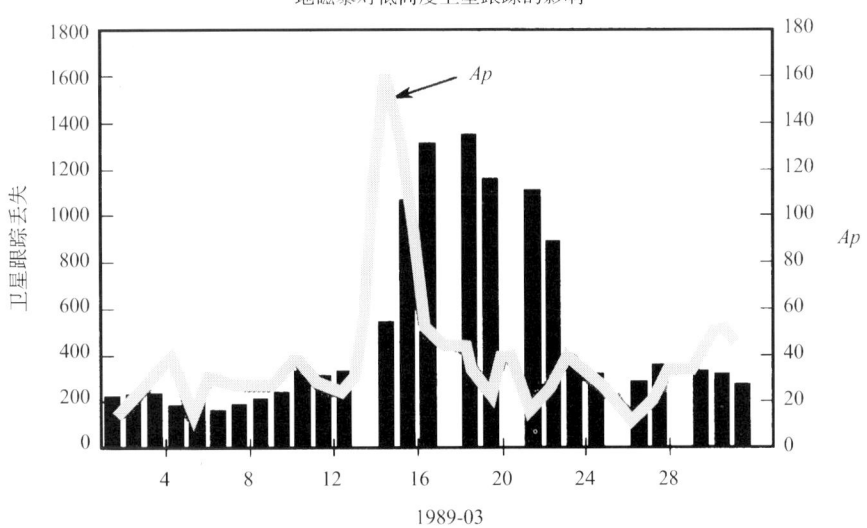

图Ⅱ.4.10d 地磁暴对低高度卫星跟踪的影响（Ap 是地磁指数）。源自：Chen 等，1993（得到 AGU 的惠许重印）。

在飞机和地球表面上的地磁测量是商业公司在其寻找自然资源时采用的一种重要工具。电离层电流和磁层－电离层耦合电流强度和位置的变化在这种地磁调查时能产生大的误差。例如，它们能在测量资料中产生强信号，这些信号与次表面特性无关，而是与地磁测量时的瞬变电离层电流有关。

低层驱动的电离层扰动能在赤道两侧的纬度带产生非常严重的影响。这些扰动，在被发现后称为阿普尔顿(Appleton)异常，在阿波罗(Apollo)任务中首次照相得到。异常区由地磁场几何结构的喷泉效应所产生，经常在日落后强对流雷暴破坏整个低纬区时变得极其扰乱。因为大部分人生活在这个地区，为商业和军事目的这种恶劣空间天气必须被认识和预报。

Ⅱ.4.4.2 关键的科学问题

我们当前的空间天气和气候预报服务的能力与社会、商业和政府需求相比还是相当初级的。因为我们对基本物理过程的基础认识还未很好地发展，集成的物理模式在业务上现在还不存在，驱动这些模式所需的许多资料还没有。因此，空间天气科学计划应针对一些基本问题，这些问题在空间天气支持计划能够发布之前必须要回答。

如上所述，重大太阳事件对地球附近的空间天气有深刻影响。此外，还有准静止太阳风驱动的效应。因为当扰动从太阳传播到地球时，扰动在演变，且演变的结构影响近地空间，所以需要认识控制这种演变的物理过程。

- 什么是 CMEs 和耀斑的基本原因，以及什么控制它们的特性(大小、能量释放，等)？
- 我们能预报 CMEs 和耀斑何时发生吗？有没有特别的前兆事件能帮助预报 CME 和耀斑的出现及其效应吗？
- 什么决定太阳活动的周期和幅度？
- 我们如何能预报磁场的取向和强度以及与瞬时太阳事件相关联的等离子流速及其到达地球的时间？
- 太阳风在日冕洞中如何被加速？我们能预报日冕洞的大小和太阳风速吗？
- 什么因子控制太阳高能粒子事件的特性？基于对太阳的观测资料和数值模式我们能预报这些事件吗？
- 什么是最关键的因子决定着一次 CME 对空间天气系统的整体影响：速度、质量、能量或磁场？

除了认识空间天气的原因和特性外，朝着定量、精确空间环境预报进步的一个关键要素是对全球磁层对外部变化及内部结构变形响应的一个综合物理认识。磁层空间环境的空间和时间演变由上述太阳风及行星际磁场的变化所驱动以及对它们的响应。因此，在朝着充分精确和特征化的定量空间环境预报进步中的关键要素是综合物理认识内部磁层对外部变化的响应。磁层空间环境动力学受磁层边界层中起很大作用的物理传输机制的控制，磁层边界层将行星际区域与磁层区域分离开。现在对这些界面上的主要物理过程已经有较好的认识；但是对每一个传输过程的相对作用的一个综合的、定量的测度作为空间或时间的函数还没有很好地确定。

磁层空间天气不仅取决于驱动者(太阳风)、质量、动量和能量滤波器(边界层过程)的物理机制,而且取决于复杂的内部磁层对外部和过滤的激励的响应。这些内部结构变形可能是紧密地耦合或可能对驱动输入有非线性的响应。不管响应的形式,大多数空间天气效应强烈地与地磁暴和亚暴最活跃的元素相联系。正因为如此,关于磁暴和亚暴有一些特别的科学问题需要比现在更加完满地回答。这些问题的每一个都需要比现在更加定量化和完满,以改进空间环境预报。问题包括如下:

- 把质量、动量和能量从行星际介质传输给磁层系统的耦合过程的细节是什么?
- 什么物理过程或边界条件使地磁暴与亚磁暴不同?
- 什么决定亚磁暴爆发的地点?什么过程激发其爆发?
- 对千电子伏特粒子赋能(在环电流和极光区)及粒子损失负责任的机制是什么?
- 什么过程负责百万电子伏特外区电子的调制?
- 什么过程在粒子漂移时间尺度上负责新的内区辐射带的形成?

当讨论磁层对外强迫的电动力学响应时,必须认识耦合电离层的重要性以及中性大气在较低程度上的重要性(因为它通过电子、中性原子和分子间的碰撞与电离层相耦合)。我们还必须在认识他们对上述空间天气效应的动力响应方面取得进步。不同于磁层环境,电离层-大气环境对太阳变化既有直接(如光电离)又有间接(如极光焦耳加热)响应。这两方面都是重要的,都有一些相关联的突出科学问题,前者主要取决于光子,而后者取决于带电粒子和场。

预报电离层空间天气及其在空间和地面上的效应,部分地需要电离层中的电场和电流的准确描述(在极光和亚极光纬度区)。如前所指,磁层与电离层在电动力学上紧密耦合,必须作为一个系统来处理。因此,时变的电离层电流和电场的强度和位置的关键问题依赖于局地和全球起作用的物理机制。目前,我们对单个成份的认识日渐成熟;但是,还需做更多的工作以获得下一步综合的物理认识。特别突出的问题如下:

- 关于磁层-电离层耦合过程以及电离层不规则体和闪烁的产生两者之间的联系,我们能提出一个预测性认识吗?(特别地对与极光轰击电离相联系的电离层扰动)
- 什么物理过程确定地磁暴、磁层亚暴和沉寂对流期间电离层的电动力学结构? 高纬电离层变化如何传输到低纬地区? 这些过程可预报吗? 有资料来评估它们吗?
- 太阳电离辐射通量如何随时间变化? 有直接和相关的测量资料提供准确回答吗?
- 电离层-高层大气在电离层-磁层耦合中的作用是什么?
- 控制严重的低高度电离层扰动的逐日变化的因子是什么?
- 在赤道和异常区激发严重电离层天气中大气重力波的作用是什么? 这些波动能预报吗?
- 在数值领域中需要进步;现有的空间天气模式应运行以找出不足之处并加以修正。

电离层-大气空间天气效应的另一个动因(它的作用未很好地定量化),是与电离层及高层大气相互作用的极高能带电粒子。一些电离层扰动被认为是由相对论电子和太阳质子向较低高度沉降激发出的,这种沉降增强电离并造成等离子区不稳定。这些不稳定导致复杂的电离层结构,进而影响通讯。一些这样的高能粒子甚至可能间接地通过化学和输送的影响对改变中间层臭氧做贡献。

Ⅱ.4.4.3 过去和现在的研究活动

在过去近35年的基础研究中,日地和空间物理学界通过均衡的空间飞行试验、资料分析和理论研究计划,已发展了日地关系和空间环境宽广的经验与理论认识。这种进步大大地为这些研究的内在科学意义所推动。在过去十来年,重点已放在将这些基本知识应用于社会对空间环境关心的问题上,无论是私企还是几个国家机构(例如,商业部(DOC)、国家海洋和大气局(NOAA)、国防部(DOD)、美国空军、内务部(DOI)、美国地质调查局、NASA、NSF、能源部(DOE))。结果,第一个数值模式正在研发,以描述、临近预报和预报空间环境。为了响应这种需要,一个国家空间天气计划(NSWP)正在通过许多政府机构的协调努力而形成。

为了看清NSWP可能如何进展,首先将空间物理学领域(特别地,空间天气)与大气物理学的发展(特别地,动力气象学)相比较是有启发的。自开始以来,数值天气预报模式在过去35年中在对流层天气精度和特性化方面都取得稳步的改进。一个标准价值指数是所谓的S1指数(是反映500 hPa位势高度场36小时预报的一个测度),当该指数转换成百分数准确度时,它从1956年的约28%改进到1990年代初的约94%。这一成就是通过严谨的努力工作而获得的,其中每一方面都支持和促进其他方面:基础研究、模式发展、模式验证、应用、资料收集和同化。通过这些努力,一个坚实的用户基础已经建立,并且随着预报和专门化能力的改进还继续增长。

部门交叉的NSWP现在处在1950年代早期气象界所面临的同样的十字路口。然而,至少在一个方面,可以预期有更快的进展,因为当今的计算机资源比1950年代的强好几个数量级和先进得多。另外,在过去30年中,认识到空间天气对其运行或产品极其重要的一个广泛的用户基础已经建立。

为了在数值空间天气预报方面取得显著的改进,我们必须在40年前动力气象学家所面临的类似问题上取得进步。重要的是赶紧安装运行现有的空间天气模式,使得模式的不足得以快速地确定并改正。同时,一个严密的研究计划应继续探究综合空间环境的基础物理学,而且通过NSWP的实施在改进的业务数值模式之中应包含新的进展。进步的另一个必要要素是确定模式需要的关键输入参数和资料,以及提供这些资料的实验计划的进展。概而言之,应进行下列工作,它们支持着一个很好平衡的空间天气开创计划(其中许多已在进行着):

- 建立新的试验空间飞行器任务来提供改进预报能力所需要的输入,例如:
  (1)我们现在不能观测朝向地球的CMEs。
  (2)我们现在不能测量日冕磁场。
  (3)我们现在不能测量近日太阳风性质。
- 开始综合观测计划以揭示从太阳到地球的质量、动量和能量流。

- 使用遥感潜在能力来建立一个在极地电离层上的窗区。
- 开发已有资料库;升级和改进已有的经验和统计模式以用作气候学模式。
- 通过致力于比较研究和外场试验,发展综合系统各成分的改进物理模式。
- 促进支持空间天气需求的试验、理论和分析研究计划。

Ⅱ.4.4.4 关键的创新

一个空间天气计划应取得下列成果:(1)增加对空间天气过程和问题的认识,从而达到足以设置数值空间天气预报程序的一个水平;(2)不断改进对空间环境关键方面的描述、临近预告和预报的能力;及(3)通过 1 和 2 项的组合,减轻空间天气对人类生活和技术的负面影响。为了达到这些目的,必须在下列五个领域取得进步:

1. 提出和传播对相关物理现象和过程的更好的基础认识。
2. 基于综合测量构建统计模式,描述平均空间环境特征和期望值的范围(即空间气候)。
3. 产生临近预报的能力,在特殊的近实时观测基础上描述磁层的瞬时状态。
4. 建立数值预报能力,提供空间天气特性的准确预报,给出足够长时间的提前警报以允许采取减灾行动。
5. 基于科学认识、工程考虑和业务准则的综合评估减灾战略。

为了完成这些任务必须持续开展几个特定的创新工作:

- 我们必须建立和促进科学家和那些受空间天气影响的部门(包括工业、政府机构和公众)之间的联系。此方向的一个起步就是目前正在开展的 NSWP,这是一个 NSF、DOC、DOD、NASA 和其他机构的联合项目(OFCM,1995,1997)。
- 我们必须识别并进行关键的测量,这是空间天气过程基本认识进步和监测与预报空间天气条件中应用都需要的。一些已有的和计划中的卫星项目对这一创新工作可以做贡献(例如,国际日地项目卫星和由 DOD 及 NOAA 运行的静止卫星)。另外,需要关键的测量以获得当日冕物质抛射离开太阳时它们的图像,必须建立和维持一个稳定可靠的实时、连续的上游太阳风资料源。
- 必须继续支持发展日地关系链的数值模式,以及集成为全尺度预报工具。NSF 的地球空间环境模式(GEM);大气区域的耦合、能量学和动力学(CEDAR);和"太阳升"(SUNRISE)项目目标都是直接朝向这一探索的(NSF,1986,1988,1990)。
- 必须用空间天气测量连续地检验、评估和验证模式。
- 必须研发用户特定的和用户友好的空间环境产品,包括环境说明模式;为了公众和工程使用者的教育工具;和专家系统设计工具。
- 物理模式必须尽快地转成业务的临近预报和预报编码。

这一创新工作成功的定量度量有科学和社会两大基本类:

1. 科学的:科学成功的总体度量是评估我们对日地联系和空间环境基本认识改进的程度。具体地,我们是否已经发展了下列要素的更加准确的数值模式、预报和特别描述

- 近地行星际的状况,

- 磁暴爆发的时间和幅度,
- 亚磁暴爆发的时间和位置,
- 磁层粒子通量廓线,
- 空间飞行器轨道因高层大气变化而改变?

2. 社会的:社会成功的总体度量是,评估日地联系和空间环境增长的基础认识被用于影响和改进使社会大为获益的应用的程度,具体地:
- 用于提供空间环境精确确定的基于科学的应用和产品已经研发了吗?
- 潜在用户正从这一领域增长的知识中获得最优的效益吗(例如,承受环境系统的设计、资源管理的优化、减少财产风险)?

在过去十年中,新技术(如个人电脑、激光和远程通讯进展)已经以起先我们未清楚预见的方式深刻地改变了我们全部生活的逐日特性。现在,我们的生活正被计算机网络、移动通信和 GPS 等组合技术所框定。这些新技术将不断增长地包含关键的空基单元。因此,在空间气候和空间天气方面获得更好的认识将有广泛而深远的影响。这种效益自然增长的机制并不总是清晰的,但就对空基系统的日常依赖性而言,这些机制将是深刻的。处理空间天气问题的失败将导致同等深刻的但是不良的影响。

从空间飞行器设计的改进工具的应用中,直接经济效益将自然增长,这些改进工具产生成本效率和性能更高的空基仪器设备。经济效益将来自于卫星、通讯、导航和电力系统改进的可靠性。空基系统的管理将通过改进的环境和轨道预报(既为关键短期运行又为长期可靠性)而得以加强。地球轨道上的宇航员和高空飞行机组和乘客的辐射安全性将被增强。进而,从长远来看,当我们要实施建立月球村和载人火星探索时,将需要增强对空间天气环境的认识。

最后,这里给出的项目将导致对我们环境的认识更加深入和广阔,我们环境的边界已经并将继续从地面通过 20 世纪早期的低层大气向上扩展到高层大气,并进入近地空间环境。这个项目将提供一个驱动力来联合太阳物理学、空间物理学、磁层物理学和大气物理学等不同领域使用预报的实证作为判断我们认识成功的尺子。

II.4.5 中高层大气全球变化

低层、中层和高层大气形成一个高度耦合的物理系统。在试图认识由于自然和人为影响带来的大气全球变化时,我们应考虑所有这些区域的变化,因为如果我们不能解释出现在大气所有区域的变化,那么我们的认识是不完全的。中层和高层大气经历着气候变化,这些变化经常比对流层中的要大。其中一些变化是来自太阳 UV 和 EUV 辐射的自然变率的结果;另一些则认为是人为影响引起的。认识这些变化的性质是关键的,因为臭氧层对地球生物的重要性、平流层对对流层气候的微妙影响以及高层大气对空基技术系统和无线电通讯的影响都较大。

Ⅱ.4.5.1 科学背景

气候变化已在中层和高层大气中发生。中间层温度的一些直接和间接测量指出在过去 10 或 20 年中有每十年 2~4 K 幅度的降温(图Ⅱ.4.11),明显地高出目前模式的预测,这些模式考虑大气二氧化碳增加引起辐射冷却的增强。平流层也因二氧化碳的增加和臭氧的减少有可测量出的冷却。1885 年以前夜光云实际上是未知的,但在今日经常观测到,并且他们出现的频数明显地逐年代增加(图Ⅱ.4.12)。其原因似乎部分是由于中间层温度的降低,但更重要的是中间层水汽浓度的增加(这从观测到的大气甲烷量增加预料得到)。观测表明外逸层氢浓度在过去 20 年中也可能大大增加了,甚至高于甲烷增加效应的模式预测。大约 1905 年以后,大气半日潮的准两年振荡才出现。

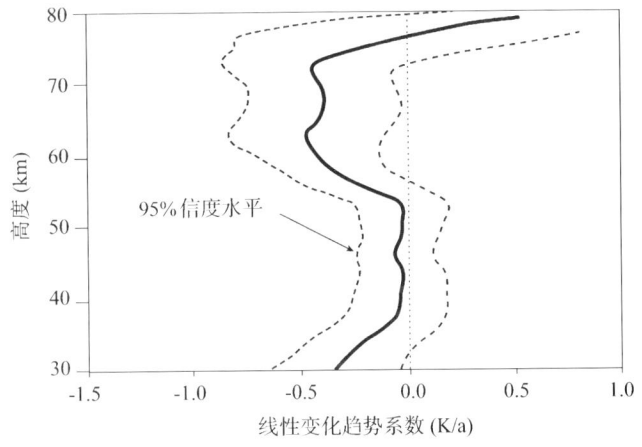

图Ⅱ.4.11 夏季月份激光雷达测得温度的线性变化趋势(1979—1990 的资料)。

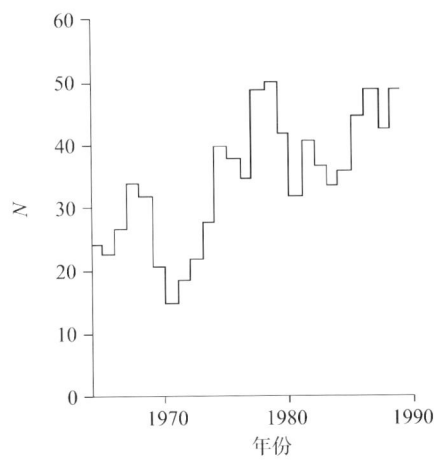

图Ⅱ.4.12 1964—1988 年欧洲西北部记录的每年夜光云出现的夜晚次数 N。源自:Gadsden, 1990。得到 Elsevier 科学出版有限公司(牛津,英国)惠许再印。

人类活动产生的一个最为重大的变化是春季南极臭氧洞的增长。平流层臭氧的很多方面前面已讨论过。温室气体的平流层辐射冷却预期会通过增加极地平流层云帮助催化臭氧耗减,从而加深南极臭氧洞,并且可能导致北极臭氧洞。

中高层大气对全球变化的敏感性部分地来自于上面和下面强迫时可能出现的相对大的变化。被中高层大气所吸收的太阳远紫外辐射,比起到达地面的可见光太阳辐射的变化要大得多。高层大气强烈响应太阳紫外和X-辐射的周期性变化。平流层上层温度和臭氧浓度较弱的变化也与太阳周期有关联。高层大气受到经历长期及短期变化的极光能量输入的影响。非经常性地,高能粒子大通量穿透进入中高纬度上的中间层和平流层大气,产生大气光化学和电离的变化。全球电路及电离层与地面之间的电位差可能直接受全球闪电活动变化的影响,而全球闪电活动可能对地面温度非常敏感。一些人为排放气体对于中高层大气中的物理和化学过程是重要的,尤其是甲烷、卤化碳、二氧化碳和氧化氮,它们的浓度近年来在快速增长。

除了受外部强迫中相对大的变率影响外,中层和高层大气区域还非常敏感地响应其中一些强迫的扰动。平流层臭氧对氯成分的存在、平流层温度变化和气溶胶存在的敏感性就是一个例子。另外一个例子是由于二氧化碳浓度的增高,中高层大气的冷却要大于对流层的加热。图Ⅱ.4.13显示CO_2加倍(实线)以及甲烷(CH_4)减半(虚线)时所计算的高层温度和密度的变化,CH_4减半可能代表冰期峰期。极地中间层中云的出现对温度和水汽增加量(与甲烷相联系)高度敏感。

在我们对中高层大气中相互作用的物理和化学过程的认识中存在着重大的欠缺;结果,我们预报可能源自改变的外部强迫的变化的特性、幅度和后果的能力严重不足。例如,依赖于三维中层大气模式中采用的物理参数化的特性,我们发现与大气二氧化碳加倍相联系的冬季极地平流层顶和夏季极地中间层顶既可能增热又可能冷却。尚未得到解释的电现象,如在平流层和中间层中的光学闪光("急流"和"精灵")和雷暴电区域上空电离层中的强电场显示,我们关于中高层大气中的电过程及其与低层大气电现象耦合的可能方式的知识是如何的不完善。放电,设定的闪光源,可能是一种重要的而先前不受重视的在对流层和中层大气之间迁移电荷的途径,并且可能影响中层大气化学。

在中高层大气科学的其他领域存在很大的不确定性。涉及极地中间层云形成的微物理学,例如,对流星尘和电子簇的作用,还知之甚少。湍流和中尺度运动的结构,以及它们在中间层和热层低层中所起的热平衡和输送微量成分的有效作用还认识很差。尽管现在知道重力波当它们增长及破碎时对中层大气环流和湍流产生起关键性作用,但在全球尺度上由地形、对流和斜压等源的重力波生成还未定量化。在大气潮汐和行星波中的变率的原因没有完全认识,尽管这些全球尺度的波动是中间层和热层大气中动力变化的主导形式。高层大气的热平衡强烈受到非局地热动力学平衡的辐射过程影响,而此过程在模式中很难量化。

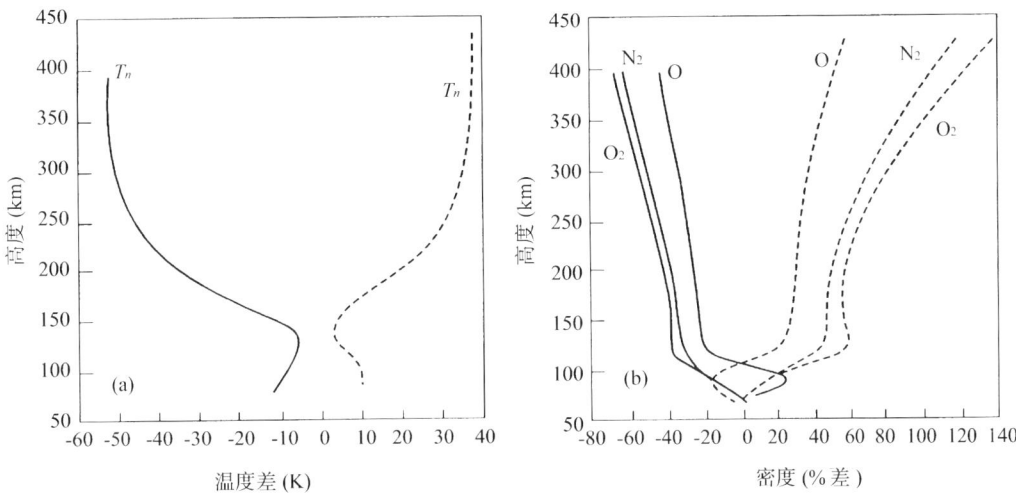

图 Ⅱ.4.13 当大气二氧化碳和甲烷加倍（实线）或减半（虚线）时，计算得到的从基本情况到(a)大气温度 T_n 和(b)原子氧(O)、分子氧(O_2)及分子氮(N_2)的密度的变化。源自：Roble 和 Dickinson，1989。得到美国地球物理联合会的惠许重印。

Ⅱ.4.5.2　关键的科学问题

什么物理过程决定中层和高层大气的状态？大气层如何与其上下层次相耦合？中层大气电动力学、异质化学、极地中间层大气云化学、波－平均流相互作用和湍流如何影响着中间层大气状态，以及中间层如何响应来自空间和低层大气的输入？这些效应如何能融入耦合系统的全球模式来预报短期和长期变率？

什么变化已在中层和高层大气状态中出现？当前和预期未来的趋势是什么？通过分析变率的特征时间尺度（如 11 年太阳活动周期）可能将中层大气对自然强迫的响应与人为影响区分开来吗？

中层和高层大气状态与该区域强迫的变率相关的气候变化是什么？该区域的上下强迫有太阳变率，微量气体扩散，来自低层大气向上传播的潮汐、重力波和行星波的变化型态，及与更高区域的电动力学耦合。

中层大气状态中的短期和长期变化如何影响低层（即天气预报，有害紫外辐射深入到地面）？如何影响近地空间环境以及通过它如何影响美国的空间财产（即卫星的寿命、空间站支援活动、航天飞机运行）以及其他相关技术？

Ⅱ.4.5.3　关键创新点

为了解决以上提出的关键问题需要理论和观测创新的结合。

- 分析历史资料：存在许多长期记录，它们与中层和高层大气状态相关，这些资料的分析已确定了某些气候变化，例如高层大气的太阳周期变化和臭氧洞的增大。其他可能变化的存在与幅度(例如,中高层大气平均温度和风结构的变化)还不太肯定。与这些变化直接或间接相联系的历史资料需要仔细分析,从而研究和确定这些变化的幅度。需要这一知识来检验可用于预测未来状态的模拟模式。对历史资料分析经常遇到如下问题:资料质量的改变、标定、测量地点,以及资料间断、资料地点不确定和机器不可读形式的资料。此外,一些资料类型仅给出中层大气状态的间接信息。例如,地面气压记录用来分析潮汐,从中推论 QBO 信息。这些非直接资料的解释需要对中高层大气中的相互作用过程有一个好的认识和准确模拟这些过程的能力。在这个分析中,一些可能有用的长期资料库是:

1. 自 20 世纪 40 年代开始的对电离层带电粒子进行的电离层探测器观测;
2. 来自 Alouette 1 和 2,及 ISIS 1 和 2 的顶视探测仪观测资料,给出约 500 km 高度以上电离层的历史信息;
3. 自 1962 年起,热层及其以上的带电和中性成分的各种观测资料,包括卫星拖曳;
4. 自 1960 年代中期起,在常规基础上的非相干散射资料;
5. 自 19 世纪起的磁变化资料,其中包含大气潮汐变率的信息。

图Ⅱ.4.14 给出自 1940 年代投入常规使用的电离层探测站数目的历史。图Ⅱ.4.15 是从 1965 至 1989 年(大于 2 个太阳周期)的一条时间线,指示在低地球轨道上的卫星及其携带仪器所探测的高度范围。

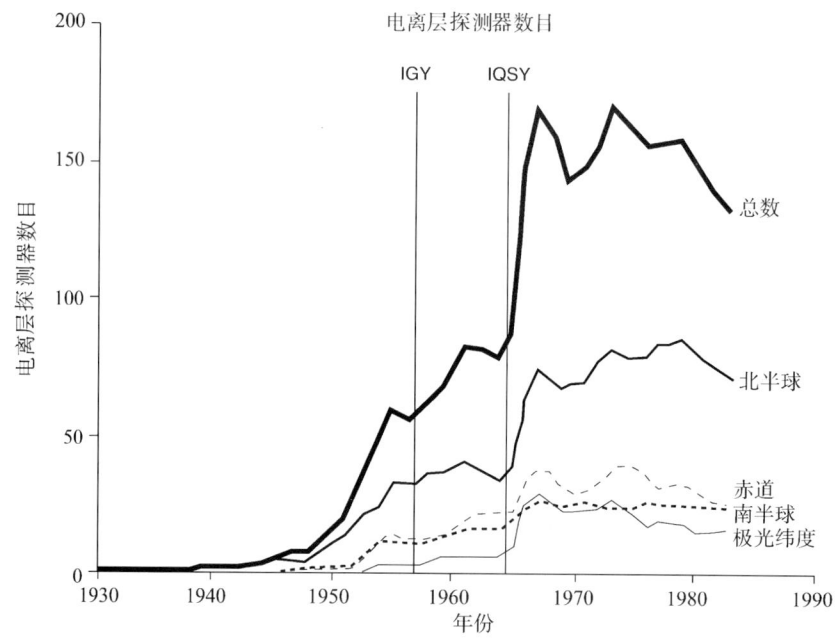

图Ⅱ.4.14 自 1930 年起业务运行的电离层探测器数目。注:AUR＝在极光纬度的数目;EQU＝赤道纬度数目;IGY＝1957—1958 国际地球物理年。源自:Bilitza,1991。经地磁、地球、行星和空间科学学会惠许重印。

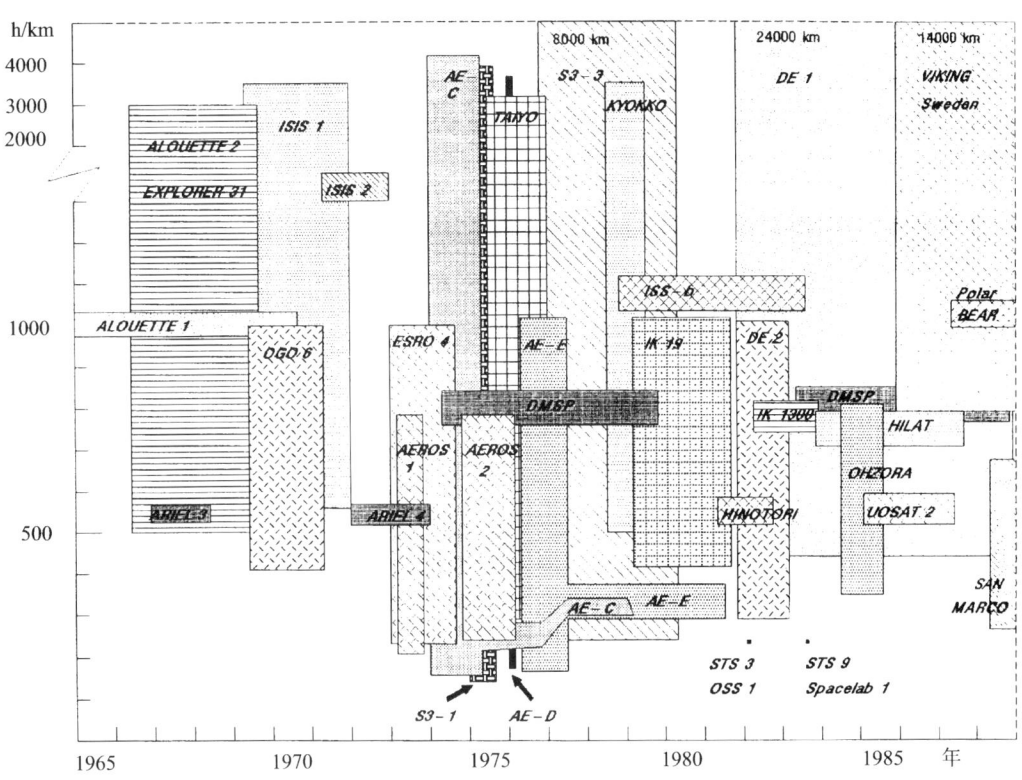

图 Ⅱ.4.15 在电离层和热层中卫星实地测量的纬度－时间图。注：Alouette 1，2；ISIS 1，2；IK19，和 ISS-b 携带顶视探测仪，测量向下到 F 层的电子浓度；ISIS 顶视电离层"测绘图"一直纪录到 1989 年。源自：Bilitza，1991。经地磁、地球、行星和空间科学学会惠许重印。

- 监测中层和高层大气中敏感的参数：显然，使用定标良好的技术并保证观测的连续性，长期监测对变化可能敏感的中高层大气参数，将大大简化未来对长期趋势的研究。由于时空变化的复杂性，在许多地理位置上进行长期观测将是重要的。这可以通过空基观测（具有全球覆盖的优点）和地基传感器（需要它们来维持测量的长期定标）的组合最有效地完成。中频（MF）雷达、中间层－平流层－对流层（MST）雷达、非相干散射（IS）雷达和流星雷达在观测中层大气和研究中层与更高区域的耦合中是特别有用的。由于极地区域的重要性，在北极的测量对于极地中高层大气研究是关键的部分。激光雷达提供温度和微量成分分布的重要信息。传感器技术的改进已使仪器可以扫描以前不能达到的谱区，从空间及地面获得中层大气中重要的化学和辐射活跃成分的信息，从而可以详细研究这一区域。最感兴趣的一些参数是温度、风、气溶胶、重要组分的浓度（例如臭氧、水汽、氢、氧化氮、卤化物和烃基、电离层的高度和密度、电离层电位。因此，研究的需求之一是设立并维持对那些对变化敏感的中高层大气参数进行长期测量的项目。我们要密切地监测作为全球变化指示器的极地中间层云的出现和纬度范围。
- 监测对中层和高层大气的输入：为了认识中高层大气中气候变化的各种原因，我们必须知道强迫如何变化。因此,关键的是建立和/或维持长期项目进行对影响中层和高层大气参数的稳定而又精确的测量,包括太阳紫外和 X 射线通量、宇宙射线、日冕粒子和场、对流层微量气体、全球雷暴活动和火山物质喷发。这些输入的一些而非全部,将在"行星地球使命"卫星计划中进行监测。

• 理解不确定的过程:知道大气参数及其变化输入的趋势是不够的。在这些大气区域正发生很多过程,而我们还不能以任何合理的置信度做预报。我们不知道这些过程对全球变化的机制是否和如何重要。我们必须积极地对这些认识不足过程进行研究以确定它们所起的作用。认识特别贫乏的领域包括中层大气电动力学、异质化学、极地中间层云、波-平均流相互作用和湍流。

• 认识相互作用过程并建立模式:尽管对许多大气过程的性质已有相当好的认识(例如基本动力学、化学、辐射和电离层电动力学),但是这些过程在对变化的强迫影响响应中的相互作用方式是极其复杂的,仍未很好地认识。因此,必须有一个宽广基础的研究项目,目的是将中层和高层大气作为一个完整的物理化学系统来认识,包括与其上下层的相互作用。这个研究项目的一个关键部分必须是发展一个综合所有重要的物理和化学过程的中高层大气环流模式,目的在于不断地减少对特定参数化的需求以使能够达到有效的预报能力。

• 区分自然和人为的影响:研究中高层大气全球变化最重要的目的之一是确定自然和人为变化源的相对重要性,因为只有后者可能通过政策决定加以改变。自然和人为影响最清晰的区分应来自于所有各种强迫要素变率的详细知识,还有准确综合的建模能力。然而,即使在这种理想条件达到之前,通过仔细分析不同强迫作用的时空特征并与大气响应的时空特征比较我们能够取得进展。例如,太阳辐射影响有一个强的 11 年周期分量,它常常帮助识别大气响应的这些扰动。同样,在近几十年发现的最显著的中层和高层大气中的变化,可能与一些人为排放气体的快速增加有联系。但是,仅通过时间趋势的比较区分不同影响的源,将永远不能完全令人信服,因此发展详细认知和综合的模拟模式必不可少。

• 认识中高层大气全球变化的后果:与中高层大气全球变化相联的不确定性不仅关系到可能预期的变化的特性和幅度,而且关系到这些变化可能对生态系统、对流层化学和气候、空基技术系统造成的后果。需要研究来确定这些后果的相对重要性。

Ⅱ.4.5.4 对解决社会问题的贡献

中层和高层大气状态的变化可能有多种效应。臭氧量减少能增加达到对流层和地面的太阳紫外辐射的强度。除了有生态效应外,增加的紫外辐射将改变对流层化学,包括大气的氧化能力及物种(如甲烷)的寿命。改变中层大气结构影响全球尺度行星波和潮汐波的传播条件,接着可能影响大气环流。一些长寿命的温室气体(例如氧化亚氮 N_2O 和 CFCs)的寿命及其浓度可能受到平流层环流和太阳紫外强度变化的影响,太阳紫外强度与太阳辐射变化和臭氧吸收变化有关。高层大气冷却将导致对空间飞行器和空间碎片拖曳力的减少,从而增加它们在一定高度上的寿命并影响空间运行和规划。电离层高度可能降低,造成高频无线电波传播条件的改变。在外逸层中增加的氢密度可能进一步影响电离层密度,以及可能增加对卫星的阻曳和影响从地球辐射带中的质子损失率。认识这些效应的源、性质和幅度对规划减缓战略将是必要的。

在足够早的阶段预报对地球大气状态可能产生有害影响的人为源,从而促进人们采取干预行动,其预报能力对保护环境和维护人类生活质量是一种有力的工具。中层大气是对微量成分扰动一个特别敏感的指示器,这些微量成分源自低层大气向上扩散并扰乱了这个区域的敏感平衡。

Ⅱ.4.5.5 成功的测度

一个积极而又成功的研究项目将使我们做到:

- 识别中高层大气状态已经出现的变化,办法是通过仔细分析那些很好定标的历史已有的以及有目标的大气参数观测资料和向此区域的外部输入的观测资料。
- 提高预报物理模式的准确度,改进我们在表达那些目前认识不足的物理现象中的知识和准确度。目标领域包括高层放电"急流"和"精灵"对全球电路和中层大气化学的影响、平流层和中间层中气溶胶的形成、重要的异质化学反应的速率和波-平均流相互作用在大气环流中的作用。
- 确立中层和高层大气变化与对流层变化之间关系、全球电路在气候中的作用和中高层大气对输入变化响应的性质。

Ⅱ.4.6 太阳的影响

太阳以显著和微妙的两种方式影响着地球的环境。显著的是,太阳的辐射能对地球上的生命是必要的。这种能量的主要部分是稳定的,并且作为平均环境条件的一个基本常数。然而,太阳在其输出中有一些小的变化,识别并测量这些变化的原因和效应是研究太阳影响的焦点。我们应注意更短期的变化(例如日冕物质抛射和太阳耀斑)的课题已包含在空间天气的讨论中。太阳影响的研究没有一个很长的历史,因为太阳变化很小,而且它们对低层地球大气的潜在效应很容易被天气系统内在较大的变化所遮掩。在过去几十年中,通过空基观测已能够监测太阳变率,而且在近期地球中高层大气大尺度的测量已提供了地球大气对太阳输出响应的证据。建立在这种新资料库的基础上,为了取得重要进步提出以下几项活动:

- 用空基监测仪器在至少一个完整太阳周期内连续地测量太阳能量的输出。只有通过在空间同时使用两种仪器测量才能达到足够的精度。太阳辐射的变化如此之小,以至它们可能被当成单一仪器的变化所引起。从一个老化空基仪器到它的替代者之间绝对标尺的传递需要两个仪器同时在空间运行一段时间。现在,还没有足够完整太阳周期的时间系列资料,因为先前的太阳输出监测仪器在其替换者放在轨道上之前就停止了运行,以使定标的相互比较不可能。
- 研究地球温度对太阳能量输出变化的敏感性。这种依赖关系的知识对于区分温室气体的全球增暖效应和太阳输入变化引起的温度变化是必不可少的。

- 确定地球中高层大气化学和电离状态对太阳 UV 和 X—射线辐射变化的响应。臭氧和其他气体的产生，以及地球全球电路，部分地取决于在复杂外部太阳大气中产生的太阳的硬 X—辐射。
- 测量太阳的内部动力学，发展与观测到的太阳内部动力状态一致并再现太阳磁活动性型式的太阳发电机模型。太阳日震学现在提供太阳内部动力学的知识，与先前太阳发电机模型所需的假设不一致。
- 通过测量太阳类恒星研究太阳行为可能的长期变化。太阳已经经历了归类为蒙德（Maunder）极小期的减弱活动期。通过在任何给定时间已有的大量实际情况，太阳型恒星的观测能提供这种行为未来可能性的一个统计估计。

Ⅱ.4.6.1　在一个太阳周期的太阳能量输出

总太阳辐照度[①]（total solar irradiance）是通过日地平均距离上一个平面的能量通量。因为这个参数是提供给大气的辐射能的平均率，所以是地球环境的一个基本参数。这一能量流长期假设不变；而且，直到现在都被称作"太阳常数"。然而，太阳常数实际上是变化的，这是一个合乎逻辑的可能，在原理上将对地球气候可能有深远的影响。20 世纪早期 Abbott 进行了从地面测量总太阳辐照度变化的努力，但因地球大气透过率的变率而没有成功。

空基监测太阳总能量输出始于 1978 年，揭示总太阳辐照度经历着从天到年时间尺度的变化。当太阳自转时，亮斑（米粒）和暗斑（太阳黑子）都移动通过太阳表面的可见面。这些造成太阳辐射中高达 0.5% 的可测变化，这些变化基于可见区的位置和强度不断再现。与太阳自转相联的变化至少包括两部分：由于太阳黑子的能量输出亏损，典型值是 0.3%；及亮斑导致能量输出增强，典型值 0.08%。还可能有其他广阔地分布于太阳表面上的分量，但没有显示出自转的调制。当在一个太阳周期一部分中较长时间的平均，总辐射显示一种趋势，即在太阳周期峰值处要大 0.1%。显然，分布很广的表面亮度增强（例如，块和粒状亮斑）可能消除太阳黑子的明显变暗。

图Ⅱ.4.16 显示总太阳辐射测量的一个总结。在此图中的资料是从所有的仪器的汇编。只有来自 NIMBUS-7 环境研究卫星上的地球辐射收支试验（ERBE）传感器的序列是连续的，该仪器设计来提供在总太阳辐射测量中定标的长期稳定性。主动空腔辐射仪辐照度监测器（ACRIM Ⅰ 和 Ⅱ）仪器设计为高精度和高稳定度，但是在太阳峰值任务（SMM）空间飞行器重新进入大气层（由于 SMM 在 1980 后半年和 1984 年春天之间的指向问题）之后，由于 UARS 发射升空，ACRIM Ⅰ 和 Ⅱ 不提供连续资料集。

监测总太阳辐射的仪器有很高的精度和稳定性，但是很难在一个绝对标尺上定标。此外，因空间飞行器向外放气和太阳辐射引起的探测器退化的过程，这些仪器经常经历

[①] 亦称全日射，此量的定义与我们常用的太阳常数定义相同——译注。

II.4 21世纪的高层大气和近地空间研究   171

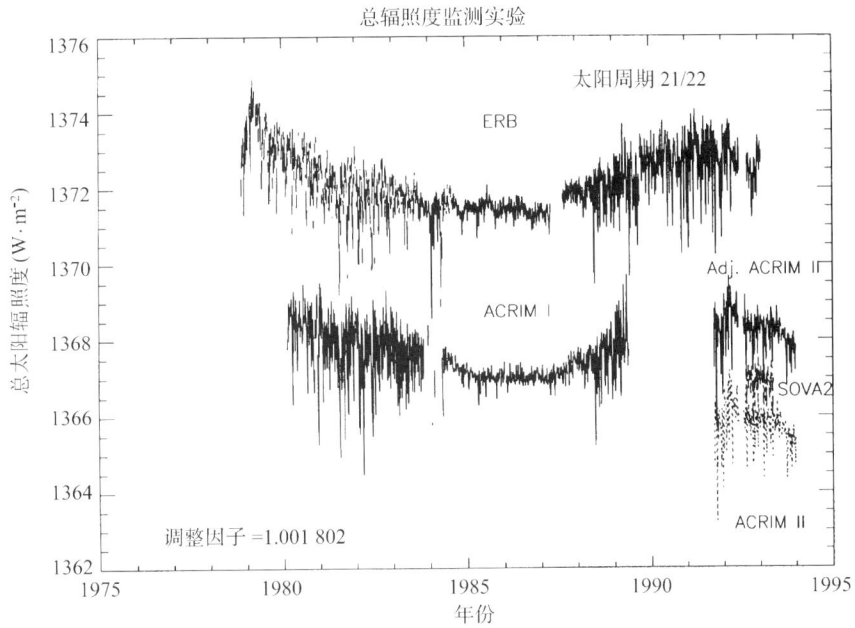

图 II.4.16　现有太阳辐射观测资料总结。NIMBUS 7 上 ERB 仪器是仅有的一个现在连续观测的仪器。ACRIM II 实线已为所示的因子所调整;这种调整的要求强调了重叠空基观测的重要性。

一个初始变化期。结果,用不同仪器观测的总辐射值不能直接组合来维持一个长期高精度资料库。在图 II.4.16 中,仅有来自 NIMBUS 7 上的 ERBE 辐射计的上一条线横跨了一个完整的太阳周期。其他更高精度和更好定标的仪器须使用 ERBE 的结果来填补 1980、1984 和 1989—1991 年时间序列的间断。在此图中显示的 ACRIM I 曲线部分和 ACRIM II 的结果已经乘以一个基于 ERBE 结果的归一化因子。从太阳活动极小到极大总太阳辐射的总变化范围还未以完全的可靠度确定出来。

为了确切地确定总太阳辐射的变化范围,必须以足够的规则性使用空基监测器来保证其观测期内的重叠。交叉比较是可信地确定更长期变化的唯一方法。满足这一要求可能需要研发小的而又易于投放的空间飞行器,其上携带一种基本的太阳辐射监测器。空间站也可能为这类监测器提供一个平台,虽然飞船访问期空间环境污染可能引发探测器退化的加速,这将减小这种方法的有效性。

II.4.6.2　区分太阳和人为效应

随着温室气体浓度的测量资料已经显示一个能引发重要温度响应的有规则的增加,在过去十年里全球变暖已成为一个重要的公众问题。如上一节所述,总太阳辐射也在变化。这些变化在影响全球温度中的作用还没有受到温室气体那样的注意,这至少有如下两个原因:

1. 气候系统展示如此大的自然变率以致它很容易遮掩太阳强迫的效应;
2. 总太阳辐照度变化的幅度在相应的时间尺度上是未知的。

在较长周期上,增加的温室气体浓度应该有更大的效应,但没有总太阳辐照度的测量资料。在较短周期上,无论在太阳周期上升还是下降期的气候强迫函数的变化率与温室气体浓度变化引起的强迫函数的变化率相当。

太阳和人为效应对气候强迫的相对贡献在图Ⅱ.4.17中显示,该图给出对太阳和人为变化联合效应的估计。图中标出的量都是从非常粗糙模式中估算得到的。基于完好资料和理论得到一个类似结果应该表明在认识太阳和人为效应在全球气候中的作用方面的成功。从历史资料以气候强迫函数形式在估计太阳的可能作用时,我们受到缺少关键量直接测量的限制。最长的记录是太阳黑子数。图Ⅱ.4.18显示这一参数从十七世纪早期到现在的重建。值得注意的是,即使主导变化是11年时间尺度,长期趋势也是明显的。在年代时间尺度上太阳活动与海面温度异常之间的可能相关已被发现,见图Ⅱ.4.19。

为了比较太阳和人为气候强迫的理论效应与观测的效应,我们需要将气候强迫转化为温度变化。这一参数被视为气候敏感性系数,而且当前大气环流模式(GCMs)给出一个在 $1 \text{ K}/(\text{W} \cdot \text{m}^{-2})$ 范围内的数。虽然像这样的一个数最容易被引用,但它未必表达了真实的情形,其中变化的时间尺度和变化辐射的波长是肯定要改变温度响应的。类似的不确定性影响气候对温室气体响应的模拟,因为每一种气体成分都以其独特方式与通过地球大气的辐射流相互作用。

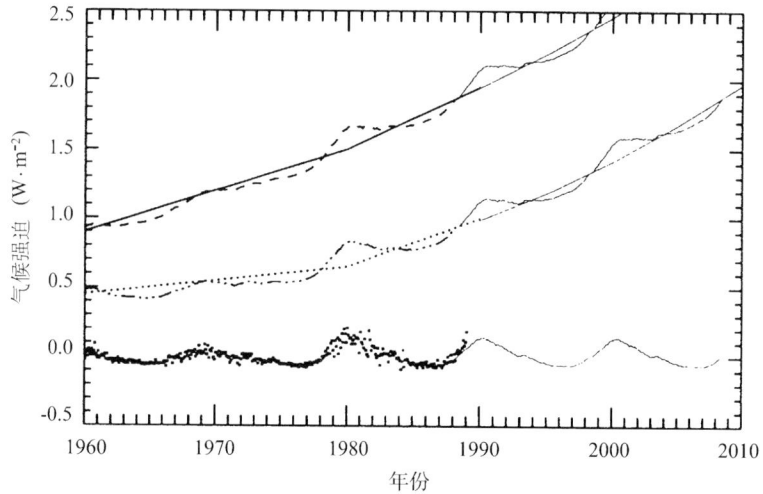

图Ⅱ.4.17 在20世纪最近三个年代估计的气候强迫,它们分别来自:观测到的温室气体变化(实线);温室气体、气溶胶、云和臭氧变化的净人为强迫(点线);仅与11年太阳活动周期相联系的太阳辐射变化(最低的线)。也给出组合的温室气体加太阳(短画线)和净人为加太阳(点画线)的强迫。在每一种情形里,细线都是外推(预测的)。太阳强迫取自 Foukal 和 Lean(1990)的经验模式,考虑11年周期间太阳黑子和亮斑引起的辐射变化,但不包括作用在更长时间尺度上其他的变化源。太阳强迫的零点是1978—1989年的平均。源自:Hansen 和 Lacis,1990;Hansen 等,1993b。经 Macmillan 杂志有限公司惠许重印。

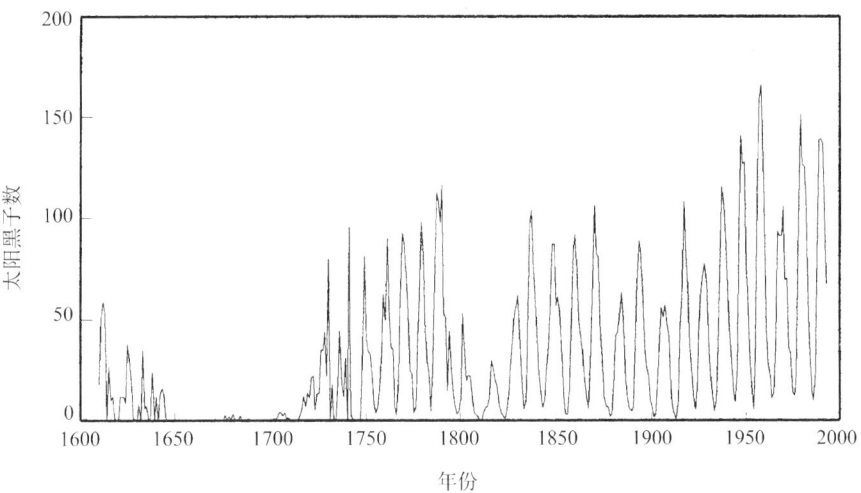

图Ⅱ.4.18 太阳黑子数历史记录重建,包括17世纪几乎没有太阳黑子的时段。源自:Hoyt 等,1994。经施普林格出版社纽约公司惠许再印。

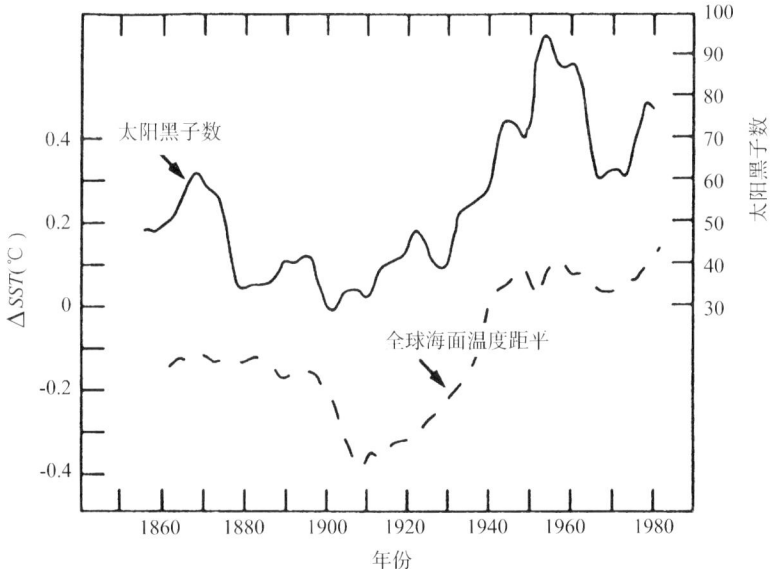

图Ⅱ.4.19 太阳黑子数11年滑动平均和全球平均海面温度距平。在一个一维海洋结构模式中,由与深海耦合并包括热盐环流的一个100 m厚混合层组成,需要总太阳辐射0.6%的变化来再现观测到的海面温度距平的0.4℃变化。源自:Reid,1991。经美国地球物理协会惠许再印。

由于从天气系统内在的短期变率中分离小幅度总辐射变化的效应的困难,我们关于气候对太阳和人为效应的敏感性的认知受到了限制。只有在天气(或自然气候)变率已被平均掉以后,任何大气对强迫函数变化的响应才变得明显。此外,气候系统中大量的能量贮存在地球海洋中,这将趋向于平滑较小变化的效应。许多长时间的记录见于有限的地理区域,因而特别容易受到局地效应的影响。此效应如果存在,则必须从变化显著的背景中提取出来,这一事实使得探测随太阳影响的可辨信号很困难。但是,在系统中出现的长期效应事实上可能是显著的。

在认识太阳变率效应中另一个关键问题来自太阳紫外输出的变率要大于可见辐射的变率。这一问题被放大,因为在吸收紫外辐射的那些部分地球大气中,紫外效应占主导地位。太阳 UV 输出强烈地依赖于太阳周期的相位,而且经常受太阳自转所调制。这些太阳变化独立的自然时间尺度能用来作为识别地球响应的工具,尽管没有一个时间尺度理想地适合于研究。较短的周期很适合于太阳观测,但很容易为地球变率所掩盖。较长的周期有太阳输出和地球响应的不太可靠的记录,但响应的幅度应很大。此外,太阳紫外变率不能很好地用单参数描述,因为它受到下列细节的影响:活跃区大小、强度、在太阳圆盘上的位置以及受广阔分布的磁网络强度。因此,尽管现有的一元分析已产生趋势相关,原则上还需要一个多元分析。

朝着分离测量气候敏感性和其对太阳及人为强迫变化的响应的目标的进步,可能通过充分利用 UARS 资料所提供的机会而取得,因为 UARS 同时测量太阳输入和大气的响应。这一 UARS 机会时间有限,仅测量了太阳周期的下降相位期。最大和最强的太阳黑子通常出现在黑子周期的上升相位期,而且太阳黑子对紫外和远紫外(EUV)通量的影响还未监测和详细研究过。一个扩展的 UARS 计划或未来空基观测能提供下一个黑子周期上升相位期的观测。

研究长期变率的进展需要一个分离的方法。当今空基测量提供高质量的资料,给出较短时间尺度的变化,但对长时间尺度问题的研究没有帮助。大气和海洋热力学状态、大气组成和太阳输出细节的历史重建是需要的,以解决其较长时间尺度上的关系。这些重建将建立在由 UARS 和未来空间观测资料验证所提供的基础之上。虽然这些基于替代模型的重建对于历史资料的分析十分重要,但它们将需要未来直接观测的验证,并且不能用来取代验证观测。

Ⅱ.4.6.3　太阳对地球高中层大气的影响

大气中化学成分的浓度受光解和光离过程的影响,因而受到进入地球大气的太阳通量影响。因为最短波长受太阳变率影响最大,在大气的最高层被吸收,所以可以预料大气的化学响应在高空(即在热层和中间层)最大。然而,像平流层臭氧这些成分,由分子氧光解产生,也对地球外太阳通量的变化敏感。

太阳活动对地球电离层有直接的影响。太阳 EUV 辐射和 X-射线伴随着太阳活动的增强而大量增加,导致电离层 D、E、F 区中离子和电子浓度的大量增加。在平流层中,最大的离子源来自于银河系宇宙线的穿透进入,受到太阳周期的调制;因此,平流层电离率在高太阳活动期减小。

中高层大气中中性成分浓度也受太阳活动的影响。例如,氧化氮的浓度(一种在热层中由离子和光解过程产生的成分)在高太阳活动期大大地增高。在中间层中,与太阳变率有关的很大变化影响水汽浓度,水汽为短波紫外辐射光解。最后,就臭氧而言,响应是显著的且来自于几个过程的组合。在平流层和热层中,作为分子氧光解增强的结果臭氧浓度随太阳活动性增加。在中间层,臭氧响应的主要形式是在高太阳活动期水汽光解更强烈,从而产生更多的烃基(OH)和过氧化氢(HO_2),进而造成臭氧耗减增强。整个太阳周期垂直积分臭氧浓度(柱总量)的变化不大于1%或2%。

因为中层大气加热主要来自于臭氧对太阳紫外辐射的吸收,所以平流层和中间层的温度也受太阳活动的影响。在11年时间尺度上温度变化幅度已从地基激光和卫星观测中导出。从大气模式导出的温度幅度与观测值不符合。一个未解决的主要科学问题是大气对11年太阳周期潜在的动力响应。虽然基于统计分析在平流层甚至对流层中已显示11年周期中动力型态有很大的变化,但是还未找到机制来解释这些变化,因此不能为大气模式所再现。

虽然长期观测提供化学化合物(如臭氧)对11年太阳周期响应的证据,但实验上确定的定量响应尚未建立,这是因为资料的精度不够和仪器寿命有限。对于臭氧和温度在27天时间尺度上的响应更好地建立了观测事实,卫星观测分析和模式计算相当好地吻合。

由目前卫星所提供的太阳UV和X—射线辐射的直接测量,允许研究当前的大气组成,但在其他时间段没有可比较的观测,且在不远的将来也没有。因此,基于其他太阳参数能够模拟和再现这些辐射强度就很重要。在有规律的基础上描绘这些观测量,这样它们在太阳圆盘的位置可在模式中使用。其他积分量(例如,10.7 cm通量),表示累积UV、EUV和X—射线通量的强度,对于中高大气化学研究是需要的,但不提供所需精度的确定测量。

对太阳活动分布和强度的详细了解的需求来自于这样的事实,即太阳紫外辐射产生于磁场集中的太阳表面区域。这些区域中心经常有太阳黑子群,但有时高于平均磁场区是先前太阳黑子出现过的地方。一个单独的黑子通常在30至60天的周期中可识别。然而,有些增强活动区域能够持续1到2年。太阳表面为太阳黑子不均匀覆盖是常见的,这样一个半球将发射更多的紫外辐射而另一个半球则非常平静。这一结构产生了对太阳UV通量很强的自转调制。

总太阳辐射和UV辐射充分直接测量的资料库限于过去10到20年。在此之前,太阳输出状况只得从其他替代信息中推导。最可用的替代资料是图Ⅱ.4.18中显示的一种,即太阳黑子数。这一指数基于太阳黑子面积和位置的可见分布,且不考虑更广泛分布的磁场,后者经常与太阳黑子群相伴。磁场增强的其他区域有时与太阳黑子无关,出现在比太阳黑子更高的纬度。他们也在太阳黑子极小时期出现。为了完全地评估太阳状态,需要多于一个的替代参数。现有的太阳辐射模式包含的分量有宁静太阳、太阳黑子和活跃区,以及第四个分量,一个来自大对流泡之间线性边界区的广泛分布的分量。

Ⅱ.4.6.4 太阳活动周期的物理基础

太阳影响地球环境问题的基础是在太阳上磁驱动活动的 11 年周期的出现,活动形式有太阳黑子、太阳大气温度变化和不稳定爆发。由于地球对太阳活动的响应,太阳周期活动能影响社会。低太阳活动周期出现期,如图Ⅱ.4.18 中所示的那些,表明太阳周期必定涉及一些复杂的非线性过程,这些过程影响有或无磁活动的太阳辐射。如果低活动周期与低太阳辐射相吻合,那么太阳进入一个新的宁静期可能产生全球降温。确实,先前的蒙德极小期与欧洲异常低温期对应,有时称为小冰期。图Ⅱ.4.20 表明了这个关系。如果对太阳周期没有一个基本的认识,这类未来行为的概率和可能先兆的出现都不能被认识。如果在未来某段时间有太阳周期外在行为的变化,我们欲想知道,这是否是一个蒙德极小期或表明较小统计变化启动的信号。

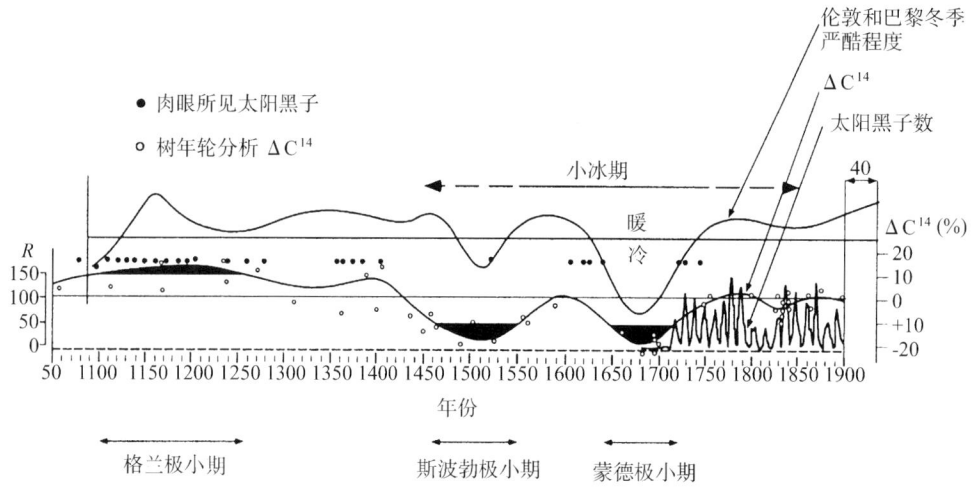

图Ⅱ.4.20 巴黎和伦敦(上曲线)冬天严酷程度与长期太阳活动变化(下曲线)之间的关系。曲线阴影区表示太阳黑子活动 Sporer 和 Maunder 极小期。黑圈是黑子的肉眼观测。自 1700 年太阳活动变化的细节由下曲线的太阳黑子数资料给出。冬季严酷指数已向右移了 40 年,以使宇宙射线产生的 ^{14}C 资料同化进入树木年轮系列。源自:Daddy,1976。经美国科学促进联合会惠许重印。

太阳活动最显著的指示器是太阳黑子。在这些黑子中温度比其周围大气的低许多,而且出现的可见光辐射通量大为降低。显然将能量从太阳内部带到表面的对流运动在黑子中受到抑制,并且减小的黑子温度是由于缺失有效的过程替代向空间发射的辐射。太阳黑子通常以相反极性成对地出现。在太阳北半球每一黑子对是东-西走向,而在南半球上的有相反走向。这一结构可以自然地用一个圆拱形磁场来解释,每一黑子对呈一弓形与太阳表面的接触。在每一拱凸中的磁场方向在南北半球是相反的。此外,还有一个弱的背景太阳极地磁场。两个拱凸磁场和弱极地磁场的方向每 11 年都要反转。而且,太阳自转率不同,在赤道为 24 天的周期,在极地是 35 天。

虽然以上太阳周期中观测的变化顺序许多年来就已清楚,但还没有成功的理论来解释这种过程。太阳活动周期的主分量必定来自于对流与自转的相互作用。不同的自转型态应从基本流体动力学理论导出,但是仅假设作为模式输入的一部分。更重要地,内部自转型态仅在近期才成为已知,至少是初步的。在以前这是一个关键的自由参数,并预料太阳自转在表面之下比表面要快。这种型式能够再现太阳周期,但这种型式现在认为是不正确的。对太阳周期的驱动区域定位已从刚好太阳表面之下移到对流区与辐射深内层之间的界面处,位于从太阳中心到太阳表面的约 70% 距离上。这些理论观念仍处在非常初级的发展阶段,还不能再现太阳活动的本质特征,例如 11 年周期、太阳黑子运动方向或黑子大小。

再现太阳周期最基本的特性,必定是任何模拟工作的首要目的,但这仅是迈向更紧迫目标的一步:认识(用太阳周期强度来度量的)太阳活动整体水平变化的机制和指示器。周期强度上的两个历史变化——在蒙德极小期(以及早期类似的极小期)太阳活动消失和在最近百年周期强度的增长——比对太阳周期本身的认识更少,但具有潜在的很大的气候效应。由于这些变化有非常长的时间尺度,来自最近空基时代的高质量资料提供很少的线索。从蒙德极小期后期的历史记录中的暗示表明太阳自转型式或与伴随低水平输出的半径有变化。也许在推测低周期期间这些活动性循环的性质时最有趣的是太阳恢复期间前几个循环的混沌特性。11 年周期化在见到太阳黑子中等数目后近 50 年才显现。周期长度似乎从标称的 11 年向 9.5～10 年逐渐变短。

日震学新工具代表了最大的希望,使我们在认识控制太阳循环的过程方面取得实质性进步。使用这一工具,首次测量太阳表面之下的速度成为可能。涉及整个对流面上的最大尺度运动和与活跃区相关联的较小尺度流,用此工具都可以测量。通过在整个太阳周期进行这种测量,则有可能获得太阳动力学的根源和性质的线索。日震学两个重大试验已于近期开始,一是在地球表面六个站点设置 GONG(全球振荡网络组)仪器,二是在 SOHO(太阳和日球层观测平台)空间器上启动三次日震学试验。GONG 仪器已正在开始传回高质量的资料和内层自转图像。

除了为认识太阳内部动力学提供一种手段外,日震学还可能有助于对长期空间天气的预测。活动区和磁场最终决定于深层太阳内部的动力学。振荡频率和它们的漂移取决于内部速度场和内部结构,包括可能的强磁场效应。因此,日震学资料最近已展示出探测到(出现在太阳表面之前的)磁化区的能力。至少有一次,在太阳黑子群到达太阳表面之前测到了太阳声谱中的前兆变化。在太阳黑子未出现的控制区域没有看到类似的变化。这一结果显示在图 II.4.21 中。这类观测可以提供长期太阳活动预报的一种方法。另外,在太阳声谱与日冕磁结构之间可能有联系。目前,这一领域完全没有探索。GONG 和 SOHO 两大试验都计划两年的期限并可能延长。

II.4.6.5　太阳行为的长期变化:太阳型恒星(solar-type star)

通过观测太阳研究太阳的变率受到两个方面的限制:一是没有简单的方法扩展现时代的时间记录,二是无法改变如自转率那样控制太阳动力学的参数。类日星的研究能够

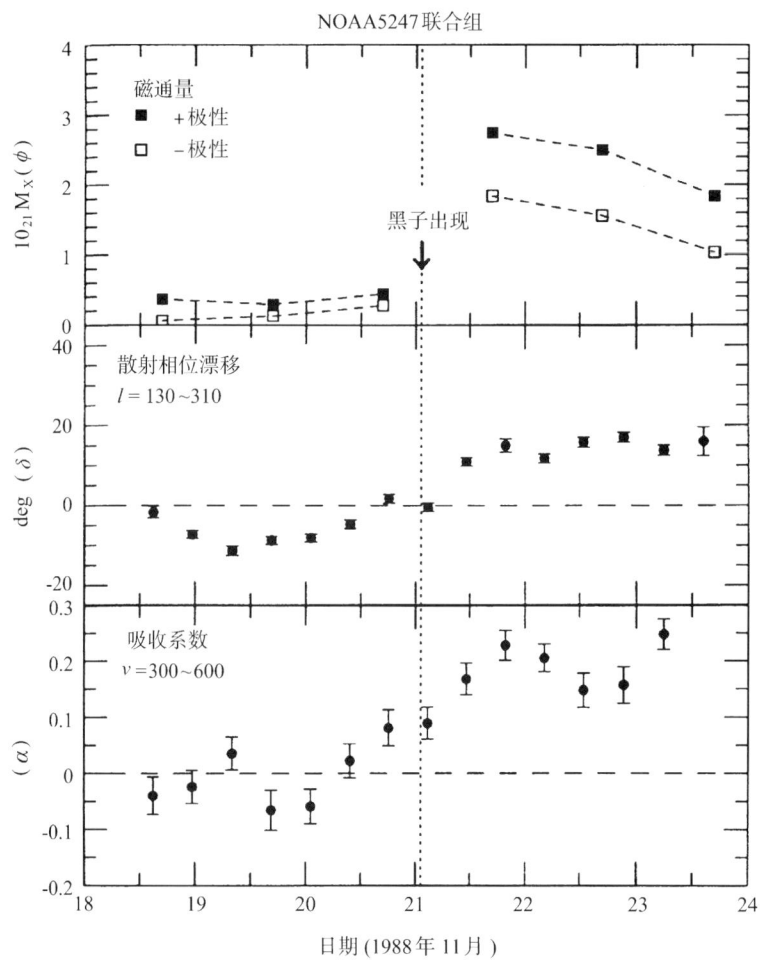

图Ⅱ.4.21 新兴太阳黑子群 NOAA 5247 磁通量和 P-模散射的时间演变。顶图显示由 KPNO 磁量计测量的磁通量随时间的变化。中和下图分别显示散射相位漂移 δ 的吸收系数 α 的 l-和 ν-平均值。黑子出现时间由垂直折线指明。在中图中的负相位漂移表明一个 p-模散射信号先于太阳黑子群的出现。在出现的黑子中观测到的正相位漂移与在其他(成熟)黑子中先前观测的一致。

通过观测一段太阳没有展现的状态来克服这些问题,因为恒星自转率自然范围很大。为了这些收益我们得付出两个代价:对恒星的特性没有完全和准确的认识,无法获得恒星表面上活动分布的空间分辨信息(虽然多普勒成像能提供一些这类信息)。恒星年龄的估计最难获得,有极大的不确定性,采用的自转率作为现在最好的指示器。恒星观测由两部分组成:(1)离子化钙发射(在 H 和 K 波长)强度的常规测量和(2)宽带恒星亮度的常规测量。对于恒星以及太阳,发现活跃区纬向不对称的分布,这样可能从离子钙特性变亮的型态重复率来测量恒星的自转率。比起宽带光度技术,更多的恒星已用钙发射特性来跟踪观测。离子化钙和宽带都有足够长的资料集正好包含 10 颗恒星。将太阳加进这一资料集,则有 11 颗恒星。

从这种恒星观测可能解决的一个重要问题是太阳色球层和总辐射的变化幅度对于这类恒星是否是典型的。图 II.4.22 显示这两个量变化幅度之间的关系。此图显示

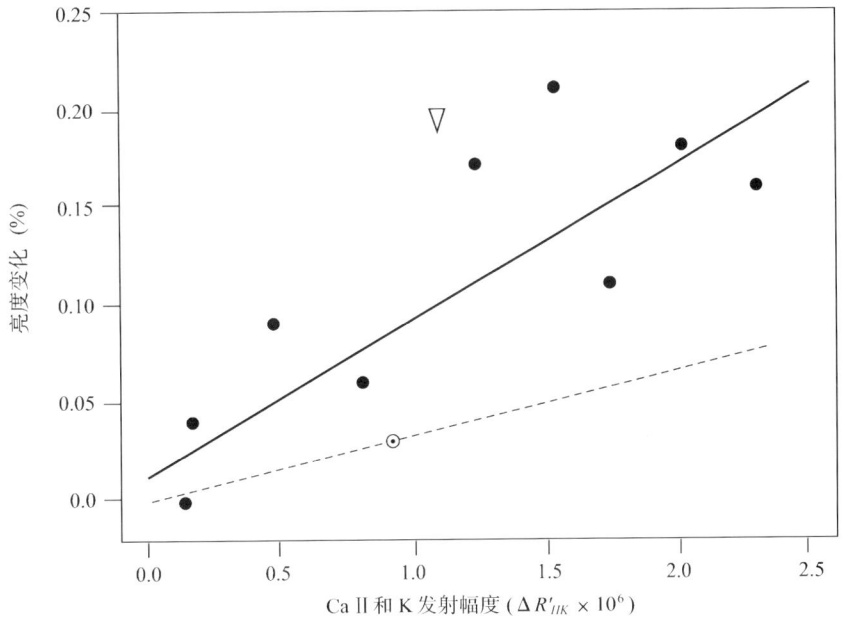

图 II.4.22 太阳总亮度变率与由 $\Delta R'_{HK}$ 度量的太阳型恒星辐射变率之间的可能关系, $\Delta R'_{HK}$ 取决于色球 Ca II H 和 K 光谱线的发射。色球辐射对磁活动敏感,而总亮度变化包括太阳黑子阻塞、色球发亮和其他未很好认识的效应。显示的量是根均方差,峰-峰变化大致比其大三倍。由符号 ⊙ 指示的太阳位置取自 SSM 测量和太阳 $\Delta R'_{HK}$。基于 1980—1988 年 SSM 和 NSO 的年平均资料定义太阳色球活动变化率(虚线)。倒三角(▽)是 1967 至 1984 年取自火箭和气球测量的太阳总辐射变化的长期上限;相应的 $\Delta R'_{HK}$ 值从 MWO(1967—1978 年)和 NSO(1976—1984 年)联合的太阳测量中估计出。实线是使用除太阳上限外所有资料的线性回归。在此图中最值得注意的是这一事实:太阳总输出的变率在类似色球活动时似乎比其他恒星的要小。源自:Soon 等,1994。承施普林格出版社纽约公司惠许重印。

• 在离子钙指数上太阳接近低变化率范围,和

• 亮度变化与离子钙指数变化之间的相关对太阳来说是非典型的,即太阳的宽带亮度变化要小于离子钙指数变化。字面上的解释是,这意味着太阳过去可能确实有比近期观测到的更高水平的能量输出变化。

图 II.4.22 中点出的这类资料只有通过长期的研究才能获得。目前已获得足够资料量的恒星的数目很少。还不允许做有任何统计意义的计算。在使用恒星资料中的一个困难是恒星年龄的估计。更大样本恒星的观测将通过对自转率、光谱特性和恒星运动指标的统计计算使我们能更好地确定其年龄。

Ⅱ.4.6.6 关键创新点

太阳对地球环境的影响是微妙的,需要仔细的可靠探测测量。然而,作为首要的能量源,太阳输出对地球大气和气候系统是十分重要的,理解太阳对地球环境的影响需要我们开展下列工作(在前面已更详细地讨论了)。

- 在至少一个完整太阳周期用空基监测器连续地测量太阳能量输出。
- 研究地球温度对太阳能量输出变化的敏感性。
- 确定地球中高层大气化学和电离状态对太阳 UV 和 X-射线辐射变化的响应。
- 测量太阳内部动力学,发展太阳动力学模型,使其符合观测到的太阳内部动力学状态,并再现太阳磁活动性型态。
- 通过观测太阳型恒星研究太阳行为可能的长期变化。

Ⅱ.4.6.7 对解决社会问题的贡献

以上叙述的研究计划将导致对太阳变率特性的深入认识,并将改进我们预报未来太阳状态的能力。理解太阳变率影响地球和地球气候的途径将得以增强,在区分人为效应与太阳影响效应的能力方面我们将有更大的信心。

II/5

进入 21 世纪气候和气候变化研究①

II.5.1 概　要

气候在从季节到百年或更长时间尺度上都是变化的。气候变率和气候变化对社会都有重要影响。气候影响农业生产、淡水供给和水质、运输系统、生态系统和人类健康。气候变率和变化是外源强迫(如太阳)、地球系统内复杂相互作用和人类影响的结果。气候研究的任务是通过研究气候中的物理、化学和生态过程,从季节、年际到年代际甚至更长时间尺度上,分析气候变率的本质,预测气候变率,评估人类活动在气候中的作用,以及分析气候如何影响人类活动和环境资源。

气候研究的中心目标是预测。通过研究发生在季节到百年时间尺度上气候变率的机制,分析气候变化的可预测性,预测气候系统对人类活动的响应,提高应用和评估这些预测的能力。

通过过去几十年气候研究,得出在未来气候研究中,应当充分重视尚未解决的不确定性,关注气候研究对社会的重要性:

- 气候变率(比如厄尔尼诺)给经济和社会带来极大混乱。过去 20 多年的模拟研究表明,这些气候变率是可以预测的。如果能够提前预测厄尔尼诺/南方涛动(ENSO),那么便可以通过采取适应对策,迅速获得显著效益。
- 历史资料分析已揭示,在北美和世界其他地区存在许多有趣的长周期振荡现象,模式研究也表明,海-气,陆地-生物圈-大气之间的相互作用可能是导致十年到百年时间尺度上气候变率的原因所在。历史和古气候资料以及耦合模式研究均表明,在长时间尺度上存在显著气候变率的可能。不论人类影响是否存在,这些变化都可能在未来发生。现有观测能力和实践还不足以刻画全球和区域气候变化的许多特征。提高观测能

---

① 气候研究委员会报告:E.J. Barron (主席), Pennsylvania State University; D. Battisti, University of Washington; R.E. Davis, Scripps Institution of Oceanography; R.E. Dickinson, University of Arizona; T.R. Karl, National Climatic Data Center; J.T. Kiehl, National Center for Atmospheric Research; D.G. Martinson, Lamont-Doherty Earth Observatory of Columbia University; C.L. Parkinson, NASA Goddard Space Flight Center; S.W. Running, University of Montana; E.S. Sarachik, University of Washington; S. Sorooshian, University of Arizona; K.E. Taylor, Lawrence Livermore National Laboratory; P.J. Webster, University of Colorado.

力以及增进对耦合地球系统的认识,将提高我们对发生在各个时间尺度上的气候变率的理解,并从中获益。

• 通过预测气候对温室气体上升的响应的研究,已经表明这个问题对社会的重要性,也指出应当关注现有气候模式中许多重要缺陷。温室气体浓度上升,土地利用和土地覆盖变化都直接或间接与人类活动有关。基于对温室气体和气溶胶浓度上升以及土地覆盖变化的模拟,表明气候将可能产生相对于历史和古气候资料记录来说很大且快速的变化,也将对人类活动和生态系统产生重大影响。尽管过去二十多年中气候模式有了很大发展,但现有气候模式仍然存在很多不确定性。增强预测能力可为经济活力和国家安全带来积极影响,这是因为预测能力的增强可以减少气候变化带来的风险,增大气候变化带来的收益。

基于对科学问题、不确定性以及社会对气候研究需求的全面分析,我们认为21世纪气候研究有四大紧迫研究任务。而每一个研究任务有一系列基本要求。

1. 我们必须努力加强现有气候观测能力建设,建立一个持久气候观测系统。

• 只要可能,应当尽量采取连贯的资料采集和管理规范,确保业务和研究观测系统提供的资料适用于气候研究。

• 加强不同机构之间的联系合作,确保重要的长期观测项目的实施,避免因单个机构资金紧张而导致观测中断,应当充分认识观测资料在稳定的集成研究计划中的作用。

• 在发展全球气候观测系统(GCOS)中,美国提供强力的支持和参与。

• 确保国际间资料和信息完全和公开的交换。

• 维持已有的、具有显著预期价值的重大研究观测系统,如热带海洋全球大气(TOGA)的热带大气海洋(TAO)观测阵列。

• 聚焦于减小气候模式中主要不确定性的关键点,包括水汽观测的改进。

• 为解决气候系统认识中的主要不确定问题,应确保所有机构承担义务,来建设实地观测和卫星观测系统,包括对关键变量(如主要气候强迫因子)开展长期观测。

2. 我们必须通过历史资料和替代资料的集成,延长仪器观测气候记录长度。

• 在高山冰川和冰盖(是与自然变率有关的重要信息库)消失之前,广泛采集高山冰川和冰盖样品。

• 继续采集和分析世界各地树木年轮、湖泊沉积、珊瑚和冰芯资料,积极从海洋沉积中提取高分辨率气候资料。

• 加强替代指数的开发和验证研究。

3. 我们必须继续和扩展诊断分析和过程研究,以揭示关键气候变率和变化过程。

• 加强交叉学科间交流和合作。

• 发展观测、分析、模式研发以及预测结果应用到气候变化影响评估之间的战略联系。

• 重点研究对于气候系统变率的认识比较重要的过程和区域。

• 增加和分析地球系统各分量之间耦合过程的研究所需要的新观测,提高我们对十年到百年时间尺度气候变率的认识。

• 侧重于过程研究,研究那些与边界层过程和垂直对流有关的关键不确定性;增进对大气、海洋和陆地之间耦合过程的认识;使陆面过程的描述,包括对植被和土壤特征的描述,更加清晰。

• 支持综合研究计划的发展和实施,开展和推动季节到年际气候预测研究。这个研究计划目前是世界气候研究计划(WCRP)中全球海洋—大气—陆地系统(GOALS)的研究目标。

• 支持发展和实施综合的研究计划,研究季节到年际气候变率机制和更长时间尺度上可预报性的应用。现在,这方面的计划已经加入到 WCRP 的 Dec−Cen 计划(年代—百年尺度上气候变率研究)和人为气候变化部分中。

4. 我们必须建立和评估日益综合的模式,其中包含气候系统中所有重要的分量。

• 开展并加强模式与观测、模式与模式之间的比较,特别关注模式与太阳辐射、气溶胶含量和温室气体浓度有关的气候变化。

• 通过对气候变化影响的应用和评估这个共同问题的研究,发展促进自然科学家和社会科学家之间合作的机制。

• 加强计算资源建设并努力发展气候系统模式,使模式能够显式描述大气、海洋、生物圈和冰雪圈。

• 聚焦于减少气候模式中主要不确定性的研究,包括深入认识气候—水汽反馈机制和改进大气化学和化学—气候间接相互作用的描述。

• 努力提高气候模式预测的可信度和实用性,使得气候模式模拟结果在相关空间尺度上适用于分析生态系统、社会经济系统和人类健康对气候变化预测响应。

• 开发和建立高分辨率区域气候模式,结合经验方法,评估与人类直接相关的气候变化特征。

这四个紧迫任务提供了一个基本框架,但每个紧迫任务都有具体的目标和要求为提升气候和气候变化研究提出了具体的研究任务。前面所列举的一系列要求可能显得有些过于雄心勃勃而且缺乏优先顺序。然而,一个为满足社会需求的综合气候研究计划显然已经在望。在很多情况下,为实现这些目标而开展的研究计划已经在执行中。在其他情况下,需求的改变能够通过对预算很小的影响而实现。在另外一些情形下,研究目标可以通过加强合作以及部门之间密切计划与联系来达到。但应当看到,即使是一些合理的、影响很小的事宜也可能会出问题。例如,作为气候观测系统的一部分,需要保证观测连续和资料质量,但现在这近乎成为国内和国际的一个难题。必须优先地解决这些问题。最后,只要细心规划达到更高的效率,所有气候研究目标是可以实现的。尽管上述每一个需求均有很高价值,我们应该认识到,改进和增加美国气候研究计划,必须根据资金和其他考虑加以调整。因此,在本学科评估的以下章节中,上述需求有一个优先级发展顺序,其确定原则基于一个相对简单的考虑:即那些对预算影响很小,但价值很高的改进应当马上进行;而那些需要细心规划,或预算很高的需求应当有确定的优先级,或者与现有工作折中协调。

Ⅱ.5.2 引 言

世界气候研究计划(WCRP)将气候变率和变化分为三大类:季节到年际气候变率,年代到百年际气候变率,以及由于人类活动引起的大气温室气体和气溶胶浓度改变和植被覆盖改变所产生的的全球气候变化。人类(作为个人和社会)和生态系统均受这三类气候变率和变化的影响,也对这些变率和变化做出响应。

我们对季节到年际气候变率已经具有有用的预测技巧,而且,人类影响全球气候变暖的早期迹象已经从自然气候变率背景中显露出来。在全球尺度上,人类活动有可能改变自然气候变率和长期气候变化趋势,这是应当优先考虑的研究课题。公众和决策者迫切需要这些研究成果,以采取合适的应对策略。

气候定义为描述大气-海洋-陆地耦合天气系统的长期统计量,是在一定时间范围内的平均状态。例如,某地某月日平均、最低和最高温度的月平均,就是气候的一些重要表示方法。同样的,某地某月日照时数、云量、降水、地下水饱和度、积雪和径流的月平均也是重要的气候特征。

气候变率是指气候统计特征相对于很长时间平均发生的波动。因此某地区夏季平均温度年与年之间可能不同(即年际变率),或者在多年时间尺度上发生了波动(即年代际变率)。我们已经观测到时间尺度从月到季节到百年甚至更长的自然气候变率。

气候趋势是指平均气候统计特征的长期变化,或者是平均气候统计特征相对于平均状态的变化。气候趋势可能是由于气候系统外源强迫引起的,如太阳辐射变化;也可能是由于人类活动导致大气痕量气体和气溶胶或植被覆盖变化而引起的。气候趋势也可能由气候系统内部变化驱动,比如海洋环流的改变。

如果一个气候变量的绝大部分变化可以由物理理论或数学模式来解释,则该变量是可以预测的。有效预测技巧往往是基于被预测变量时间序列与因变量时间序列之间的相关。既然气候统计量与边界层变量相关密切(如海面温度),边界层变量就可当作气候变量。

季节到年际气候变率,如 ENSO 位相变化,与大范围天气异常有关,有时与极端条件也有关。这些气候异常可能持续几个月,给澳大利亚、南美热带和副热带地区以及非洲部分地区的社会和经济带来很大混乱。史料记载和古气候资料显示,这些显著的气候变率在年代际和百年尺度上都曾发生。过去几个世纪以来,在这些时间尺度上所发生的气候变率引起了很大的社会动荡,未来气候变率也将给社会和经济带来混乱。当前气候模式对人类排放的温室气体和土地覆盖变化的模拟结果表明,未来气候变化可能比史料和古气候记载的变化更大、更迅速,对人类活动和生态系统的影响也更大。

气候变化可能对能源利用、空气污染、作物产量、淡水质量和供给带来深远影响,也会深刻影响极端天气事件发生频率和强度以及传染病的发生和传播。对气候系统认识的进步给我们提高预测能力提供了潜能,这将帮助社会适应、预防甚至消除预计的气候变化所带来的负面影响。气候预测能力的加强,将给经济活力和国家安全带来积极效应。

在过去几十年中,通过大量研究工作,我们对气候系统内部物理、化学和生态过程的认识有了一定的进步,为未来科学研究提出了非常明确的一揽子科学目标和要求。然而,要想在从季节到百年时间尺度的气候变率的认识和预测方面取得显著进步,包括人类活动对气候变率的强迫作用,可能还需要十年或更长时间。其中一些问题在相当长时间里可能都无从下手。

本学科评估接下来将重点阐述 21 世纪气候研究的使命,确定气候研究中首要课题和相关科学问题。并将逐一介绍未来几十年内指导气候研究领域的七个科学目标。

Ⅱ.5.3 使 命

人类活动开始依赖于全球和区域环境。事实上,社会诸多方面通过农业、水资源和能源利用而与气候直接关联。我们早就意识到,气候在从季节到百年甚至更长的时间尺度上是变化的,而且气候变率能够给社会带来深远影响。厄尔尼诺事件、美国 1930 年代大干旱、南非干旱和人口稠密地区季风变化等都是气候变率的生动例子,表明气候变率对人类活动和福利的重要性。全球和区域气候特征也受人类活动影响,最著名的例子便是 20 世纪气候对大气组分变化(如温室气体和气溶胶)和土地利用变化的响应。气候变化的影响力是非常强大的,涵盖了很多方面,比如农业产量、水资源供给、运输系统、淡水质量、能源生产和利用、极端天气事件发生频率和强度、自然生态系统变异,甚至传染病发生和传播,这些都受气候变化的影响。

人类活动所导致的气候变化强度和时间,一直是研究的热点问题。我们对年际、年代际到百年际尺度上的自然气候变率的认识还很不够,这严重阻碍了我们开发可靠预测工具,也阻碍了我们从气候变率中区分自然变率和人类活动的作用。缩小这些不确定性是 21 世纪气候和气候变化研究和教育的首要任务。

> 气候研究使命是认识气候中的物理、化学和生态过程,描述和预测发生在季节到年际、年代际甚至更长时间尺度上的气候变率,评估人类活动在气候变化中的作用,评估气候变化对人类活动和环境资源的影响。

气候变率和气候变化的科学不确定性以及气候变率和气候变化的深远影响表明制订气候研究策略是十分重要的,这其中包括建立气候监测系统、研究关键科学不确定性、增进我们对人类活动影响的认识、评估社会对气候变化的脆弱性、使气候变化风险减至最小以及使气候变化效益达到最大。我们的首要目标是增强对气候变率和气候变化的预测能力,其中也蕴涵着加深对人类活动影响气候的认识。

Ⅱ.5.4 21 世纪展望

为了认识未来几十年内气候研究的迫切性,有必要回顾过去几十年内气候研究成果

(包括对气候系统认识的提高和遗留关键不确定问题解决能力的提升),此外也有必要强调气候研究对社会的重要性。

Ⅱ.5.4.1 20世纪回顾

1970年代早期和80年代,由于大量与天气有关的灾害在全球很多地区发生,而且越来越多的证据表明人类活动正在改变大气中痕量气体成分浓度,因此人们研究气候变率和气候变化的兴趣日益提高。由此,通过世界气候研究计划(WCRP)和美国的一些研究计划(比如美国国家气候计划和美国全球变化研究计划USGCRP),观测得到加强,并开展了资料分析和过程研究等工作,气候模式也得以改进。现在首要任务是开发可靠方法,提高对气候变率和变化的预测能力。从以往研究回顾中我们可以获得许多丰富多彩的认识,下面三节将阐述气候研究现状。

季节到年际气候变率和厄尔尼诺/南方涛动

ENSO是全球尺度上季节-年际气候变率的一个主要信号。ENSO由冷相位和暖相位组成,其中暖相位厄尔尼诺事件最引人关注。厄尔尼诺事件是指赤道中、东太平洋表层海水异常变暖,并伴随大尺度降水异常(图Ⅱ.5.1)。厄尔尼诺事件出现周期不规则,为三至六年。尽管20世纪早期就知道厄尔尼诺事件给毗邻热带太平洋地区国家的海洋捕捞、农业和水资源带来不利影响,但直到1980年代,关于厄尔尼诺发生机制、厄尔尼诺事件观测和广泛影响等方面才有了重大进展。

1982—1983年发生的厄尔尼诺事件,是20世纪最强的,不但没有提前预报,甚至直到该事件发展到盛期才有察觉。许多世界范围灾害与该事件有直接关系(秘鲁洪水、秘鲁鱼市场的倒闭、澳大利亚和婆罗洲加里曼丹岛毁灭性干旱和森林大火),从而使得实时监测热带太平洋洋面温度、预测ENSO位相和强度迫在眉睫。

基于此,世界气候研究计划(WCRP)的国际TOGA计划得以形成。TOGA计划取得了大量成果,其中包括了美国科学家们的重要贡献(NRC,1996c):

1. 发展了TOGA观测系统,该系统由65个TAO系留锚、可下潜的海水温度探测器(XBTs)、移动浮标、潮汐计、大气综合探空系统及自愿观测船组成(图Ⅱ.5.2),所有观测实时远程传递到全球无线电通信系统(GTS),从而能够史无先例地实时观测大气、海表和热带太平洋次表层状态(McPhaden等,1998)。

2. 发展了一系列关于ENSO的理论,认识了导致ENSO不规则发生的机制(Battisti和Sarachik,1995;Neelin等,1998)。

3. 揭示了赤道太平洋暖事件和其他地区气候现象之间的关系,并开始认识导致这些关系的动力学机制(Lau和Nath,1994;Trenberth等,1998)。

4. 建立了大气-海洋耦合模式,能够模拟热带太平洋ENSO的主要特征(Zabiak和Cane 1987;Delecluse等,1998)。

5. 已显示出具有提前一年预测热带太平洋东部到中部海面温度异常的技巧(图Ⅱ.5.3)(LaJPG等,1994,1998)。

6. 发展了由大气-海洋耦合模式、资料同化和初始化技术组成的预测系统(Klee-

man 等,1995;Rosati 等,1997)。

7. 实现了 ENSO 方面的常规和系统预测(Ji 等,1996)。

8. 短期气候变率预测正将应用于受 ENSO 影响的国家的社会和经济效益(Moura,1994)。

提前一年或一年以上预测 ENSO 是一个具有里程碑意义的成就,这对于学科发展以及应用这些预测结果为人类谋福利都有重要意义。因此,我们现在应当巩固预测经验,拓宽视野,深入探索全球季节到年际变率的可预测性及其应用。

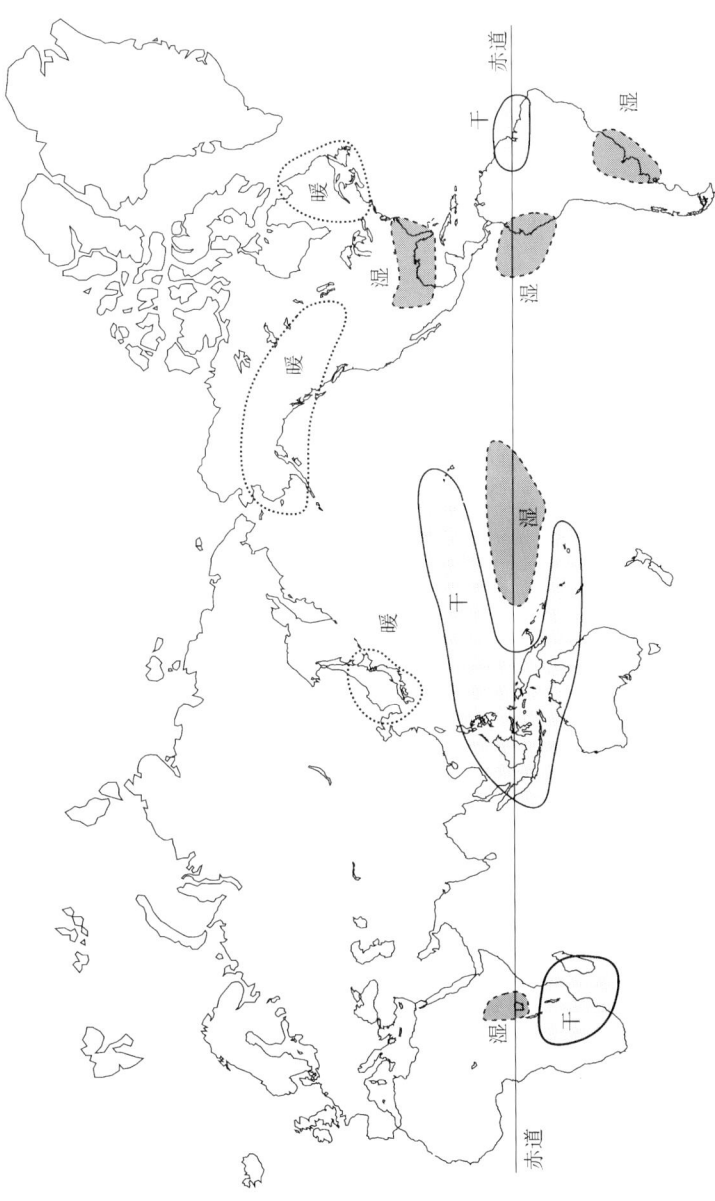

图 II.5.1 北半球冬季与南方涛动暖位相有关的大尺度气候异常示意图。
基于 Ropelewski 和 Halpert(1986,1987)与 Halpert 和 Ropelewski(1992)(源自:NRC,1994a)。

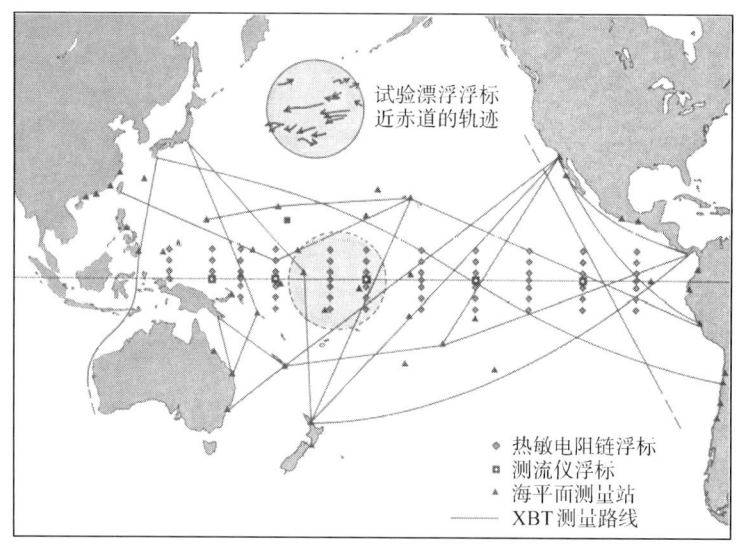

图 II.5.2 TOGA 观测系统(TAO)(源自:NRC,1996C)。

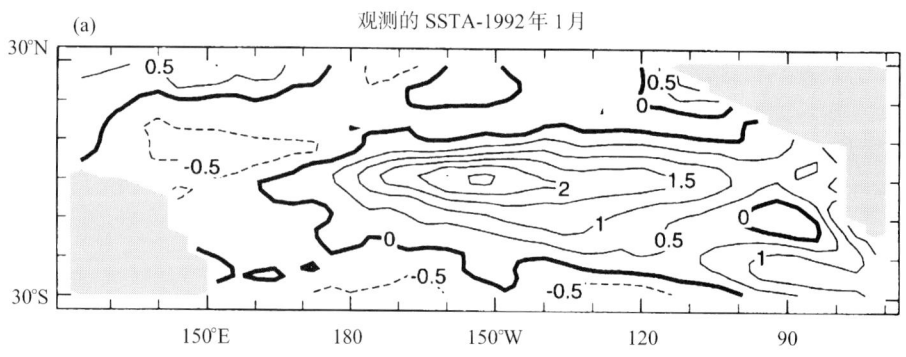

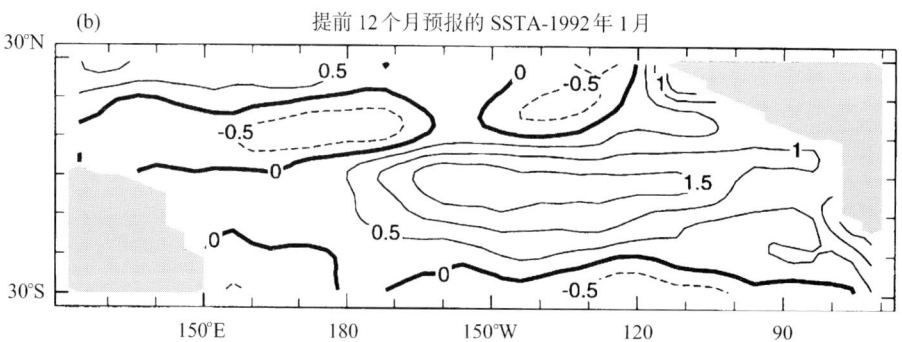

图 II.5.3 (a) 观测到的热带太平洋海表温度异常(SSTA);(b)Cane 和 Zebiak(1987)提前一年的预测结果(经皇家气象学会允许复制)。

年代到百年尺度气候变率

一个多世纪的零散观测记录和过去几十年来相对稠密观测资料分析表明年际气候变率的存在。基于树木年轮、冰芯、珊瑚和湖底沉积物的研究,表明年代到百年时间尺度气候变率也同样出现在历史长河中;毫无疑问,这些变率仍将在未来发生。相对于年际尺度气候变率而言,观测证据和对这种较长时间尺度气候变率的认识都很薄弱。然而,在过去的二十多年间,由于认识到未来气候变化的监测和预测十分复杂,也有很多不确定性,因此加强了年代到百年时间尺度上自然气候变率的研究。在观测和研究年代到百年时间尺度气候变率方面的努力,为21世纪气候研究提供了重要方向:

1. 历史记录分析给出了一些发生在北美地区的十分有趣的、时间周期较长的波动例子,包括(a)1930年代温度显著升高和降水明显减少;(b)1960年代至1970年代,美国东海岸热带风暴强度降低;(c)1975—1985年间年际变化增强、冬季平均温度升高以及总降水量增加;以及(d)过去几十年湖面高度发生变化(图II.5.4)。

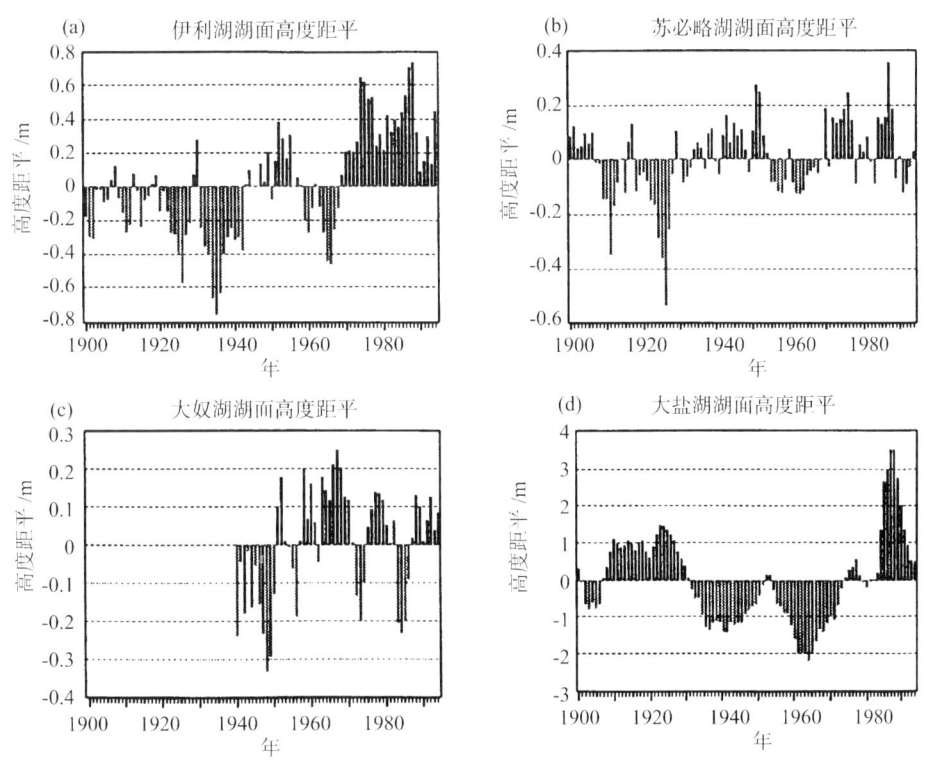

图II.5.4　几个北美湖泊湖面高度距平(源自:Nicholls等,1995)。

2. 海洋时间序列,尽管长度有限,也表现出重要的年代到更长时间尺度的变率,例如1976—1977年北太平洋海表状况的突变,北半球海冰界限的波动,以及北大西洋强烈的盐度异常。

3. 对历史记录的仔细研究,也可以分辨出由于观测改变(如观测站点迁移或仪器变更)而导致气候时间序列出现虚假的跳跃或不连续(图II.5.5)。

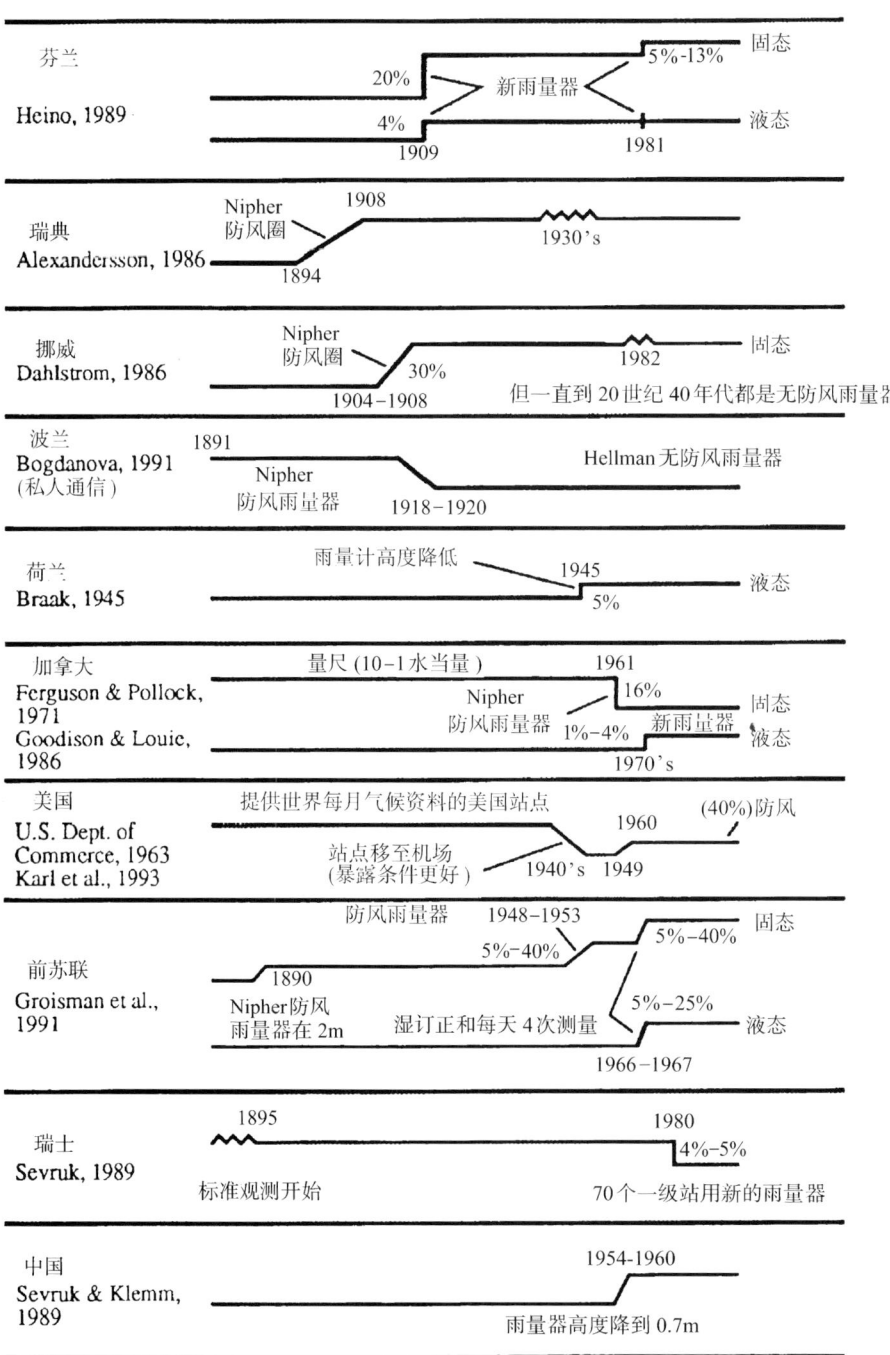

图 II.5.5　几个降水观测系统偏差随时间变化的例子，在许多国家都有发生（源自：Karl 等，1993）。

4. 通过共同努力,获取了与自然变率有关的长期资料(如从冰芯中获得了20万年前自然变率证据,从树木年轮中获得了一千多年前自然变率证据)。冰芯分析表明了百年到几百年自然气候变率的存在,同时也提供了区域到全球范围内气候突变(短到1~10年)的有力证据(图Ⅱ.5.6)。一项关于中纬度亚洲大陆树木年轮的研究表明,20世纪后半世纪是这个地区过去一千年中最暖时期。对气候替代性指标的进一步研究表明,评估史前气候变化也是可能的。

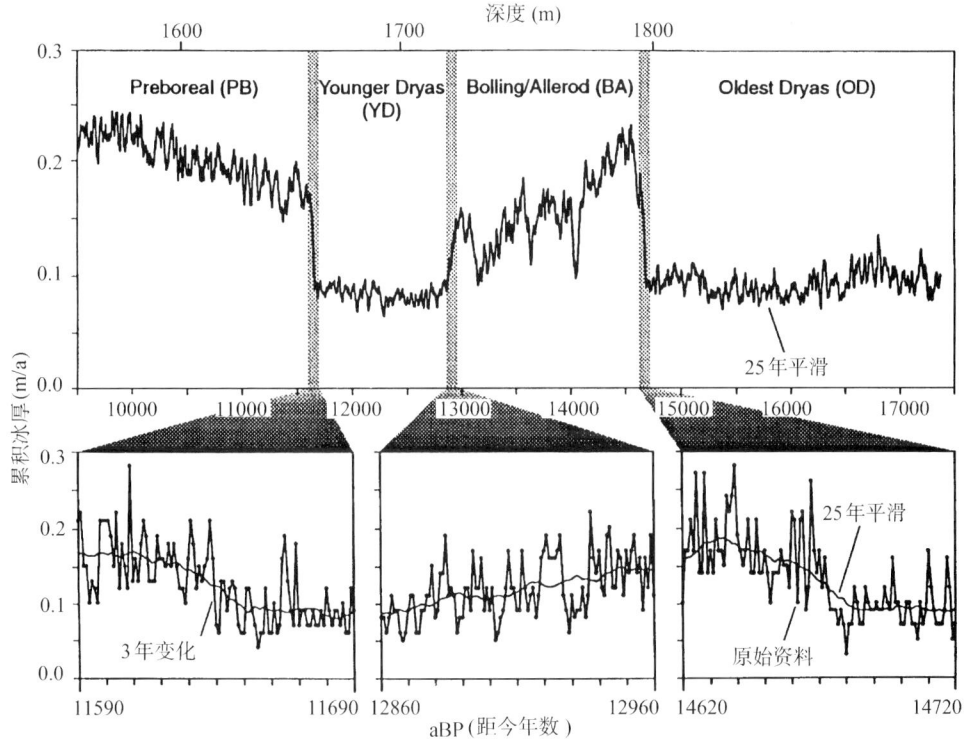

图Ⅱ.5.6 格陵兰中部积雪深度表现出突变现象。源自:Alley等,1993。经 Macmillan 杂志有限公司允许复制。

5. 模式研究表明,海气相互作用可能是导致年代到百年气候变率的一个可能机制。简单模式的试验证明,与热和湿通量相联系的海气耦合中的不对称性可能产生变率模态。与表面热通量和温度变化相关联的反馈很强,但这些反馈很复杂(例如降水引起的淡水供应对海洋环流有重要影响,尽管海洋盐度变化对大气直接影响不大)。

6. 海气耦合和海洋环流模式长时间模拟结果显示,温盐环流除了有较短时间尺度(几十年)的变化外,还存在百年尺度的变率。这些研究与观测和其他模拟试验一起,表明北大西洋及其深层海水形成是年代到百年变率研究的一个焦点。

7. 气候模式研究表明,陆面特征与大气之间的反馈可能也是年代际变化的重要因子(如西非荒漠草原萨赫勒持续干旱)。

8. 直接观测皮纳图博火山爆发产生的气溶胶特性及其辐射强迫,为增进我们对气候系统的认识(图 II.5.7)提供了良好机会。皮纳图博火山导致的全球辐射强迫是 4 W/m²,与二氧化碳浓度加倍产生的辐射强迫量值相当,但符号相反。气候模拟成功模拟出气候对该辐射强迫的响应强度,从而提高了模式预测能力的可信度。图 II.5.8 中,垂直虚线表示喷发量。平流层温度资料来自卫星观测[图 II.5.8(a)],图中给出的是10°S处 30 hPa 纬向平均温度,资料来自 NOAA 的 M. Gelman。模式模拟结果给出的是 8°~16°S 处 10~70 hPa 层平均温度。零线给出的是 1978—1992 年平均。对流层温度资料[图 II.5.8(b)]也来自卫星观测,模式给出的是全球结果。零线给出的是火山喷发前 12个月的平均。地表温度资料[图 II.5.8(c)]来自气象台站观测;观测和模式模拟给出的都是全球结果。零线给出的是火山喷发前 12 个月平均。注意模拟中采用一个简单方法处理光学厚度变化,即初始火山云光学厚度随时间线性衰减,而不是基于对火山云演变的详细观测结果。

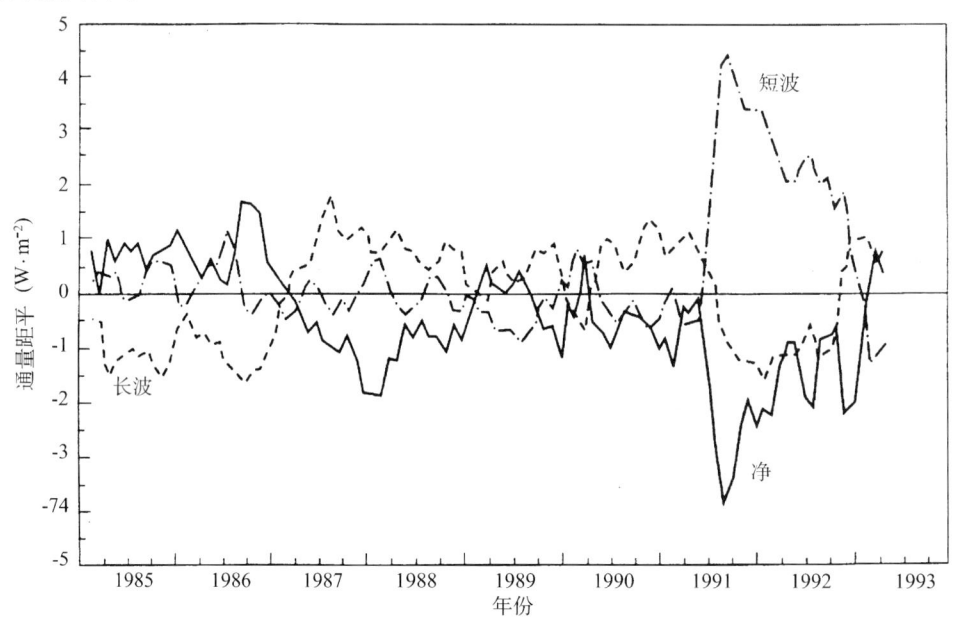

图 II.5.7 由宽视角地球辐射收支实验(ERBE)获取的北纬 40°到南纬 40°长波辐射(LW)、短波辐射(SW)和净辐射(LW−SW)距平时间序列(相对于 1985—1989 年 5 年的月平均)。1991 年中期以来的偏差主要因皮纳图博火山喷发引起,其中 1991 年 8 月净辐射距平大约为−4 W/m²,比 1985—1989 年内的标准偏差高出 3 倍以上(源自:Minnis 等,1993;Minnis,1994 更新)。

9. 观测和模式显示 ENSO 事件的周期和振幅都存在明显的低频变率,这意味着ENSO事件的可预报性可能存在年代际变化。比如,1990 年代前半期,东太平洋(赤道南北纬 30°之间)出现大幅度增暖,对应于热带海面温度预报技巧下降。这种年代际调制的原因还不得而知。

10. 观测和模式均阐明自然变率的部分复杂性。由于许多强迫因子量级的确定以及各种潜在原因都存在不确定性,使得不同变率机制的区分非常困难。这些不确定性包括:地球系统各子系统内部的变率、与子系统(各自具有不同响应时间)之间耦合有关的变率、强迫引起的变率(如太阳变化和火山爆发)。认识自然变率是合理利用资源、保证人类健康、农业生产和经济安全的基础。20世纪气候研究业已证明自然变率的复杂性,并开始记载其范围。这些结果表明,开展进一步研究对于缩小与未来气候变化检测和预测有关的不确定性是十分重要的。

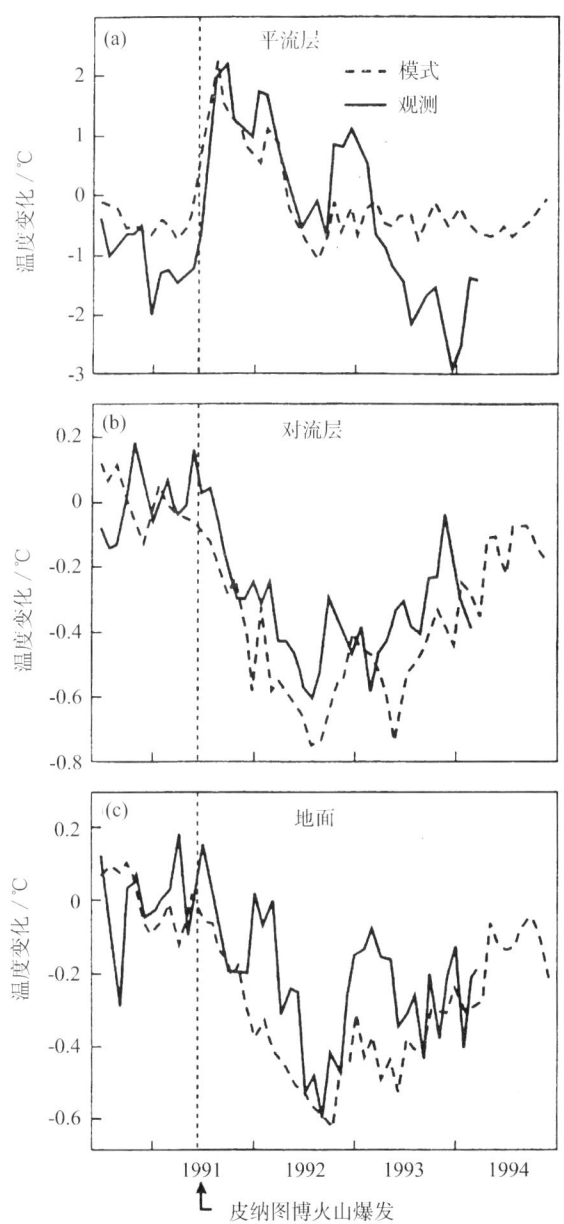

图 II.5.8 观测和模式(来自 GISS 大气环流模式)模拟的皮纳图博火山爆发期间月平均温度变化。垂直虚线表示火山喷发时间(由 Hansen 等(1993a)更新。源自:M. Gelman,NOAA)。

评估人类活动对气候的影响

温室气体吸收大气气体、云和地球表面发射的红外辐射,同时自身也发射红外辐射。当前大气中温室气体(包括二氧化碳 CO_2、甲烷 CH_4、氧化亚氮 N_2O 和卤烃)的浓度已经明显高于工业化之前的水平[水汽也是重要温室气体,下面还将讨论(Raval 和 Ramanathan,1989;Chahine,1992;Stephens,1990)。]温室气体浓度上升显然是人类活动造成的。由于这些气体的红外吸收,其浓度的增加促使全球增暖。现在争论的焦点不是这些温室气体能否导致全球变暖,而是气候变化的时间、强度以及区域气候变化特征如何等更难的问题,包括区域气候极端事件如热带和亚热带风暴、局地强风暴、冰雹、洪水、干旱、热浪的变化特征如何。现在对未来气候变化的预测还不成熟,还有很多不确定性需要研究(IPCC,1996),这些不确定性包括(1)气候的自然变率(NRC,1995c);(2)很难预测未来温室气体和气溶胶浓度变化(NRC,1993,1996a);(3)不可测因素(如火山爆发)和未知因素(未知的人为影响,未知的气候反馈)的影响;(4)缺乏对整个耦合气候系统的认识。由于存在上述不确定性,因此关于未来温室效应导致全球增温,往往采用全球平均温度在特定温室气体排放情形下上升的范围来衡量(比如对应于 CO_2 浓度加倍,全球平均温度上升 1.5~4.5 ℃)。尽管过去几十年的研究在预测未来人类活动导致的气候变化方面取得了很大进展,但在全球气候变化背景下的区域和局地变化特征还很不清楚。

对气候系统强迫和响应以及人类活动在气候变化中作用的研究,为我们提供了很多认识:

1.大量全球气候模式对比研究表明(图 II.5.9),不同模式中云反馈强度的不确定性超过 400%,有些模式预测云有很强的正反馈,而有些模式表明云有弱的负反馈。云反馈强度的不确定性导致了气候模式预测的不确定性。地球辐射收支实验(ERBE)五年定标的观测结果表明,云对地气系统是全球净辐射冷却效应。区域云强迫资料分析表明,全球气候模式中对云辐射相互作用的处理显然有很大缺陷。区域云辐射强迫对海洋热量输送的强度和方向有显著影响(Gleckler 等,1995;Hack,1998)。大气中温室气体浓度变化对其他因素的净效应仍然是一个突出的科学问题。

2.水汽是当今大气辐射中最重要的温室气体,因此,关于水汽作用和反馈的研究,无论是在理论、观测、模拟还是在研究方法方面,都有长足发展。相对湿度观测(尤其在高层大气)的不确定性,是导致地面气候变化以及不同高度气候变化预测不确定性的重要原因。

3.气候模式中陆面过程描述的改进——从早期地表反照率、发射率和简单桶状("bucket")水文学参数化,发展到现在生物圈-大气圈的全耦合的多层土壤传递方案——表明植被-气候反馈、陆地表面和土地利用的改变对气候的影响可能是非常显著的,因为它们影响了能量、水分和陆面温室气体通量。

4.海洋环流模式和海气耦合模式模拟试验表明,未来全球气候有可能发生难以想象的变化。比如,模拟表明与北大西洋水分循环变化有关的海洋环流可能有多个稳定态。通过这些模拟试验可以清楚看出,在模式中显式加入海洋热量输送和海洋过程(比如分辨温盐环流和精确描述海洋表面湿度和能量通量)是非常重要的。

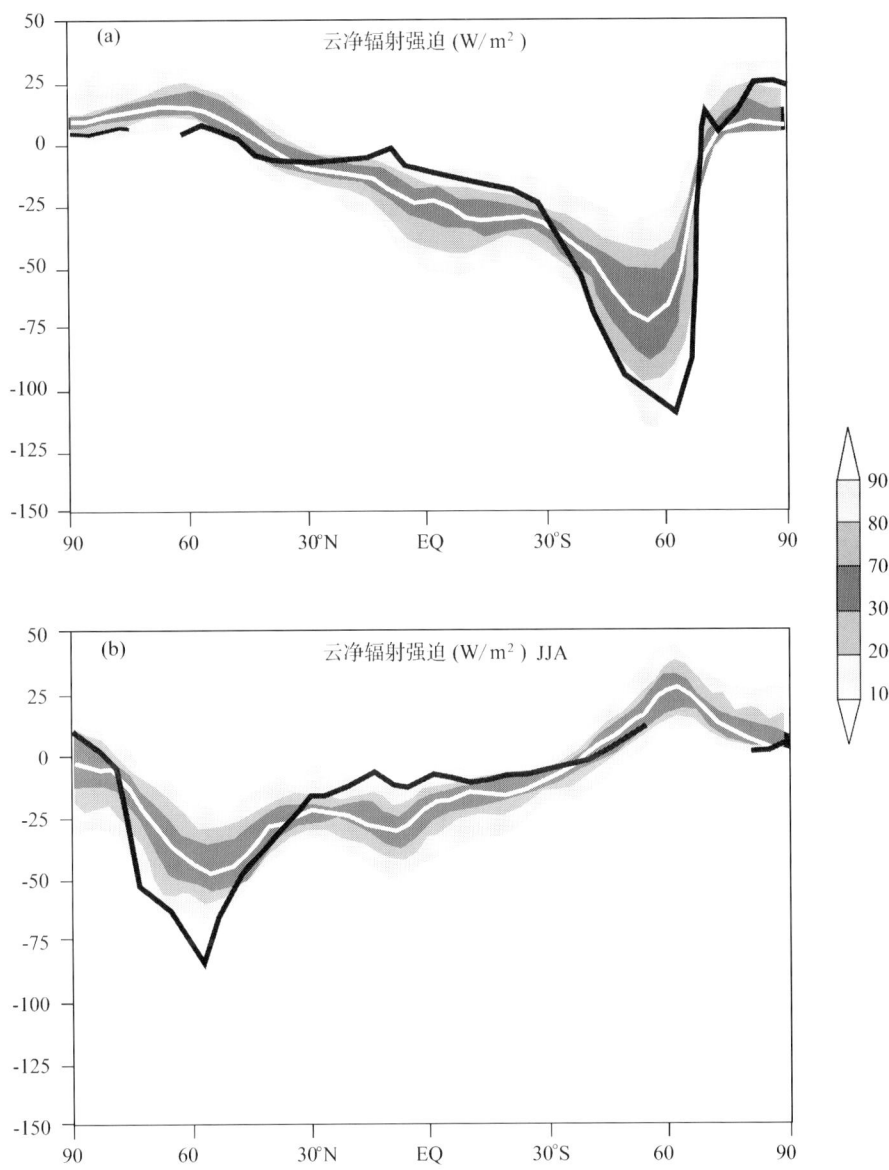

图 II.5.9 观测(黑线)和大气模式对比计划(AMIP)模式模拟的纬向平均云净辐射强迫 (W/m^2)。(a)12月—2月和(b)6—8月。白线表示模式结果平均;阴影分别表示模式平均周围的 10、20、30、70、80和90百分数。观测来源于1985—1989年ERBE资料。AMIP中气候模拟中, SST设定为1979至1988年平均。注意大多数模式高估了云在热带地区的冷却作用,而低估了 云在中纬夏季的冷却作用(源自:Harrison等,1990。经美国地球物理学协会允许复制)。

5. 在模式中加入痕量气体辐射效应及其在大气中的分布,能够显著提高气候模拟能力。而且,过去十多年的研究已经证明大气化学和气候相互作用的重要性,以及在气候模式中应当在这方面加以改进。就这个问题而言,模式模拟表明,依赖于温度的反应速率是大气臭氧浓度确定的一个重要因素,反过来臭氧浓度也影响温度。化学反应在确定硫酸盐气溶胶和 OH 自由基的浓度和分布中也是十分重要的。

6. 与冰盖和雪盖有关的各种反馈,因为依赖于冰雪的高反照率和绝热特性,因此使得海冰、冰盖和雪盖在气候系统中特别重要。在模式中加入一个简单参数化方案,用于海冰以及雪盖和反照率之间关系的描述,便能够显著改变模式在极地的模拟能力,这充分说明冰盖和雪盖的重要性。这些模拟结果进一步说明,在模式中需要对海冰更加全面的参数化,包括冰动力学和热力学,以及完全的雪盖参数化和加入动力冰冠。

7. 对时变气候的模式模拟研究(模拟过去 100 年至未来 100 年气候变化,包括时变的强迫),为模式模拟能力更严格的检验提供了条件。比如,从不同大气环流模式 GCM 所模拟的温度时间演变的比较中,可以看出这些大气环流模式的重要局限性。另外,海洋示踪资料加上气候系统模式的时变积分,可以用来估计碳、质量和热量输入进海洋内部的机制。时变气候模拟也可为温室气体浓度上升的气候效应提供更加准确的评估。

8. 人为气溶胶可以通过散射太阳辐射直接影响气候,也可以作为云凝结核改变云的辐射特性和消亡时间来间接影响气候。气溶胶浓度上升至少在局地起到了冷却气候的作用,在历史观测到的气候变化中也有贡献。气溶胶可能是解释二氧化碳增加引起增温的模式预测与观测之间差别的一个原因(图 II.5.10—图 II.5.12)。然而对气溶胶特性和分布的研究目前还很不够。

9. 从改进天气预报的经验中可以看出,使用更高分辨率模式和运用经验方法,使模式能够包含区域特征(比如改进地形、植被和土壤特性),有可能提高气候模式预测能力(Giorgi 和 Avissar,1997)。

10. 除了对自然气候变率的认识和观测方面有了进步以外,古气候资料与模式模拟对比给出了地质时期气候对许多气候强迫因子(包括二氧化碳)敏感性的范围,这些敏感性与 IPCC 评估给出的范围非常相似。

11. 气候模式与用来评估全球变化对农业、水资源、生态系统、健康和经济的模式之间的联接,以及定量分析气候变化的正负效应,已经取得很大发展并显示集合评估的前景。

过去十几年间在人类活动引起气候变化的预测方面取得了明显的进步。但是,许多关键气候问题仍然没有解决。要解决这些问题,必须在以下三个方面加大力度(1)长期的资源投入;(2)综合和集成的观测、过程研究和模式研究计划;(3)致力提高预测的研究。

II.5 进入21世纪气候和气候变化研究 197

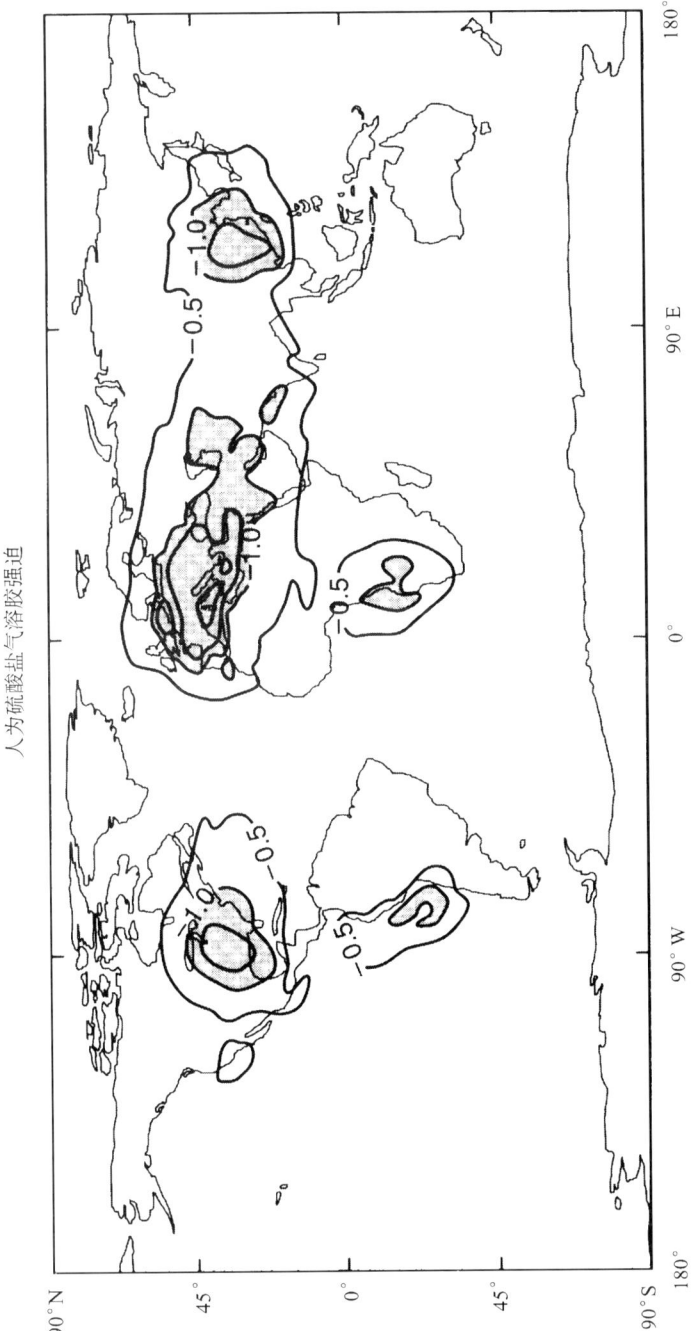

图 II.5.10 人为硫酸盐气溶胶导致的年平均直接辐射强迫（W/m²）(源自：Shine 等，1995)。

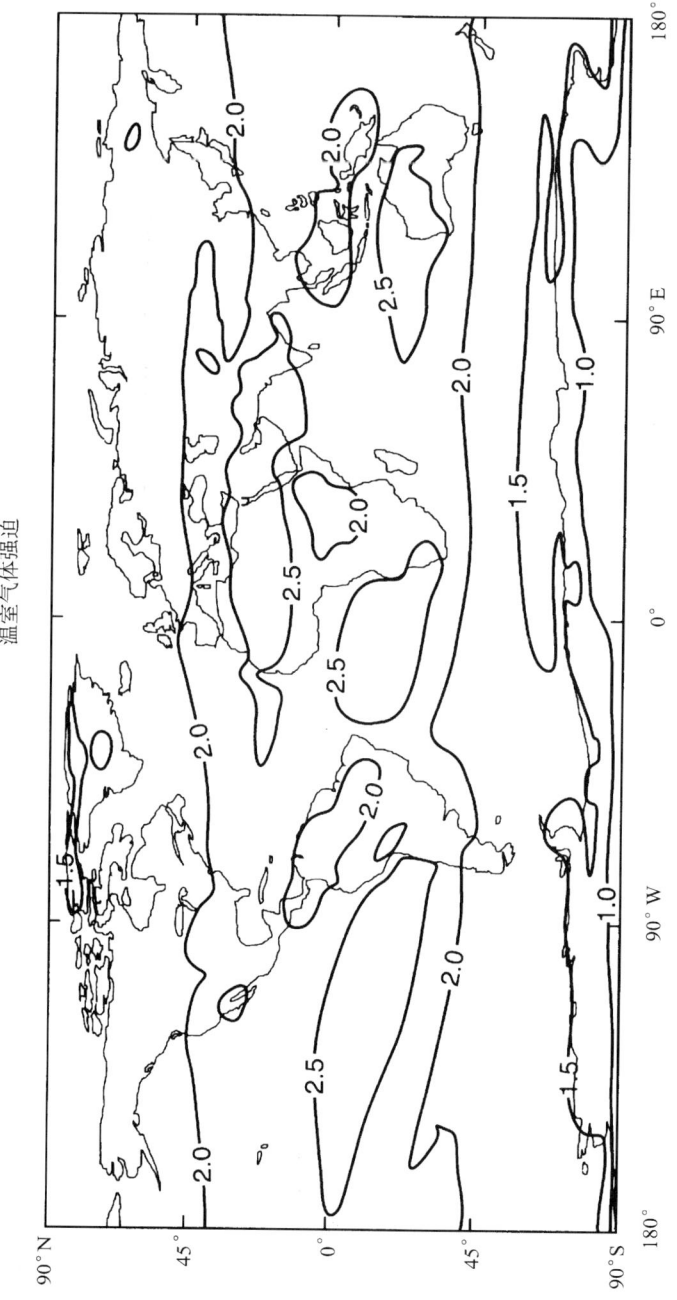

图 II.5.11 从工业革命前至现在的 CO_2、CH_4、N_2O、CFC-11 和 CFC-12 浓度变化导致的年平均瞬时温室效应（W/m^2）（源自：Shine 等，1995）。

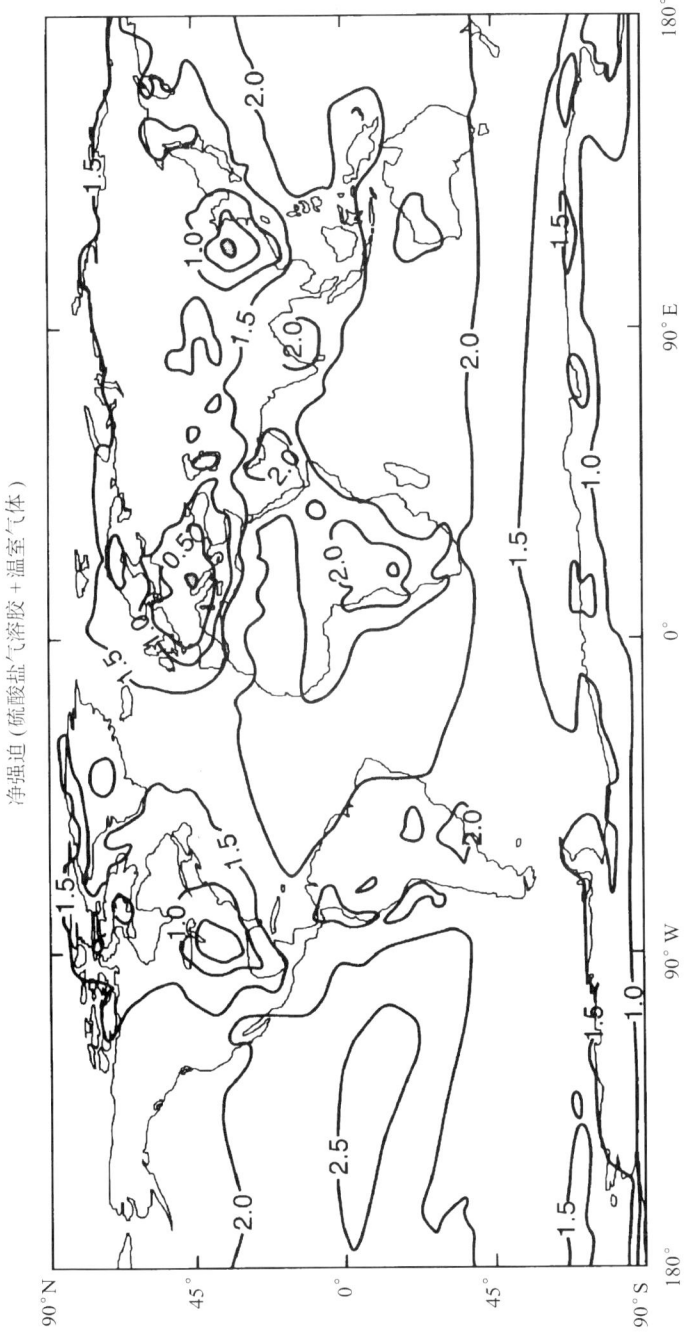

图 II.5.12 自工业革命以来温室气体和硫酸盐气溶胶浓度变化导致的年平均瞬时辐射强迫（W/m²）（源自：Shine 等，1995）。

Ⅱ.5.4.2 科学问题

科学上的不确定性,加上潜在的显著气候变率和气候变化,需要我们制订细心的、聚焦的科学战略。这个科学战略的根本出发点是要解决以下关键科学问题:

- 季节到年代际甚至更长时间尺度上全球和区域气候变率的本质是什么?气候变率的时空分布特征如何?气候变率的极值如何?在区域尺度上严重影响社会的气候现象是什么以及这些气候现象的概率分布如何?
- 这些气候变率在多大程度上是可预测的?预测技巧对于哪些参数在哪些区域以及哪些季节最高?什么资料和模式特性能提高预测能力?
- 需要哪些资料来评估这些预测?
- 什么是地球的气候历史及其形成原因是什么?
- 全球气候系统中,哪些是人为导致的变化,哪些是自然强迫导致的变化?这些强迫在多大程度上能够解释气候观测记录?
- 气候系统,包括气候变率和极端事件,对温室气体、各相态水、气溶胶和其他人为因素变化的响应是什么?例如,温室气体的增加对ENSO变化的强度和频率的影响如何?这些影响在全球如何显示?
- 在一个适合评估气候变化对人类活动影响的尺度上,气候变化能够在多大程度上被模拟出来?
- 气候变化对全球系统其他部分的影响是什么,特别是与人类密切相关的系统(如生长季、农业产量、疾病传播)?需要什么样的信息才能使得气候变率和气候变化预测的社会效益达到最大?

Ⅱ.5.4.3 21世纪气候研究的关键驱动力

20世纪的观测和研究是推动21世纪气候和气候变化研究的动力,这些推动力包括日渐意识到(1)气候变率和潜在变化的事实,(2)气候变率和气候变化对社会和经济影响(图Ⅱ.5.13),(3)提高预测能力的机遇,以及(4)迅速受益于预测技术的改进。主要驱动力如下:

- 季节到年际气候变率(如ENSO循环的位相)与大范围天气异常有关,有时与极端天气有关,造成经济和社会混乱。

热带太平洋海面温度(SST)在年际尺度上的变化,与ENSO事件密切关联,产生了局地、邻近和远程效应。ENSO局地效应非常强,这主要决定于暖水期的降水。当太平洋中部和东部SST上升,强降水区向东延伸,位于最暖水区上方,使得热带太平洋西段变干,而热带太平洋中部和东部潮湿。ENSO暖相位的局地效应包括太平洋中部岛屿降水和风暴增加、秘鲁和厄瓜多尔沿海半干旱平原降水增加、巴西东北部干旱、巴西南部和乌拉圭降水增加、印度半岛雨季(夏季)干旱、澳大利亚和印度尼西亚干旱。ENSO的远程效应也很明显,但并不清楚其中的机制。ENSO暖位相的远程效应经常包括纽芬兰岛和北美西北部气温异常偏高、非洲次大陆(包括南非和津巴布韦)干旱、亚洲季风偏弱。

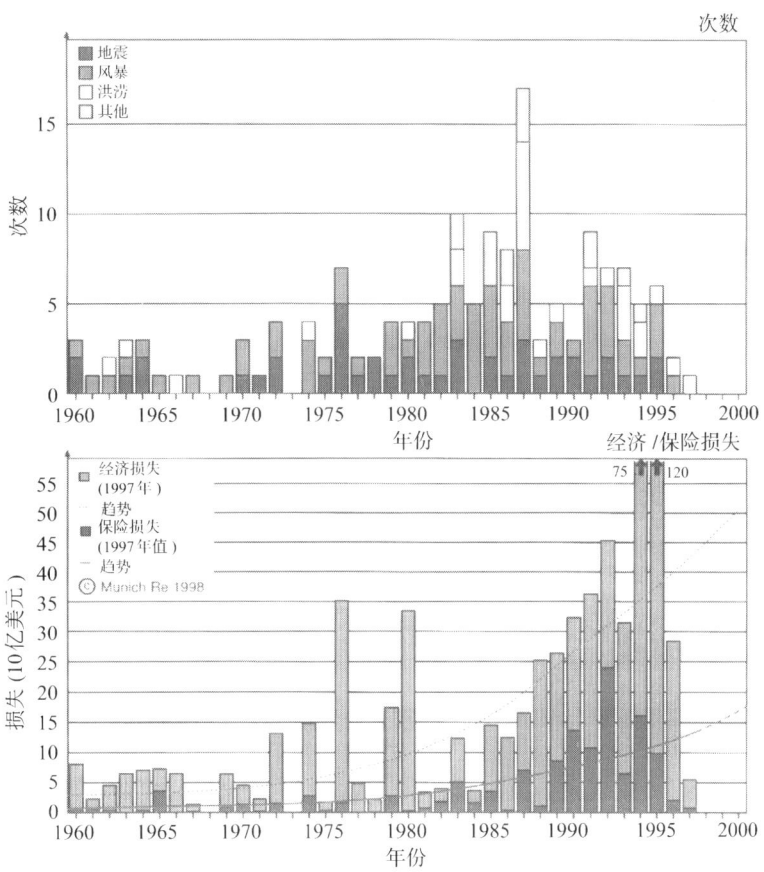

图 II.5.13　严重自然灾害的次数和损失。经济损失已经根据通货膨胀调整
（源自：G. Bertz，1998）。

1982—1983 年 ENSO 暖位相造成的经济损失估计达到 130 亿美元（1983 年美元）。

- 过去 20 多年中，大气、海洋和陆地系统耦合模式发展表明，耦合系统中的某些方面（特别是 SST 和降水）是可预报的。

从 Cane & Zebiak(1987) 首次提前一年预报 1986—1987 年 ENSO 暖相位开始，ENSO 预测系统对历史 ENSO 事件的预测有很大进步。一个典型的预测系统包括以下几个方面：一个耦合的大气海洋模式；TOGA 观测系统和其他资料来源提供资料用于模式初始化；资料同化和初始化方法（包括气候资料质量控制）；比较预报和观测的评估程序。上述各方面的近期发展表明，提前一年的预测技巧仍然实用，但预测技巧有年代际变化，其原因还不清楚。可预测性期限也不了解。现有的基于过程的物理模式的预测能力，与最好的统计回归模式的预测技巧大体相当，因此，未来对海气耦合系统中过程层面认识的提高，并将这些认识加入到物理模式中，必将提高模式预测能力。

- 如果能够提前预测 ENSO 事件，我们便能从提前采取应对措施中立即获得实际利益。

秘鲁、巴西和澳大利亚已经常规使用热带太平洋 SST 预测结果（例如，秘鲁通过了调整农业政策的法律)。由于提前预测了1986—1987年ENSO暖事件带来的温暖多雨气候,故栽种了水稻而没有栽种棉花,因此消除了ENSO暖事件通常可能造成的负面影响,农业产值维持在正常年景水平。巴西东北部本属于半干旱气候处在农业过渡带,但现在将ENSO预测结果运用到农业计划中以后,即使该地区极端干旱,农业产值也能维持在正常年景,从而避免了巴西历史上因人类迁徙带来的瘟疫和地方病。当然,这些成功的例子受制于预测技巧。因此,推广这些成功个例需特别谨慎。我们需要长时间序列资料来判断一个预测系统的预测技巧,对ENSO事件更是如此,因为ENSO只能解释部分年际气候变率。例如,巴西东北部地区降水与热带大西洋变量(如SST)的相关很高。ENSO仅能解释巴西东北地区降水变率的20%~25%。

- 历史和古气候资料以及海气耦合模式研究,表明气候可能存在显著的长时间周期变率。不管有无人类影响,未来气候都会发生显著变化,给人类和经济带来的混乱也将非常显著。

各种来源的古气候资料表明,气候在年代到百万年尺度上表现出大量的气候变率。耦合模式模拟试验提高了我们对导致这些长时间尺度上气候变率机制的认识。考虑到导致这些气候变率的原因(从强迫变化(如火山爆发),到地球系统不同部分之间耦合引起的内部变率),我们有理由相信这些气候变率在未来也将发生。古气候资料显示,区域和全球气候变率可能超过目前观测到的年际变率,这些年际变率已经给社会和经济带来严重混乱。

- 提高对地球耦合系统的认识,将增进我们对各种时间尺度上自然变率的理解,从而增强预测能力,并从中受益。

区分导致年代到百年尺度上气候变率的机制非常具有挑战性。一个主要机制是地球系统组成部分之间的非线性耦合,这些耦合具有不同时间尺度,或者耦合是不对称的(如大气和海洋之间温度和盐度的耦合)。地球系统组成部分耦合模式还很不成熟。在这些方面取得进展,将有可能提高对导致年代到百年尺度上气候变率主要机制的了解。在这方面,尽管还不能预测自然变率的某些强迫因子(如火山爆发),但提高气候变率预测能力还是可能的。

- 二氧化碳、甲烷、氮氧化物、CFCs以及气溶胶浓度上升,土地利用和土地覆盖变化,都直接或间接与人类活动有关。

现在大气二氧化碳浓度比工业化以前浓度(直接观测和从冰芯观测得到)高出30%。二氧化碳主要的人为源(矿物燃料燃烧和森林砍伐)显著高于人为汇。碳同位素研究表明温室气体浓度上升是由于矿物碳和生物质的减少。现在甲烷浓度超过工业化前浓度一倍以上。观测到的甲烷浓度上升与人为源(如农业、能源制造和利用)和潜在汇的变化是一致的。氮氧化物比工业化以前高出10%,已经查明了它们的重要人为源(尼龙生产和农业活动)。因为没有自然源,工业化以前卤烃(halocarbons)浓度为零。过去50年,二氧化硫(SO_2)的排放已经急剧增加;大约在1940年左右,人为SO_2排放已经超过全球自然源排放。大气中SO_2的大量增加导致了硫酸盐气溶胶浓度的显著上升。

- 目前基于温室气体和气溶胶浓度增加以及土地覆盖变化的气候模式模拟结果表

明，未来气候将可能发生相对于历史和古气候记录而言更大更快的变化，并对人类活动和生态系统产生深远影响。

关于温室气体辐射效应已经非常清楚。由于温室气体的红外吸收特性，温室气体浓度上升将加热大气。气候模式能够模拟与温室气体和气溶胶相关的未来气候变化的强度和时间。IPCC 一系列模式模拟试验及其评估表明，21 世纪末全球平均地面温度将上升 0.9～3.5℃。对二氧化碳浓度加倍的气候最佳估计是 2.5℃，不确定范围为 1.5～4.5℃。与历史和最近的古气候资料相比，这些预测的气候变暖是很强烈的，也将是过去 20 万年中全球最暖时期。虽然上一个冰期温度变化强度与某些温室气候效应预测结果相当（上一个冰期全球平均温度大约比现在低 3～5℃），但从冰河期转变到间冰期用了几千年，而不是现在的一百年。运用这些模拟结果来检验潜在的人类活动影响，表明气候变化将使作物产量、能源和水资源供应、自然生态系统，以及其他方面（如传染病的潜在分布）发生显著变化。

- 尽管过去 20 多年中气候模式发展有重大进展，但现在的气候模式仍有很多不确定性。

气候模式在十年前与现在相比差别很大，特别是在模式空间分辨率上、海洋、水循环和陆面过程的处理上，植被－大气相互作用以及云处理上，都有很大差别。但是，大多数海－气耦合模式仍然表现出相当大的漂移，这说明气候各个子模式及其耦合方面仍然有问题。敏感性试验表明不同的气候模式对给定强迫的响应差别很大，这是由于模式中这些过程的参数化方案显著不同。在很多情况下，因为我们逐渐意识到一些特殊相互作用的重要性（如植被－气候），模式的改进实际上反映了这些不确定性，然而我们对其中隐含的过程不甚了解，从而不能确定这些改进的效果如何。为提高这些模式的预测能力，模式中关键过程的精炼是十分必要的。

- 加深对完全耦合气候系统的认识，提高预测能力，从而有可能将未来气候变化影响风险降至最低，而使收益增至最大。提高未来气候预测能力将可能对经济活力和国家安全带来积极影响。

20 多年来，ENSO 事件预测的改进、天气预报由于增加特殊系统部分（如土壤湿度）产生的改进、气候模式的改进，都强有力地说明：通过增进对耦合地球系统的认识，提高预测能力是完全可能的。正如年际－季节预报有相当大的经济价值，在更长时间尺度上提高预测能力也可以给经济活力和经济安全带来积极影响。

- 通过区分自然变率和人类活动导致的气候变率，国际、国内和区域政策的发展将会增强。

由于未来气候变化的模式预测有很大不确定性，也不能明确将人类活动导致的气候变化信号从自然变率中区分出来，阻碍了最佳政策的制定和维持。三个因素制约我们解决这些不确定性的能力：(1) 缺乏综合气候观测系统，(2) 对自然变率的特性和范围不甚理解，(3) 现有气候模式有局限。

- 现在的观测能力和观测活动还不足以提供长期的、连贯的高质量观测，用于全球和区域气候变化研究。

在为业务天气预报服务的观测系统建设中,我们积累了很多经验。但是大多数情况下,这些观测系统的运行不能满足气候研究需求。原因有以下几个:基础观测设施已经老化(NRC,1992,1994d);当观测技术有重大改变时,很少采用标准程序,开展并行观测;关于观测资料性质、站点迁移、算法和质量控制的信息描述还不充分;某些变量的观测不连续。应当重点关注已有气候资料的长期一致性。真正针对主要气候变量或水文变量的长期一致的观测资料还很少。此外,为了研究海气耦合、大气水分－气候反馈关系、云在气候变化中的作用,还应当加强特殊变量的观测。

Ⅱ.5.5 气候研究的目标和需求

20世纪气候研究结果发现了一批尚待解决的重要科学问题。气候对经济和社会的重要性促使我们必须执行综合气候研究计划。针对这些科学问题,我们有不同的科学研究目标。大多数情况下,这些研究目标针对多个科学问题。对于每一个科学目标,我们列举了一系列必要的研究条件,这是从过去研究经验和教训中得到的,是从现有的不确定性分析以及科学讨论中获得的,此外也是从气候和气候变化研究机遇评估中得到的。

Ⅱ.5.5.1 目标1

制止现有观测系统老化并加以改进,将其作为建立综合气候观测系统的第一步,将满足气候需求作为这个业务系统建设的首要条件。

长期连续观测那些描述大气、陆地和海洋状态的关键参数,是研究气候的基本条件。这些资料是分析气候变率特征和程度的主要信息来源,是决定气候是否变化的基本条件,也是评估气候模式的基本条件。

然而,现有的观测系统距离解决科学家和决策者所关注的气候问题的需求还有很大差距。事实上,现有观测都是为天气预报而设立的。而许多重要的气候变量的分析研究也是基于这些观测资料。通过简单描述这些观测资料,就可以看到问题的实质所在。世界气象组织(WMO)世界天气观测网(WWW)的实地观测是陆地地表温度资料的主要来源。这些资料不是没有问题,比如国际间资料交换问题(这是WMO 40号决议寻求解决的问题);热带地区资料匮乏或资料质量很差的问题;即使在美国也没有一个基准温度监测网,也没有专门用于年代际温度变化的监测网络,此外,美国最高和最低温度观测也没有统一标准。在一些观测站点,仪器变更时没有足够的并行观测时间,因而资料一致性有很大问题(Quayle等,1991)。位于机场的地面自动气象观测站受城市热岛效应影响很大。关于年代际气候变化的定量评估,比如极端温度,目前还存在很多问题,包括台站更替问题、城市热岛问题、飞机尾气排放问题、局地条件变化问题、仪器更替问题等。而海洋上的观测资料主要来自十分稀疏的船舶观测,因而必须采取复杂程序来校准资料,才能用于分析全球和区域海洋温度变化。全球地面探空站网和搭载在NOAA极轨卫星上的微波探测仪,对于大气垂直结构变化的探测非常重要。WMO和GCOS已经发展了一个由 140 个探空站点组成的监测网络,用于气候监测。现在 140 个站点中已有 27 个站点停止了工作。前苏联最近也减少了探空频率。加拿大已经关闭了一些高纬站点。NOAA 也在考虑缩减 14 到 20 个站点(NAOS,1996)。卫星资料也可能存在问题。考虑到 NOAA 的政策是尽量缩小极轨卫星之间的重叠,因此卫星的重叠问题也凸显出来。导致的结果是不同卫星之间对流层温度观测存在很大偏差,而卫星的重叠观测很少,因而科学家们可能很难订正这些偏差(Hurrell 和 Trenberth,1998)。我们现在谈到的仅仅是一个最基本的变量——温度,但从这是可以清楚看到存在的问题和缺陷,即气候研究所依赖的观测系统是为其他目标而设立的。

现在给气候学界提供资料的观测系统实际上并不是为气候监测而设立的。现有观测系统都没有考虑到气候研究的需求。尽管存在这些困难,这些资料还是在监测和分析自然和人为气候变率和变化中发挥了很大作用。但应该看到现在观测系统发展趋势是资料质量在下降、关键气候因子监测在减少、关于资料观测和处理的原数据缺失,这些都严重阻碍了气候研究的发展。

首要的挑战是建立一个持久的气候观测系统,用于大气、海洋、陆地和水循环的监测。而实现这一目标最有效的办法是改进现有观测系统。这个挑战是多方面的,首先,现有的为业务天气预报服务的主要观测系统都很少考虑观测持续性和连贯性,而这是气候研究所必需的。在大多数情况下,简单的资料观测和管理方法(图 II.5.14)都会对气候研究产生很大影响,比如关于资料精度、时效、采集和处理资料所采用的技术和算法的日常记录;在废除旧观测方法之前,新旧观测方法之间偏差的分析;更有效使用现有资料等方面。

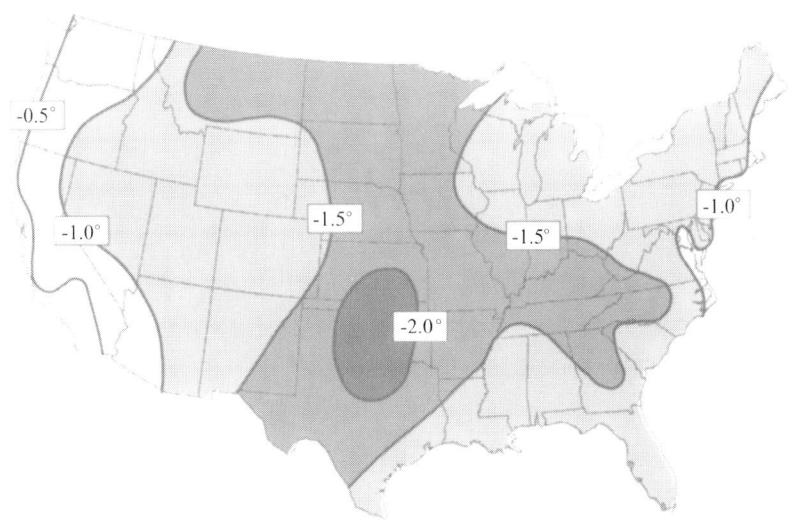

图 II.5.14 观测时间从下午 5:00 改变到上午 7:00 对三月平均温度(℃)的影响。美国用于监测年代到百年尺度上气候变化便是基于这些气候台站资料(源自:Karl 等,1986)。

其次，美国气候观测资料的采集往往是通过多个联邦（州或当地）机构之间的联合来完成的。现有观测系统中一些关键项目对于全球变化研究非常有价值，但单个机构或研究计划预算缩减对这些观测影响很大。这些关键观测项目中包括那些有长期观测历史的乡村站点，部分大气高层探空站点和部分沿海浮标站点。发展一个可靠的气候观测系统是当前首要任务。这需要采取综合的观测策略，使得观测对单个机构或预算的依赖非常小。在这个综合观测战略中，我们首先必须认清现有观测系统中的关键观测项目，并拟定一个综合观测计划。

现在卫星已经采集了海量大气圈、水圈、岩石圈、生物圈和陆面过程数据。为确保获取年代到百年尺度气候变化研究所需要的长时间序列资料，长期连续的卫星观测是十分必要的。卫星观测中应当关注和缩小轨道漂移带来的偏差。此外，新旧传感器之间应当有较长时间的平行观测，这样才不至于在新旧传感器传递过程中导致观测资料不一致（图 II.5.15）。同样，卫星观测中新传感器的引进也是保持气候监测资料一致性的一个很大挑战。在旧仪器淘汰之前，新旧仪器之间存在的观测偏差必须很好地解决。

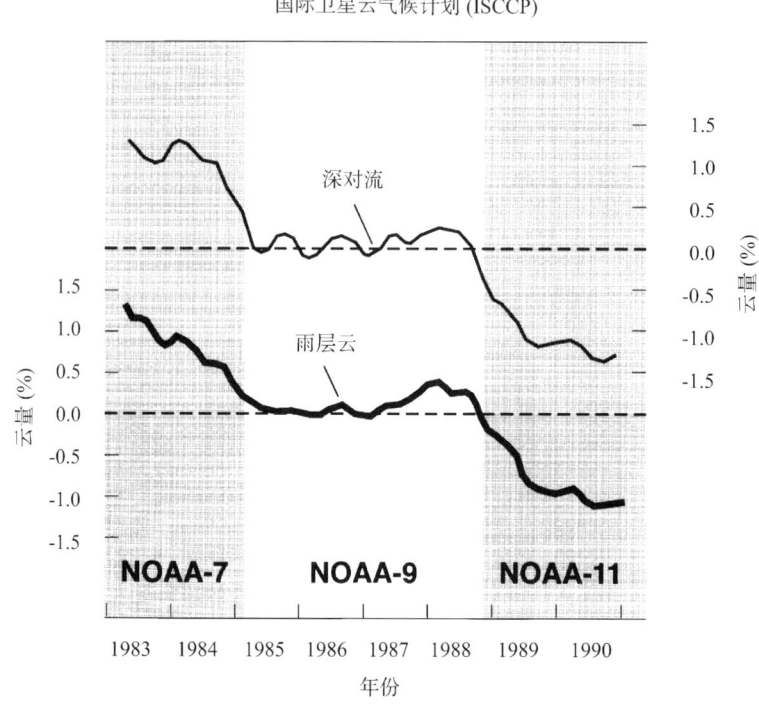

图 II.5.15　月平均（50°N～50°S）云量距平图，从中可以看到，尽管资料采用了一致的标定处理，不同卫星系统之间仍然存在观测偏差和漂移（源自：Klein 和 Hartmann，1993。经美国地球物理协会允许复制）。

尽管我们非常认同观测的价值，从研究型的观测系统（如 TOGA 观测系统，特别是 TAO 观测阵列）转变到业务型的观测系统仍然非常困难。TOGA 观测系统采集的资料对世界业务天气预报机构是非常有价值的。观测系统提供了太平洋大部分区域的洋面风场,在这些地区还没有其他仪器观测。维持 TOGA 观测系统资料和信息的传输是十分必要的。在将研究型系统转为业务型系统过程中,应当基于业务型系统需求来评估研究型系统,以决定这些研究型系统是否需要扩充或压缩,以使资源使用和效率达到最大。

气候本质上是一个全球问题,建立一个可靠的、实用的气候观测系统,需要国际社会共同努力。为达到这个目标,WMO 正努力确定一系列观测项目,以满足气候系统监测、气候变化检测以及气候变率和变化研究的具体要求。WMO 试图建立一个国际认同的全球气候观测系统(GCOS)。考虑到国际上认同观测标准和程序的重要性,以及 WMO 在组织天气观测中的历史地位,美国参加 GCOS 对于气候研究是相当重要的。

国际间资料和信息获取越来越受限制的趋势应当受到遏制。那些在业务实时天气预报之后失去市场价值的资料和信息对气候研究仍然价值不菲,因此这些资料在业务预报使用之后,应当在短时间内免费释放。完全、公开的资料交换是建立气候观测系统的一个重要方面。我们必须充分利用现有观测系统,确保业务观测资料能够运用到气候研究中。长期一致的观测气候变量和气候强迫因子,是实现本学科评估中气候研究目标的必备条件。

以下这些是实现这个目标的必需要求:

1. 只要可能,应当采取一贯的资料采集和管理措施,确保业务型和研究型系统观测用于气候研究。

2. 部门间共同计划,确保关键观测项目长期进行,防止由于单个机构预算压缩造成观测不连续,充分认识这些观测是一个稳定和综合研究计划中的重要组成部分(这个计划是为解决气候变率和变化而设立的)。

3. 维持那些具有明显预测价值的重大研究观测系统,如 TOGA/TAO 观测阵列。

4. 美国政府大力支持并参加 GCOS 的发展。

5. 确保资料和信息在国际间完全和公开的交换。

Ⅱ.5.5.2 目标 2

除现有观测之外,增加关键因子的观测和监测,包括大气水汽、海洋温度、盐度(环流)、洋面风场、土壤湿度、降水(包括云水和气溶胶)、雪盖、海洋冰厚度、冰盖地形和全球气候系统的主要强迫(太阳常数,气溶胶,土地利用改变)等的观测。

在发展一个综合气候观测战略时,分清观测所服务的两个科学目标是十分重要的:

1. 为那些控制气候变率性质、时间、速率和地理分布的关键过程的分析而设立观测:为这个目标服务的观测在规模上应当是综合性的,应当包括这些过程中各种相关变量的观测。

2. 为检测气候变率和变化而设立的观测:一般而言,为这个目标服务的观测必须仔细筛选,能够从气候系统的噪声中分离出来,使得气候变化的信号最大化;必须确保这些观测具有相当高的精度,并能够维持相当长的时间。

为这些目标服务的观测战略应当独立发展,同时应抓住机遇将这些观测仪器和平台集成起来。

检验气候模式需要长期观测资料,而这些资料应当充分综合并且覆盖全球足以区分不同物理机制。通过过程试验和监测深入研究水汽分布和输送;深入研究海洋中热量、盐度和动量输送;深入研究海气和陆气间能量通量中的过程,都是为了解决当前在海气耦合认识方面的不足。这些都是分析气候模式敏感性以及认识控制自然气候变率过程中的主要不确定性因素。

我们必须建立一个包括关键变量和强迫的全球气候资料库,用于自然气候变率的统计分类和自然变率可预测模态的确定。在确定人为造成的环境变化是如何改变或影响自然气候变率及其可预测模态中,以及在提高模式预测能力的研究中,这些资料也是必需的。

此外,如果不充分评估所有主要强迫因子(包括对太阳常数、气溶胶、温室气体、陆地表面变化的评估),将很难检测人为因素导致的气候变化,很难理解和预测自然变率。要确定太阳辐射输入和/或温室气体影响气候的显著性程度,只有通过改进观测以及协同努力用不同的强迫因子与气候观测相比较才能得以解决。同时,增加气候观测系统必须考虑维持经费的制约。

大多数必需的观测都需要有相应切实可行的技术。许多技术将被运用到重要观测系统(如 NASA 地球观测系统 EOS),或被重要国际研究计划采纳[如全球能量和水循环试验(GEWEX),气候变率和预测计划(CLIVAR),GOALS-十年-百年计划,世界海洋环流试验(WOCE)]。现在的问题是,经费预算有限以及经费倾向于投向那些能获得短期效应的研究项目,因此我们如何从这些不同的观测计划中形成一个最佳的、整体的、集成的观测系统,以确保这些观测得以连续并有很好的空间分布,这是非常有挑战性的。GCOS 必须协调讨论和规划。

一系列的预算审查和压力可能导致气候观测的连续性逐年有所调整,因此气候观测的连续性得不到保证。NASA 地球观测系统(EOS)和其他研究,这些不是为业务和机构任务服务的工作,能否长期进行,变数很大。GEWEX 和 GOALS 也易受预算的影响,这两个计划均是为研究与水分和能量通量有关的关键因子而制订的,目的是为了提高和评估季节-年际气候变率预测能力。但是悬而未决的预算影响着参与这些研究计划科学家的兴趣和决心。

在一些领域,气候观测从研究型转向业务化需要技术的发展。通过充分利用现有观测,增加气候系统关键变量(如水汽)及其强迫因子(如气溶胶和太阳常数)的观测,气候观测系统将取得实质发展(NRC,1993,1996a)。如果关键变量和主要气候强迫因子的观测不能成为一个连续的、高质量的观测系统的一部分,那么要想在气候研究方面获得成功是非常困难的,甚至是不可能的。NASA 地球观测系统将提供水汽、降水(云,气溶胶)和太阳辐射强迫的崭新观测资料。这些观测资料中的大部分都必须与实地观测进行比对,而用于实地观测的仪器仍有不足之处(机械雨量器存在空气动力偏差,用于气溶胶和云光学特性和组成分析的系统对于日常观测而言还太笨重)。在其他方面,卫星技术还不成熟,长期的全球观测要成为现实(如海洋盐度、土壤湿度、海冰厚度)还有待于技术进步。

这方面的发展需要职能部门如 NASA 和 NOAA 的投入,也需要研究支撑机构如 NSF 的支持。考虑到如此多的机构加入并发挥作用而且各自有不同的目的和责任,因此保证观测连续性,用实地观测系统标定新仪器,维持观测的广度,可能都有一定风险。因此所有机构都应当承担责任,才能维持一个成本不高但稳定的观测系统。

实现这个目标需要以下条件:

1. 为研究气候系统不同部分之间的耦合过程,增加新观测,分析新资料,提高对年代到百年尺度上气候变率的认识。

2. 增加现有业务观测设备,持续支持过程研究和确保长期地球系统观测。

3. 确保所有部门在实地观测和卫星观测方面承担责任,这些观测是研究气候系统中的不确定性所必需的,包括长期观测地球系统中那些关键变量,比如对主要气候强迫因子的观测。

Ⅱ.5.5.3 目标3

使用历史和古气候资料,分析全球和区域气候变率的特性。

现代观测提供了大量气候信息。但资料长度不足以分析更长的、时间尺度在十年到百年尺度上的气候变率。过去几十年大量研究表明,树木年轮、湖泊沉积、珊瑚、冰芯可以提供这些长时间尺度气候变率的信息。最新研究表明,从那些高沉积速率地区采集的海洋沉积资料,通过现有技术,能够提供长期气候变率的高质量信息。持续采集和分析这些古气候资料,对于认识地球气候历史,和提供分析环流模式模拟大尺度气候变化的能力所需要的信息,都是至关紧要的。为了更宽地描述自然变率,有必要为每一种资料类型和多种物理变量建立巨大全球资料库。而且,我们必须意识到,在很多情况下这些资料采集工作必须及时开展,否则这些记录可能不复存在。特别是随着高山冰川和冰盖退却,如果不及时采取冰芯钻探手段,蕴涵其中的气候记录将永远消失。

古气候记录需要解译和合成。这些观测并不是对状态变量的直接记录,而只是一些替代指数,从中能推导出气候状态。我们必须下大力气,提高现有树木年轮、湖泊沉积、冰芯和珊瑚资料的分析技术,并开发出新指数。

历史事件的史料记载也是重建过去几千年气候的重要信息来源。这些资料也可用于古物理气候资料的对比(如树木年轮、湖泊沉积和珊瑚资料)。

实现这个目标需要以下条件:

1. 高山冰川和冰盖是气候自然变率信息的储存库,在这些信息库消失之前,应当广泛采集样品。

2. 从世界各地继续采集和分析来自树木年轮、湖泊沉积、珊瑚和冰芯资料,积极从海洋沉积中提取高分辨率气候信息。

3. 加强气候信息替代指数研究和验证工作。

Ⅱ.5.5.4 目标4

通过观测资料的分析、自然和人为强迫因子的相关、过程研究、气候系统耦合模式的建立和分析,研究控制气候变率的主要过程。

加强气候观测计划(目标2)以及历史和古气候资料的分析与合成,对于确定控制气候变率的机制以及确定这些气候变率如何与自然和人为强迫因子相联系,都是十分紧要的。如果有足够证据说明观测到的气候变率确实源于那些未知过程,那么未来的研究计划(包括外场和理论研究)应该放在这些未知过程的研究上。研究已经表明这些未知过程可能包括那些控制大气边界层中动量、热量和水汽输送(包括低层云和辐射)的过程。就海洋而言,部分气候变率应当对那些控制洋面和温跃层碳和养分交换的过程十分敏感,而对这些机制目前还不是很清楚。我们应当优先进行过程研究缩小气候系统中重要反馈(如海冰和云反馈)中的不确定性,这将改进重要小尺度(不可分辨的)过程的集成参数化(如大气和陆地生态系统之间的水分、能量和碳交换)。过去几十年中对一些关键区域成功地开展了过程研究。比如,TOGA外场实验和模式研究关注的是季节到年际气候变率很大的区域,从中获取了全球尺度的变化信号。如果我们要确定控制气候变率的机制,那么理当优先研究强信号区域。

事实证明,仅从气候系统模式的分析中也可推断气候系统的变率,而且这些变率与不可分辨过程密切相关。比如,最新研究表明,模拟的气候变率对模式中的参数化细节极端敏感,而且当子模式耦合到气候系统模式时,系统模式对参数化的敏感性加大了。在这些情况下,应当加强不可分辨过程的参数化研究。

耦合气候模式的发展是研究控制气候变率的机制所必需的。例如,模拟研究表明,海-气相互作用是解释年代到百年尺度气候变率的一个可能机制。耦合模式也是提高对ENSO的理解和预测的有力工具。此外,耦合模式的发展集中在大气、海洋、生物圈和岩石圈界面上物理过程的研究。多次反复证明,发生在这些界面上的能量和质量通量交换有很大的不确定性。因此,气候研究应当优先考虑开发耦合气候系统模式。开发这些计算量很大的模式,需要有很强的计算条件和学科间密切合作。在模式中显式描述大气、海洋、生物圈和岩石圈系统,需要跨学科交流和合作。

实现这个目标需要以下条件:

1. 如前所述,加强气候观测系统的能力建设,发展专门的监测计划。
2. 在重点过程和区域(能够提高气候系统变率认识)开展集中研究。
3. 加强计算条件建设,集中力量发展气候系统模式,显式描述大气、海洋、生物圈和岩石圈。
4. 加强学科间交流和合作。

Ⅱ.5.5.5　目标 5

提高气候预测技巧。

目前在季节－年际气候变率预测中使用两种方法。第一是采用经验－统计方法做季节和年度预测。第二是重点预测热带太平洋 SST 变化以及与之相关的降水变化。第二种方法首先运用 TOGA 观测系统获取的实地观测资料初始化海洋上层，以及将 TOGA 观测同化到海洋模式获取海洋初始化条件，然后将海洋与初始化大气耦合，并让耦合系统积分到预测时段。既然降水与 SST 变化高度有关，该系统能够有效预测降水。这些预测被热带太平洋周边国家应用到各经济行业中。

气候预测技巧可以通过很多方法得到提高。在那些证明有预测技巧的地方，问题是如何通过改进资料质量和数量、改进耦合气候模式和资料同化方法、经常对比预测系统预测结果和验证资料来连续评估预测系统，提高预测技巧。

在还没有可预测性的地区，首先必须寻找那些可预测信号（如通过观测气候参数与 SST 的相关），然后将其在模式模拟阶段表现出来。在随后的模拟中，可以检验资料初始化是否合适，同化过程是否正确。如果在这个阶段发现有可预报性，那么便可以运用实测资料来初始化模式和评估预测系统。这个过程很繁琐，早期需要有大量计算资源，后期需要大量实地观测资料。有用的可预测性揭示之后，接下来的是建立一个观测系统，使用常规的系统预报流程来探索提高预测技巧。

预报开发的早期阶段需要开展大量研究工作，当建立预报系统并使之常规化之后，工作便会越来越业务化。热带太平洋的预测已经走过了早期研究阶段，现在正转入一个更加稳定和持久阶段。在这个转变过程中，在 TOGA 观测系统的密度和质量被观测系统评估试验所彻底地评估之前，以及在预测技巧在更大范围推广过程中得到验证之前，维持 TOGA 观测系统是十分关键的。

研究战略必须首先充分挖掘 ENSO 循环的可预报性，然后重点寻找和开发与全球耦合系统有关的预测技巧，包括与 ENSO 没有直接关系的其他时间尺度过程。

将季节－年际时间尺度上的预测技巧扩展到全球更多的地区，这是新建立的 GOALS 研究计划的核心，GOALS 是世界气候研究计划 WCRP 中的一个核心计划，是 CLIVAR 的一部分。在研究阶段，GOALS 寻求提高热带太平洋的预测技巧，然后逐步将其推广到全球更多地区。基于热带地区热源相互作用的简化特征（决定着热带环流的多数特征），GOALS 第一阶段将从热带开始。建立 ENSO 与季风相互关系，这是推广的第一步。ENSO 与美国西海岸、西北地区和东南地区气候条件的相互关系的研究，使得对北美大陆降水预报试验成为可能。当研究扩展到热带以外地区，陆地－海洋－大气耦合将扮演更重要的角色。

相对大气而言，海洋变化的时间尺度相对较长，基于此，将预报技巧推到一年以上是可能的：假设海洋有一个初始条件，大气－海洋系统的耦合动力学充分控制水分到达地表的途径从而使海洋初始条件的一些印记得以保留，这些信息大于大气叠加到系统的噪声。在这些条件下，需要对海洋中缓慢运动有深刻理解，特别是对海洋表面和大气内部如何交换的理解,方能证明可预报性;这构成了年代到百年计划的研究内容,即 CLIVAR 计划的另一部分。

刻画热带太平洋以外地区气候系统季节—年际尺度变率的可预测性程度,是研究成功的一个重要标志。在这方面的成功将使得常规(业务)季节到年际预报达到被国际上采用的水平。这有赖于集成评估工具的开发、研究目标的设立、预报信息(包括不确定性)的分发和国际间合作(如何使用这些预报)。这些目标的实现对解决社会需求有重大贡献。

从历史和古气候资料中推导出非常明显的十年到百年尺度气候变率,以及通过耦合气候模式和资料分析确定气候变率在十年到百年尺度上具有可预测性的领域和空间范围,将是气候变率研究方面的重大进步。

实现这个目标需要以下条件:

1. 维持重要的研究型观测系统,这些系统对改进气候预测有显著作用。一个典型例子是 TOGA 观测系统。

2. 支持用于研究和改进季节到年际预报的综合计划的建立和实施。这是 WCRP 的 GOALS 计划的目标。

3. 支持用于研究季节到年际变率机制以及推断更长时间尺度上可预报性的综合计划的建立和实施。现在,这方面的计划已经加入到 WCRP 的年代到百年和人为气候变化计划中。

Ⅱ.5.5.6 目标 6

继续改进人类影响气候的分析和预测,包括气候变率的变化和极端事件发生概率的变化。

使用各种全球气候模式和观测资料,开展人类如何潜在影响气候及其变率的研究。气候模式研究表明,由于人类活动导致温室气体和气溶胶浓度上升以及土地利用变化,使得全球和区域气候处于危险变化之中。但气候变化的实质和时间还不清楚。未来气候变化的预测还有很多问题,这是由于对气候变率还认识不够、未来温室气体和气溶胶浓度变化的预测还很困难以及气候系统耦合方式还认识不足。基于未来温室气体和气溶胶浓度增加的推测而进行的的气候模拟结果表明,与历史记录相比,未来很有可能发生大且快的气候变化。增进对完全耦合气候系统的认识,能够提高预测能力,从而为社会采取措施、适应未来气候变化、防止甚至消除未来气候变化带来负面影响提供支持。增进对未来气候变化的预测能力将给经济活力和国家安全带来正面影响。

过去 10 年的研究已经表明,如果要在气候预测方面取得进展,应当缩小许多关键因子的不确定性:

首先,现在的观测系统还不能观测强迫气候变化的所有关键性全球因子。例如,尽管就太阳常数变化是否能解释所观测到的气候波动的问题,长期争论不休,但现在仍然缺乏对地球系统太阳辐射输入开展长期、持续的标准观测。同样,对全球气溶胶浓度和特性的观测还不足以评估气溶胶在气候中的作用。没有一个加强的气候观测系统,这些争论仍将持续下去,而得不到一个满意结果。

第二,关于气候对二氧化碳上升敏感性的许多争论来自于上对流层水汽观测的不确定性以及对气候-水汽反馈认识的不确定性。要平息这个争论,水汽观测急需改进。

第三,关于海-气耦合、陆地-植被-大气耦合、海冰模拟以及云-气候相互作用,还有很多不确定性。结合精细区域模式的使用、外场观测、诊断分析来弥补观测与气候模式典型时空尺度之间差异的过程研究,将为改进模式参数化提供重要保证。对古气候和历史资料的诊断分析也可提高对气候变化中过程的认识。在许多大尺度条件下开展这些研究,将产生一系列物理过程(如云,海冰)的通用参数化。通过改进云参数化可以缩小地表能量收支模拟中的不确定性,将提升耦合大气-海洋-陆地模式模拟的可靠性。而且,增加海洋模式的分辨率将增进对耦合系统的认识。系统分析这些气候子系统应当能够减小耦合系统的气候漂移。

第四,天气预报模式模拟试验表明提高空间分辨率能改进预报。此外,气候和气候变化预测中与人类和生态系统最密切相关的方面是那些影响水、水资源、天气灾害、农业产量和人类健康的气候变化。多数 GCM 模式空间分辨率太粗,不适于气候影响分析。提高空间分辨率必须与更好的物理参数化相配合。

第五,模式模拟和观测资料的对比,对于诊断和改进气候模式预测非常关键。许多情况下,卫星观测和实地观测资料还没有充分应用到气候模式的验证中。而且,工业化以来的观测资料时间还太短,用于模式验证还不甚理想。模式预测可信度可以通过复原工业化阶段资料、工业化以前资料以及古气候资料而获得提高。

此外,WCRP 通过 AMIP(大气模式比对计划),根据标准气候模拟进行气候模式的比较研究,从中对模式参数化进行缜密审查。这一努力的成功促成了古气候比对计划、陆面参数化比较、有限区域中尺度模式比对的开展。继续开展模式及其参数化对比将带来更多成果。

最后,加强气候研究的协调可以提高研究效率。过去几十年里,我们已经发展了观测,提高和完善了过程研究和外场观测,开发了许多大气和海洋模式,基于模式输出开展了气候变化影响评估研究。然而,从规划的新观测战略或外场试验到模式参数化改进或应用改进的发展之间的途径还没有很清楚地衔接。如果能够充分证明这些气候研究发展这种衔接战略,在主要观测系统和外场观测中耗费的人力和财力资源都是充分必要的。

发展更具物理意义的云参数化(包括云与辐射的相互作用)、耦合大气-海洋模式(使得模式对现代和历史气候的模拟中,无需依赖通量订正)以及耦合地球系统模式(包括对地球系统中主要子系统的充分描述),标志着在气候系统未来变化情景预测及其对人类活动影响研究方面有重大进展。发展更加综合的观测系统和建立更综合的气候系统模式的努力,将在人为气候变化预测不确定性的减少方面取得进展。

实现这个目标需要以下条件:

1. 加强气候观测系统的观测能力,发展上面论及的专门监测计划。
2. 聚焦于减小气候模式不确定性的研究,包括改进水汽观测、增进对气候-水汽反馈的认识、改进气候模式中大气化学和间接化学－气候相互作用的描述。

3. 开展过程研究，努力解决与边界层过程和垂直输送有关的关键不确定性，改进大气、海洋和陆面之间的耦合，增进陆面过程的显式描述（包括对植被和土壤特征的描述）。

4. 发展耦合模式，加强模式－观测和模式－模式之间的比较，特别关注太阳辐射、气溶胶浓度和温室气体浓度变化所引起的气候变化的模拟。

5. 努力提高气候模式预测的可信度和实用性，能够在相应的空间尺度上用于分析生态系统、社会经济系统和人类健康对气候变化预测的响应。

6. 加强工业化阶段、工业化以前和古气候期资料集的重建、模拟、诊断研究和分析，从而增加气候模式预测的可信度。

7. 加强观测、分析、模式发展和预测应用之间的联系，评估气候变化影响。

Ⅱ.5.5.7 目标 7

为了使社会从气候预测中受益最大，加强地球系统中与人类密切相关事件及其与气候模式预测联系的研究（如极端天气事件、生长季、农业产量和疾病传播）。

ENSO 对热带太平洋周边国家的影响，充分表明气候变率对经济有很多影响。然而，现在的气候变化预测还不够准确或不足以在一个合适的空间尺度上，帮助评估气候变化对自然生态系统、农业产量、能源利用、传染性疾病出现及传播和其他人类活动的可能影响。

考虑到在更长时间尺度上自然变率很大以及人类活动对气候有很大影响，一个特别重要的任务是提供可靠的区域气候预测并能更好地描述极端事件出现概率。

人类社会对气候变化的响应依赖于人类行为、人口、脆弱性和其他因子。因此很明显，综合评估气候变化的影响需要社会科学家和自然科学家紧密合作。这些评估可以用于政策的制定，从而使得社会利益达到最大。这些问题总结在文字框 II.5.1 中。

文字框 II.5.1　21 世纪气候研究的需求

从过去几十年研究经验的讨论中，以及在科学和社会驱动下，可以得到如下三个明确研究需求：
1. 记录和理解季节到百年时间尺度上自然变率的机制，并且评估自然变率的可预报性。
2. 实用预测技巧出现之后，提高预报、应用和评估能力。
3. 研究气候系统对人类活动的响应。

实现这些需求需要以下条件：

1. 发展和建立一个高分辨率区域气候模式，结合经验方法评估与人类直接相关的气候变化特征。

2. 通过对共同关心问题的研究，改进气候变化影响评估和使用，建立一个能够提高自然科学家和社会科学家相互联系的机制。

Ⅱ.5.6 气候研究优先领域

总结气候研究目标和与之相关的要求,得出以下四个优先发展领域:
1. 建立一个永久气候观测系统。
2. 通过历史和替代资料的集成研究,扩展器测气候记录。
3. 继续和扩大诊断研究和过程研究,揭示关键气候变率和变化过程。
4. 建立和评估气候模式,使得模式更加综合,包括气候系统所有的主要组成部分。

这四个优先发展领域提供了一个基本框架,而上面提到的目标和要求只是更加详细地介绍了如何显著提高气候和气候变化研究。上节列举的一系列要求,可能显得过于雄心勃勃,没有先后顺序。但是,一个为满足社会需求的综合气候研究计划已经在望。很多情况下,为实现这些目标的研究计划已经展开。其他情况下,需求的改变对预算影响很小。而对于余下情形,研究目标的实现,可以通过加强部门之间密切合作来达到。但应当看到,即使是一些合理的、影响很小的事宜也可能会出问题。例如,作为气候观测系统的一部分,需要保证观测连续和资料质量,但现在这几乎成为国内和国际的一个难题,因此必须首先解决这些问题。最后,必须细心规划,提高效率,力争实现所有的气候研究目标。现在有两个主要领域,其中执行一个扩展的、更有成效的研究计划的效率提高空间很大。第一是为满足研究要求和任务要求,应当集中卫星观测系统。第二是为了服务于多个科学目标,重要外场和过程研究计划之间需要更多协调。尽管上述各个要求都有很多优点,我们必须意识到美国气候研究计划在改进和增加的同时必须基于预算和其他考虑。因此,上节列举的一系列要求在下面仍将重复,但将按优先顺序展开。这个优先顺序的确立是基于一个比较简单的观点,即那些对预算影响很小而价值很高的工作应当马上开展。那些需要仔细规划或预算很高的需求应当有确定优先级,或者与现有工作折衷。

Ⅱ.5.6.1 建立一个永久气候观测系统

对预算影响最小的要求
- 只要可能,应当采取连续的资料采集和管理措施,确保业务型和研究型系统观测资料在气候研究中的运用。
- 发展和采取部门间合作计划,保证关键观测长期运行,防止由于单个部门很小的预算改变所导致的观测中断,充分认识这些观测资料对于一个稳定和集成研究计划的作用。
- 美国提供强大支持参与全球气候观测系统(GCOS)的发展。
- 确保国际间资料和信息完全、公开的交换。

严重影响预算或规划的需求
- 维持重要研究型观测系统,如 TOGA TAO 观测系列,这些观测对于预测十分重要。

- 重点缩小气候模式中的主要不确定性,包括改进水汽观测。
- 确保所有部门承担实地和卫星观测任务,包括承担那些关键变量(如主要气候强迫因子)长期观测任务,这些观测是缩小气候系统认识中主要不确定性的必要条件。

TOGA TAO 阵列业已存在,并且在研究和业务预报中都有价值。因此,维持这个观测系统是建立一个永久观测系统的首要任务。现在的问题是将 TAO 的预算从研究经费中转移到业务预算中。通过四维同化研究,业务研究应该就现有台站密度和分布特征的重要性提供建设性意见,使得对业务部门的评估所需开支最小。

现有国家极轨业务环境卫星系统(NPOESS)计划,以及 NASA 拟发射先进大气廓线探测仪器,将改进水汽观测以满足业务和研究需求。在现有预算前提下,通过 NOAA — 国防部 — NASA 的合作可以节省开支。

遗留关键问题有(1)为获得长期观测记录,确保空基仪器有足够的并行观测,(2)提供所有重要气候强迫因子的可靠观测。增加对全球气溶胶和地球系统太阳辐射输入的观测应当是优先发展的领域。

Ⅱ.5.6.2 通过集成历史和替代资料的发展扩展器测气候记录

对预算影响最小的要求
- 广泛采集高山冰川和冰盖,在这些蕴涵重要自然变率信息的库消失之前。
- 继续努力采集和分析来自世界各地的树木年轮、湖泊沉积、珊瑚和冰芯资料,积极从海洋沉积中获取高分辨率记录。
- 加大发展和验证替代指数研究力度。

Ⅱ.5.6.3 继续和加强诊断分析和过程研究以揭示关键气候变率和变化过程

对预算影响很小的要求
- 增进跨学科交流和合作。
- 增进观测、分析、模式发展和预测应用于评估气候变化影响等战略之间的联系。

严重影响预算或规划的需求
- 对那些被确认对认识气候系统变率有重要影响的过程和区域展开深入研究。
- 开展和分析新观测,研究地球系统各子系统之间的耦合过程,增进我们对年代到百年时间尺度上气候变率的认识。
- 开展深入的过程研究,减小与边界层过程和垂直输送有关的关键不确定性,增进大气、海洋和陆面之间的耦合,显式描述陆面过程(其中包括植被和土壤特征)。
- 支持综合研究计划的发展和执行,研究和提高季节到年际预测能力。这是 WCRP 的 GOALS 的目标。
- 支持综合研究计划的发展和执行,研究控制年代到百年尺度上气候变率的机制及其对更长时间尺度上变率预测的影响。现在,这项研究已经包含在 WCRP 中的年代—百年和人为气候变化计划之中。

气候学界通过 TOGA(GOALS)后续研究,已经开始关注关键区域,将研究中心从热带太平洋扩展到所有热带地区;CLIVAR 中的年代－百年计划关注长期变率的重要地区,比如北大西洋地区;GEWEX 关注能量和水汽通量,特别是陆－气界面上的通量。所有这些大计划都有明确缘由和科学计划,以及重点研究区域。实现 WCRP 这三个主要计划的科学目标以及关注高纬过程研究,是过程研究中应当优先发展的领域,可以满足上述研究需求的很多方面。在 TOGA 计划终止之后,GOALS 应该继续支持研究经费。GEWEX 和年代－百年计划都包含在美国和其他国家预算之中。但是,现在这些计划都缺乏足够的资源去及时实现其科学目标。这样的问题过去曾经困扰着 WCRP 的一些计划(NRC,1992)。这里提供三个解决方案。第一,我们必须继续努力,广泛讨论,共同提出研究计划,慎重选择优先发展领域,建议一个有效的执行计划。第二,应当在 WCRP 计划和美国参与的主要外场和过程研究活动中,加大协调力度,使得这些计划能够服务于多个科学目标。这将提供一些额外资源用于气候研究。第三,我们必须意识到,这些努力都是对气候研究的额外支持。

Ⅱ.5.6.4 建立和评估气候模式,使模式更加综合,包括气候系统的所有主要子系统

对预算影响很小的要求
- 加强模式—观测以及模式—模式之间的对比研究,重视与太阳辐射、气溶胶和温室气体浓度有关的气候变化的模拟。
- 通过对共同问题的研究,建立和促进自然科学家和社会科学家之间的联系,增进气候变化影响的评估和应用。

严重影响预算或规划的需求
- 提升计算能力以及加强气候系统模式开发,在模式中显式描述大气、海洋、生物圈和岩石圈。
- 加强气候模式中主要不确定性研究,如增进对气候—水汽反馈的认识、改进大气化学和间接化学—气候相互作用的描述。
- 在与分析生态系统、社会经济系统和人类健康对气候变化预测的响应有关的空间尺度上,提高气候模式预测的可信度和可用性。
- 开发和建立高分辨率区域气候模式,结合经验方法评估对人类有直接影响的气候变化特征。

上述观测和过程研究对于减小气候模式中的不确定性以及增进对大气、海洋、生物圈和岩石圈相互作用的理解都十分关键。要想在这些方面取得进展,必须具备以下条件(1)开发耦合模式所需的专门的计算和人力资源储备,(2)增进观测、分析、模式开发以及预测结果应用于气候变化影响评估之间的联系。提高计算能力和人力资源储备非常关键,也需要大量资金,这应当是气候研究优先资助领域。第二个优先领域是开发高分辨率模式使其适用于估计与人类有关的气候变化,这个研究是改进耦合系统模式的补充。提高计算能力,加大研究投入,这是完成这个要求的第一步。

Ⅱ.5.6.5 交叉需求

Ⅱ.5.6.5.1 教育

在21世纪气候变化研究中,教育是非常重要的。其中有三个方面尤其重要。第一,公众对气候和气候变化问题的了解非常少,导致对气候研究重要性的认识不足,也明显限制了国内和国际关于气候问题的政策的制定和执行。因此,应当鼓励向大众媒体投稿,鼓励向大众宣传气候研究的活动,这对于提高大众对气候问题的认识是十分重要的。第二,气候研究计划及其应用的长期发展依赖于从K-12教育开始的数学和科学的扎实功底,依赖于对大气、海洋以及相关学科的浓厚兴趣。我们必须将气候研究的重要性和趣味性灌输到K-12教育和大学本科教育中,目的是吸引更多的潜在的气候研究人员。气候研究团体应该通过提供最新材料和直接参与教师培训等活动来提升K-12教育。第三,我们必须保持和加强针对气候关键科学问题的研究生计划。大学可以通过以下两个方面来加强气候学研究生的培养(1)气候作为一个重要学科,增加学科交叉,(2)增加关于地球系统大型模式开发,建立和维持观测系统等方面的教育。现在的培养还远远不够,因为许多工作集中在国家实验室和其他非大学的层面上。

Ⅱ.5.6.5.2 机构设置

为满足气候研究需求,研究机构的设置必须多样化。过去20多年里,我们的资金管理部门和研究机构都变得越来越相似,从而使现在的机构设置越来越简单。不管是在大学还是在国家实验室开展的研究,那些能带来短期效益的项目往往能得到资助。因为长期综合研究项目很难在短期内取得结果,因此,现在的经费资助机制和机构评估体系(包括提升和薪水),在一定程度上限制了综合项目的发展。比如,国家实验室和大学有着截然不同的研究目标,但前者也采取了后者的评估体制,看重论文和经费。为促进长期持续的研究工作,我们必须扭转目前机构相似化趋势,应该看到,这些长期持续工作,对于资料和观测系统的发展和管理以及综合气候系统模式的开发都是十分必需的。虽然关键项目不能带来短期收益,资金资助和研究评估都必须朝关键项目倾斜。经费管理部门应该为个人自由申请和大型研究计划(如研究机构或指定研究计划)提供支持。中等规模的研究团队在交叉学科研究中以及许多气候问题研究中也是很重要的。经费资助部门应该为各种不同规模的研究计划提供资助,包括个人自由申请和团队研究。一些气候研究,特别是预测工具的开发,由特定的研究机构完成效率更高。为提高研究效率或为了整合研究,我们必须建立一些研究中心,比如气候预测中心。机构的多样化对于提高效率,提升持续研究能力都是非常重要的,而这对于气候研究中的重大科学问题的解决也是十分关键的。

Ⅱ.5.7 对国家目标和需求的贡献

一个健全的气候研究计划应在以下9个方面对国家目标和需求有重要贡献:
1. 提前一年业务预报年际气候波动;

2. 检测年代际时间尺度上的自然气候变率,提高其原因及影响的认识;

3. 提供区域气候和生态系统变化的气候变化情景,适用于影响评估分析;

4. 提高不同温室气体和气溶胶之间相对全球增温潜势的评估,包括它们之间的相互作用及其对其他化学物质的间接影响;

5. 提高确定大气二氧化碳区域源和汇的能力;

6. 减小21世纪全球变暖幅度和速度的预测不确定性范围;

7. 在自然变率的背景下,预测人为活动导致的区域气候的年代际变化;

8. 记录温室效应导致的全球气候变化,记录在全球环境其他方面发生的重要气候变化;

9. 加深对人类社会与全球环境相互作用的理解,定量分析现在和未来的全球环境变化趋势。

参 考 文 献

Aber J D, Nadelhoffer K J, Steudler P and Melillo J M. 1989. Nitrogen saturation in northern forest ecosystems. *BioScience*, **39**, 378—386.

Albritton D, Fehsenfeld F C and Tuck A F. 1990. Instrumentation requirements for global atmospheric chemistry. *Science*, **250**, 75—81.

Alley R B, Meese D A, Shuman C A, Gow A J, Taylor K C, Grootes P M, White J W C, Ram M, Waddington E D, Mayewski P A and Zielinski G A. 1993. Abrupt increase in snow accumulation at the end of the Younger Dryas event. *Nature*, **362**, 527—529.

American Thoracic Society. 1996a. Health effects of outdoor air pollution, Part 1. *J. Am. Respir. Crit. Care. Med.*, **153**, 3—50.

American Thoracic Society. 1996b. Health effects of outdoor air pollution, Part II. *J. Am. Respir. Crit. Care. Med.*, **153**, 477—498.

AMS (American Meteorological Society). 1987. The bachelor's degree in meteorology or atmospheric science. *Bull. Am. Meteorol. Soc.*, **68**, 1570.

AMS. 1993. Policy statement: Hurricane detection, tracking and forecasting. *Bull. Am. Meteorol. Soc.*, **74**, 1377—1380.

AMS. 1995. Statement: The bachelor's degree in atmospheric science or meteorology. *Bull. Am. Meteorol. Soc.*, **76**, 552.

Anfossi D, Sandroni S and Viarengo S. 1991. Tropospheric ozone in the nineteenth century: The Montalieri series. *J. Geophys. Res.*, **96**, 17349—17352.

Atlas R, Busalacchi A J, Ghil M, Bloom S and Kalnay E. 1987. Global surface wind and flux fields from model assimilation of SEASAT data. *J. Geophys. Res.-Oceans*, **92**, 6477—6487.

Auciello E P and Lavoie R L. 1993. Collaborative research activities between National Weather Service operational offices and universities. *Bull. Am. Meteorol. Soc.*, **74**, 625—629.

Baker W E, Emmitt G D, Robertson F, Atlas R M, Molinari J E, Bowdle D E, Paegle J, Hardesty R M, Menzies R T, Krishnamurti T N, Brown R A, Post M J, Anderson J R, Lorenc A C and McElroy J. 1995. Lidar-measured winds from space: A key component for weather and climate prediction. *Bull. Am. Meteorol. Soc.*, **76**, 869—888.

Charlson, R. E., J. E. Lovelock, M. O. Andreae, and S. G. Warren. 1987. Oceanic phytoplankton, atmospheric sulfur, cloud albedo and climate. *Nature*, **326**, 655—661.

Charlson R J, Langner J and Rodhe H. 1990. Sulphate aerosol and climate. *Nature*, **348**, 22.

Charlson R J, Langner J, Rodhe H, Leovy C B and Warren S G. 1991. Perturbation of the Northern Hemispheric radiative balance by backscattering from anthropogenic sulfate aerosols. *Tellus*, **43**AB, 152—163.

Charlson R J, Schwartz S E, Hales J M, Cess R D, Coakley Jr J A, Hansen J E and Hofmann D J. 1992. Climate forcing by anthropogenic aerosols. *Science*, **255**, 423—430.

Chen M W, Schulz M, Lyons L R and Gorney D J. 1993. Stormtime transport of ring current and radiation belt ions. *J. Geophys. Res.-Space Physics*, **98**, 3835—3849.

China MAP Project. 1997. The Yangtze Delta of China as an Evolving Metro-Agro-Plex, China-AP.

China-MAP Project Office-USA, School of Earth and Atmospheric Sciences, Georgia Institute of Technology, Atlanta. 15 pp.

Cicerone R J, Stolarski S and Walters S. 1974. Stratospheric ozone destruction by man-made chlorofluoromethanes. *Science*, **185**, 1165—1167.

Clemesha B R, Simonich C M and Batista P P. 1992. A long-term trend in the height of the atmospheric sodium layer: Possible evidence for global change. *Geophys. Res. Lett.* **19**, 457—460.

Colwell R R and Huq A. 1994. Environmental reservoir of Vibrio cholerae: The causative agent of cholera. *Ann. N. Y. Acad. Sci.*, **740**, 44—54.

COMET. 1995. Announcing short-term rental of the COMET forecaster's multimedia library. *Bull. Am. Meteorol. Soc.*, **76**, 1964.

Cooper K D, Oberhelman L, Hamilton T A, Baadsgaard O, Terhune M, LeVee G, Anderson T and Koren H. 1992. UV exposure reduces immunization rates and promotes tolerance to epicutaneous antigens in humans: Relationship to dose, CD1a—DR+ epidermal macrophage induction, and Langerhans cell depletion. *Proc. Natl. Acad. Sci.*, USA **89**, 8497—8501.

Crutzen P J. 1974. Estimates of possible future ozone reductions from continued use of fluorochloromethanes (CF_2Cl_2, $CFCl_3$). *Geophys. Res. Lett.*, **1**, 205—208.

Delecluse P, Davey M, Kitamura Y, Philander S G H, Suarez M and Bengtsson L. 1998. Coupled general circulation modeling of the tropical Pacific. *J. Geophys. Res.* (in press).

Draxler R R and Hefter J L. 1989. Across North American Tracer Experiment (ANATEX), Vol. I. Description, Ground Level Sampling at Primary Sites, and Meteorology. NOAA Technical Memorandum, ERL ARL-167. NOAA, Washington, D. C.

Duce R A. 1986. The impact of atmospheric nitrogen, phosphorous, and iron species on marine biological productivity. Pp. 497-530 in The Role of Air-Sea Exchange in Geochemical Cycling, P. Buat-Ménard (ed.). Published in cooperation with NATO Scientific Affairs Division. D. Reidel Publishing Co., Kluwer Academic Publishers, Norwell, Mass. 537+ pp.

Duce R A, Liss P S, Merrill J T, Atlas E L, Buat-Ménard P, Hicks B B, Miller J M, Prospero J P, Arimoto R, Church T M, Ellis W, Galloway J N, Hansen L, Jickells T D, Knap A H, Reinhardt K H, Schneider B, Soudine A, Tokos J J, Tsunogai S, Wollast R and Zhou M. 1991. The atmospheric input of trace species to the world ocean. *Global Biogeochemical Cycles*, **5**, 193—259.

Dutton J A. 1992. The atmospheric sciences in the 1990s: Accomplishments, challenges, and imperatives. *Bull. Am. Meteorol. Soc.*, **73**, 1549—1562.

Eddy J. 1976. Maunder Minimum. *Science*, **192**, 1189—1202.

Emanuel K, Raymond D, Betts A, Bosart L, Bretherton C, Droegemeir K, Farrell B, Fritsch J M, Houze R, LeMone M, Lilly D, Rotunno R, Shapiro M, Smith R and Thorpe A. 1995. Report of the first Prospectus Development Team of the U. S. Weather Research Program to NOAA and the NSF. *Bull. Am. Meteorol. Soc.*, **76**, 1194—1208.

EPA (Environmental Protection Agency). 1995. National Air Quality and Emission Trends Report, 1994-Annual Report. Office of Air Quality Planning and Standards, EPA, Research Triangle Park, N. C. 101 pp.

Epstein P R. 1995. Emerging diseases and ecosystem instability: New threats to public health. *Am. J. Public Health*, **85**, 168—172.

Farber E. (ed.). 1961. Great Chemists. Interscience Publishers, New York. 1642 pp.

Farrell W M, Aggson T L, Rodgers E B and Hanson W B. 1994. Observations of ionospheric electric fields above atmospheric weather systems. *J. Geophys. Res.*, **99**, 19475—19483.

Fels S B, Mahlman J D, Schwarzkopf M D and Sinclair R W. 1980. Stratospheric sensitivity to perturbations in ozone and carbon dioxide: Radiative and dynamical response. *J. Atmos. Sci.*, **37**, 2265—2297.

Fishman J, Watson C E, Larsen J C and Logan J A. 1990. Distribution of tropospheric ozone determined from satellite data. *J. Geophys. Res.*, **95**, 3599—3617.

Fishman J, Fakhruzzaman K, Cros B and Nganga D. 1991. Identification of widespread pollution in the Southern Hemisphere deduced from satellite analyses. *Science*, **252**, 1693—1696.

Fleming J R. 1990. Meteorology in America, 1800—1870. The Johns Hopkins University Press, Baltimore, Md. 264 pp.

Fleming J R. 1998. History, Climate and Culture. Oxford University Press, New York.

Fleming R J. 1996. The use of commercial aircraft as platforms for environmental measurements. *Bull. Am. Meteorol. Soc.*, **77**, 1548—1562.

Foukal P and Lean J. 1990. An empirical model of total solar irradiance variation between 1874 and 1988. *Science*, **247**, 556—558.

Fritsch J M. 1992. Operational meteorological education and training: Some considerations for the future, (correspondence). *Bull. Am. Meteorol. Soc.*, **73**, 1843—1846.

Gadsden M. 1990. A secular change in noctilucent cloud occurrence. *J. Atmos. Terr. Phys.*, **52**, 247—251.

Gates W L, Henderson-Sellers A, Boer G J, Folland C K, Kitoh A, Mc-Avaney B J, Semazzi F, Smith N, Weaver A J and Zeng Q-C. 1996. Climate models-Evaluation. Pp. 229-284 in Climate Change 1995-The Science of Climate Change, Houghton J T, Meira Filho L G, Callander B A, Harris N, Kattenberg A and Maskell K (eds.). Contribution of Working Group I to the Second Assessment Report of the Intergovernmental Panel on Climate Change. Cambridge University Press, Cambridge, U.K. 572 pp.

Giorgi F and Avissar R. 1997. Representation of heterogeneity effects in Earth system modeling: Experience from land surface modeling. *Rev. Geophys.*, **35**, 413—438.

Giorgi F and Mearns L O. 1991. Approaches to the simulation of regional climate change: *A review Rev. Geophys.*, **29**, 191—216.

Gleckler P J, Randall D A, Boer G, Colman R, Dix M, Galin V, Helfand M, Kiehl J, Kitoh A, Lau W, Liang X Y, Lykossov V, Mc-Avaney B, Miyakoda K, Planton S and Stern W. 1995. Cloud-radiative effects on implied oceanic energy transports as simulated by atmospheric general-circulation models. *Geophys. Res. Lett.*, **22**, 791—794.

Godbold D L, Fritz E and Hutterman A. 1988. Aluminum toxicity and forest decline. *Proc. Natl. Acad. Sciences USA*, **85**, 388—3892.

Haagen-Smit A J. 1952. Chemistry and physiology of Los Angeles smog. *Ind. Eng. Chem.* **44**, 1362.

Hack J J. 1998. Analysis of the improvement in implied meridional ocean energy transport as simulated by the NCAR CCM3. *J. Climate* 11 (in press).

Halpert M S and Ropelewski C F. 1992. Surface temperature patterns associated with the Southern

Oscillation. *J. Climate*, **5**, 577—593.

Hamilton K and Garcia R R. 1984. Long-period variations in the solar semidiurnal atmospheric tide. *J. Geophys. Res.*, **89**, 11705—11710.

Han Y and Westwater E R. 1995. Remote sensing of tropospheric water vapor and cloud liquid water by integrated cloud-based sensors. *J. Atmos. Ocean. Tech.*, **12**, 1050—1059.

Hansen J E and A A Lacis. 1990. Sun and dust versus greenhouse gases: An assessment of their relative roles in global climate change. *Nature*, **346**, 713—719.

Hansen J E, Lacis A, Ruedy R, Sato M and Wilson H. 1993a. How sensitive is the world's climate? National Geographic Research and Exploration **9**, 142—158.

Hansen J, Rossow W and Fung I (eds.). 1993b. Long-Term Monitoring of Global Climate Forcings and Feedbacks. NASA Conference Publication 3234, available from NASA Goddard Space Flight Center, Greenbelt, Md.

Harrison E F, Minnis P, Barkstrom B R, Ramanathan V, Cess R D and Gibson G G. 1990. Seasonal variation of cloud radiative forcing derived from the Earth Radiation Budget Experiment. *J. Geophys. Res.*, **95**, 18687—18703.

Hebert P, Jarrell J D and Mayfield M. 1996. The Deadliest, Costliest, and Most Intense United States Hurricanes of This Century. NOAA Technical Memorandum NWS TPC-1, National Hurricane Center, Miami, Fla.

Herman J R, Bharta P K, Ziemke J, Ahmad Z and Larko D. 1996. UV-B increases (1979—1992) from decreases in total ozone. *Geophys. Res. Lett.*, **23**, 2117—2120.

Holland G J, McGeer T and Youngren H. 1992. Autonomous aerosondes for economical atmospheric soundings anywhere on the globe. *Bull. Am. Meteorol. Soc.*, **73**, 1987—1998.

Holton J R, Haynes P H, McIntyre M E, Douglass A R, Rood R B and Pfister L. 1995. Stratosphere-troposphere exchange. *Rev. Geophys.*, **33**, 403—439.

Houghton D D, Glickman T S, Dannenberg J and Marsh S L. 1996. *Bull. Am. Meteorol. Soc.*, **77**, 325—333.

Hoyt D V, Schatten K H and Nesme-Ribes E. 1994. A new reconstruction of solar activity, 1610—1993. Pp. 71—98 in The Solar Engine and Its Influence on Terrestrial Atmosphere and Climate, E. Nesme-Ribes (ed.). Springer-Verlag, New York. Published in cooperation with NATO Scientific Affairs Division. 549+ pp.

Huebert B N. 1993. Marine aerosol and gas exchange and global atmospheric effects. First IGAC Scientific Conference, Eilat, Israel.

Hurrel J W and Trenberth K E. 1998. *J. Climate*, **11**, 945—967.

IARC (International Agency for Research on Cancer) 1992. IARC Monographs on the Evaluation of Carcinogenic Risks to Humans: Solar and Ultraviolet Radiation. Monograph 55. IARC, Lyon, France.

IGAC (International Global Atmospheric Chemistry Project). 1995. Southern Hemisphere Marine Aerosol Characterization Experiment (ACE-1). Radiative Effects of Aerosols in the Remote Marine Atmosphere. Final Science and Implementation Plan. Available from T. Bates, NOAA/PMEL, 7600 Sandpoint Way NE, Seattle, WA 98115 (bates@pmel.noaa.gov).

IPCC (Intergovernmental Panel on Climate Change). 1990. Climate Change-The IPCC Scientific Assessment, Houghton J T, Jenkins G J and Ephraums J J (eds.). Cambridge University Press, Cambridge, U. K. 365 pp.

IPCC. 1995. Climate Change 1994-Radiative Forcing of Climate Change and an Evaluation of the IPCC IS92 Emission Scenarios, Houghton J T, Meira Filho L G, Bruce J, Hoesung Lee, Callander B A, Haites E, Harris N and Maskell K (eds.). Reports of Working Groups I and II of the Intergovernmental Panel on Climate Change, forming part of the IPCC Special Report to the first session of the Conference of the Parties to the UN Framework Convention on Climate Change. Cambridge University Press, Cambridge, U. K. 339 pp.

IPCC. 1996. Climate Change 1995-The Science of Climate Change: Contribution of Working Group I to the Second Assessment Report of the Intergovernmental Panel on Climate Change, Houghton J T, Meira Filho L G, Callander B A, Harris N, Kattenberg A and Maskell K (eds.). Cambridge University Press, Cambridge, U. K. 572 pp.

Ji M, Leetmaa A and Kousky V E. 1996. Coupled model predictions of ENSO during the 1980s and the 1990s at the National Centers for Environmental Prediction. *J. Climate*, **9**, 3105–3120.

Johnson G J and Tinning S. 1995. Effects of UVB radiation on the human eye. In Proceedings of Conference on Human Health and Global Climate Change. National Academy Press, Washington, D. C.

Johnson S R and M T Holt. 1997. The values of weather information, Chapter 3 in Economic Value of Weather and Climate Forecasts, R. W. Katz and A. H. Murphy (eds.). Cambridge University Press, Cambridge, U. K.

Joselyn J A and Whipple E C. 1990. Effects of the space environment on space science. *American Scientist*, **78**, 126–133.

Kalkstein L S. 1995. Lessons from a very hot summer. *Lancet.*, **346**, 857–859.

Karl T R, Williams C N, Young P J and Wendland W M. 1986. A model to estimate the time of observation bias associated with monthly mean maximum, minimum and mean temperatures for the United States. *J. Clim. Appl. Meteorol.*, **25**, 145–160.

Karl T R, Quayle G and Groisman P Y. 1993. Detecting climate variations and change: New challenges for observing and data management systems. *J. Climate*, **6**, 1481–1494.

Katz R W and Murphy A H. 1997. Economic Value of Weather and Climate Forecasts. Cambridge University Press, Cambridge, U. K. 222 pp.

Keckhut P, Hauchecorne A and Chanin M L. 1995. Midlatitude long-term variability of the middle atmosphere: Trends and cyclic and episodic changes. *J. Geophys. Res.*, **100**, 18887–18897.

Kellogg W. 1977. Results of the AMS Questionnaire of 1975. *Bull. Am. Meteorol. Soc.*, **58**, 39–44.

Kerr R B and He X. 1994. Global change in the exosphere: Evidence from Arecibo Balmeralpha and radar observations. EOS, 1994 American Geophysical Union Fall Meeting Supplement, 491, November 1.

Kiehl J T and Briegleb B P. 1993. The relative roles of sulfate aerosols and greenhouse gases in climate forcing. *Science*, **260**, 311–314.

Kiemle C, Kastner M and Ehret G. 1995. The convective boundary layer structure from lidar and radiosonde measurements during the EFEDA'91 campaign. *J. Atmos. Oceanogr. Tech.*, **12**, 771–782.

Kleeman R, Moore A M and Smith N R. 1995. Assimilation of subsurface thermal data into a simple ocean model for the initialization of an intermediate tropical coupled ocean-atmosphere forecast model. *Monthly Weather Rev.*, **123**, 3103—3113.

Klein S A and Hartmann D L. 1993. Spurious trends in International Satellite Cloud Climatology Project (ISCCP) C2 data set. *Geophys. Res. Lett.*, 455—458.

Kogan F N. 1995. Droughts of the late 1980s in the United States as derived from NOAA polarorbiting satellite data. *Bull. Am. Meteorol. Soc.*, **76**, 655—668.

Kunst A E, Looman C W N and Mackenbach J P. 1993. Air pollution, lagged effects of temperature and mortality: The Netherlands 1979—1981. *J. Epidemiology and Community Health*, **47**, 121—126.

Kuo Y-H, Reed R J and Low-Nam S. 1991. Effects of surface energy fluxes during the early development and rapid intensification stages of seven explosive cyclones in the western Atlantic. *Monthly Weather Rev.*, **119**, 457—476.

Kuo Y-H, Guo Y-R and Westwater E R. 1993. Assimilation of precipitable water measurements into a mesoscale numerical model. *Monthly Weather Rev.*, **121**, 1215—1238.

Lacis A A, Wuebbles D J and Logan J A. 1990. Radiative forcing of climate by changes in the vertical distribution of ozone. *J. Geophys. Res.*, **95**, 9971—9982.

Landsberg H E. 1969. Weather and Health: An Introduction to Biometeorology. Doubleday and Company, New York. 148 pp.

Latif M, Barnett T P, Cane M A, Flugel M, Graham N E, von Storch H, Xu J-S and Zebiak S E. 1994. A review of ENSO prediction studies. *Climate Dyn.*, **9**, 167—179.

Latif M, Anderson D, Barnett T, Cane M, Kleeman R, Leetmaa A, O'Brien J J, Rosati A and Schneider E. 1998. A review of predictability and prediction of ENSO. *J. Geophys. Res.* (in press).

Lau N-C and Nath M J. 1994. A modeling study of the relative roles of the tropical and extratropical SST anomalies in the variability of the global atmosphere-ocean system. *J. Climate*, **7**, 1184—1207.

Lefohn A S. (ed.). 1992. Surface Level Ozone Exposures and Their Effects on Vegetation. Lewis Publishers, *Chelsea, Mich.*, 366 pp.

LeMone M A and Waukau P L. 1982. Women in meteorology. *Bull. Am. Meteorol. Soc.*, **63**, 1266—1276.

Lilly D and Perkey D J. 1976. Sensitivity of mesoscale predictions to mesoscale initial data. *Bull. Am. Meteorol. Soc.*, **57**, 171.

Lindquist O, Johansson K, Aastrup M, Andersson A, Bringmark L, Hovsenius G, Hakanson L, Iverfeldt A, Meili M and Timm B. 1991. Mercury in the Swedish environment—Recent research on causes, consequences and corrective methods. *Water, Air, Soil Pollut.*, **55**, 1—261.

Logan J A. 1994. Trends in the vertical distribution of ozone: An analysis of ozonesonde data. *J. Geophys. Res.*, **99**, 25553—25585.

Lorenz E N. 1963. The predictability of hydrodynamic flow. *Trans. N.Y. Acad. Sci.*, **25**, 409—432.

Lyons W A. 1994. Low-light video observations of frequent luminous structures in the stratosphere above thunderstorms. *Monthly Weather Rev.*, **122**, 1940—1946.

Marenco A, Gouget H, Nedelec P, Pages J-P and Karcher F. 1994. Evidence of a long-term increase in tropospheric ozone from Pic du Midi data series-Consequences: Positive radiative forcing. *J. Geophys. Res.*, **99**, 16617—16632.

Mass C F. 1996. Are we graduating too many atmospheric scientists? *Bull. Am. Meteorol. Soc.*, **77**, 1255—1267.

Mayr E. 1982. The Evolution of Biological Thought: Diversity, Evolution, and Inheritance. Belknap Press/Harvard University Press, Cambridge and London. 974 pp.

Mc-Cormick M P, Veiga R E and Chu W P. 1992. Stratospheric ozone profile and total ozone trends derived from the SAGE I and SAGE II data. *Geophys. Res. Lett.*, **19**, 269—272.

Mc-Cormick M P, Chiou E W, Mc-Master L R, Chu W P, Larsen J C, Rind D and Oltmans S. 1993. Annual variations of water vapor in the stratosphere and upper troposphere observed by the Stratospheric Aerosol and Gas Experiment. *J. Geophys. Res.*, **98**, 4867—4875.

Mc-Phaden M J, Busalacchi A J, Cheyney R, Donguy J-R, Gage K S, Halpern D, Ji M, Julian P, Meyers G, Mitchum G T, Niiler P P, Picaut J, Reynolds R W, Smith N and Takeuchi K. 1998. The Tropical Pacific Global Atmosphere (TOGA) observing system: A decade of progress. *J. Geophys. Res.* (in press).

Melfi S H and Whiteman D N. 1985. Observation of lower atmospheric moisture structure and evolution using a Raman lidar. *Bull. Am. Meteorol. Soc.*, **66**, 1288—1292.

Menzel W P and Purdom J F W. 1994. Introducing GOES-I: The first of a new generation of operational environmental satellites. *Bull. Am. Meteorol. Soc.*, **75**, 757—781.

Minnis P. 1994. Radiative forcing by the 1991 Mt. Pinatubo eruption. Sixth Conference on Climate Variations, American Meteorological Society, Nashville, Tenn.

Minnis P, Harrison E F, Stowe L L, Gibson G G, Denn F M, Doelling D R and Smith Jr W L. 1993. Radiative climate forcing by the Mount Pinatubo eruption. *Science*, **259**, 1411—1415.

Molina M J and Rowland F S. 1974. Stratospheric sink for chlorofluoromethanes: Chlorine atom catalyzed destruction of stratospheric ozone. *Nature*, **249**, 810—812.

Morse S. 1995. Factors in the emergence of infectious diseases. *Emerging Infec. Dis.*, **1**, 7—15.

Moura A D. 1994. Prospects for seasonal-to-interannual climate prediction and applications for sustainable development. *World Meteorological Society Bulletin*, **43**, 207—215.

Murphy A H. 1994. Assessing the economic value of weather forecasts: An overview of methods, results, and issues. *Meteorological Applications*, **1**, 69—73.

NCTM (National Council of Teachers of Mathematics). 1989. Curriculum and Evaluation Standards for School Mathematics. Commission on Standards for School Mathematics. The Council, Reston, Va. 258 pp.

Neelin J D, Battisti D S, Hirst A C, Jin F F, Wakata Y, Yamagata T and Zebiak S. 1998. ENSO theory. *J. Geophys. Res.* (in press).

Nicholls N, Gruza G V, Jouzel J, Karl T R, Ogallo L A and Parker D E. 1995. Observed climate variability and change. Pp. 133-192 in Climate Change 1995—The Science of Climate Change, Houghton J T, Meira Filho L G, Callander B A, Harris N, Kattenberg A and Maskell K (eds.). Contribution of Working Group I to the Second Assessment Report of the Intergovernmental Panel on Climate Change. Cambridge University Press, Cambridge, U.K. 572 pp.

NOAA (National Oceanic and Atmospheric Administration). 1996. North American Atmospheric

Observing System Program Plan. NOAA, Department of Commerce, Washington, D. C.

NRC (National Research Council). 1984. Global Tropospheric Chemistry: A Plan for Action. National Academy Press, Washington, D. C. 194 pp.

NRC. 1986. Studies in Geophysics—The Earth's Electrical Environment. Geophysics Study Committee. NTIS Order No. PB86-241874. National Academy Press, Washington, D. C. 264 pp.

NRC. 1990. TOGA: A Review of Progress and Future Opportunities. National Academy Press, Washington, D. C. 66 pp.

NRC. 1991. Rethinking the Ozone Problem in Urban and Regional Air Pollution. National Academy Press, Washington, D. C. 489 pp.

NRC. 1992. A Decade of International Climate Research: The First Ten Years of the World Climate Research Programme. National Academy Press, Washington, D. C. 59 pp.

NRC. 1993. Understanding and Predicting Atmospheric Chemical Change, An Imperative for the U. S. Global Change Research Program. National Academy Press, Washington, D. C. 31 pp.

NRC. 1994a. A Space Physics Paradox—Why Has Increased Funding Been Accompanied by Decreased Effectiveness in the Conduct of Space Physics Research. National Academy Press, Washington, D. C. 96 pp.

NRC. 1994b. Toward a New National Weather Service—Weather for Those Who Fly. Committee on National Weather Service Modernization. National Academy Press, Washington, D. C. 100 pp.

NRC. 1994c. GOALS (Global Ocean-Atmosphere-Land System) for Predicting Seasonal-to-Interannual Climate-A Program of Observation, Modeling, and Analysis. National Academy Press, Washington, D. C. 103 pp.

NRC. 1994d. Ocean-Atmosphere Observations Supporting Short-Term Climate Predictions. National Academy Press, Washington, D. C. 51 pp.

NRC. 1995a. Bits of Power-On the Full and Open Exchange of Scientific Data. Committee on Geophysical and Environmental Data. National Academy Press, Washington, D. C. 21 pp.

NRC. 1995b. A Science Strategy for Space Physics. Space Studies Board. National Academy Press, Washington, D. C. 81 pp.

NRC. 1995c. Natural Climate Variability on Decade-to-Century Time Scales. National Academy Press, Washington, D. C. 630 pp.

NRC. 1996a. A Plan for a Research Program on Aerosol Radiative Forcing and Climate Change. National Academy Press, Washington, D. C. 161 pp.

NRC. 1996b. National Science Education Standards. National Academy Press, Washington, D. C. 262 pp.

NRC. 1996c. Learning to Predict Climate Variations Associated with El Niño and the Southern Oscillation—Accomplishments and Legacies of the TOGA Program. National Academy Press, Washington, D. C. 171 pp.

NSF (National Science Foundation). 1986. Coupling, Energetics, and Dynamics of Atmospheric Regions "CEDAR." CEDAR Science Steering Committee, April 1986 (revised April 1987). NSF, Arlington, Va. 40 pp.

NSF. 1988. GEM (Geospace Environment Modeling)—A Program of Solar-Terrestrial Research in Global Geosciences. GEM Steering Committee, May 1988. NSF, Arlington, Va. 33 pp.

NSF. 1990. RISE (Radiative Inputs of the Sun to Earth)—A Research Plan for the 1990s on Solar Irradiance Variation. RISE Science Steering Committee, February 1990. NSF, Arlington, Va. 31 pp.

NWS (National Weather Service). 1992. Natural Disaster Survey Report, Hurricane Andrew: South Florida and Louisiana, August 23-26, 1992. NWS, Silver Spring, Md.

OFCM (Office of the Federal Coordinator for Meteorology). 1995. The National Space Weather Program—The Strategic Plan, August 1995, FCM-P30-1995. Office of the Federal Coordinator for Meteorological Services and Supporting Research, Silver Spring, Md. 25 pp.

OFCM. 1997. The National Space Weather Program—The Implementation Plan, January 1997, FCM-P31-1997. Office of the Federal Coordinator for Meteorological Services and Supporting Research, Silver Spring, Md. 93 pp.

Oltmans S J and Hofmann D J. 1995. Increase in lower stratospheric water vapour at a midlatitude Northern Hemisphere site from 1981 to 1994. *Nature*, **374**, 146—149.

Oltmans S J and Levy II H. 1994. Surface ozone measurements from a global network. *Atmos. Environ.*, **28**, 9—24.

Oltmans S J, Lefohn A S, Scheel, Harris J A, Levy II H, Galbally I E, Brunke E-G, Meyer C P, Lathrop J A, Johnson B J, Shadwick D S, Cuevas E, Schmidlin F J, Tarasik D W, Claude H, Kerr J B and Uchino O. 1997. Trends in ozone in the troposphere. *Geophys. Res. Lett.* (in press).

Patz J A, Epstein P R, Burke T A and Balbus J M. 1996. Global climate change and emerging infectious diseases. *J. Am. Med. Assoc.*, **275.**, 217—223.

Pielke R A Jr. 1995. Hurricane Andrew in South Florida: Mesoscale Weather and Societal Responses, Environmental and Societal Impacts Group. National Center for Atmospheric Research, Boulder, Colo.

Pielke R A Jr and Kimple J. 1997. Societal aspects of weather. Report of the Sixth Prospectus Development Team of the U. S. Weather Research Program to NOAA and NSF. *Bull. Am. Meteorol. Soc.*, **78**, 867—876.

Pielke R A, Lee T J, Copeland J H, Eastman J L, Ziegler C L and Finley C A. 1997. Use of USGS-provided data to improve weather and climate simulations. *Ecological Applications* (in press).

Prather M J. 1985. Continental sources of halocarbons and nitrous oxide. *Nature*, **317**, 221—225.

Prather M J. 1988. European sources of halocarbons and nitrous oxide: Update 1986. *J. Atmos. Chem.*, **6**, 375—406.

Prather M J, McElroy M B, Wofsy S C, Russell G and Rind D. 1987. Chemistry of the global troposphere: Fluorocarbons as tracers of air motion. *J. Geophys. Res.*, **92**, 6579—6613.

Price C. 1993. Global surface temperatures and the atmospheric electrical circuit. *Geophys. Res. Lett.*, **20**, 1363—1366.

Quayle R G, Easterling D R, Karl T R and Hughes P Y. 1991. Effects of recent thermometer changes in the cooperative station network. *Bull. Am. Meteor. Soc.*, **72**, 1718—1723.

Ramaswamy V, Charlson R J, Coakley J A, Gras J L, Harshvardhan, Kukla G, McCormick M O, Möller D, Roeckner E, Stowe L L and Taylor J. 1995. What are the observed and anticipated meteorological and climatic responses to aerosol forcing? pp. 384—399 in Aerosol Forcing of Climate, R. J. Charlson and J. Heintzenberg (eds.). Wiley and Sons, Chichester, U. K.

Raval A and Ramanathan V. 1989. Observational determination of the greenhouse effect. *Nature*, **342**,

758—761.

Reid G C. 1991. Solar total irradiance variations and the global sea-surface temperature record. *J. Geophys. Res. Atmospheres*, **96**, 2835—2844.

Ridley W P, Dizikes L J and Wood J M. 1977. Biomethylation of toxic elements in the environment. *Science*, **197**, 329—332.

Rind D, Suozzo R, Balachandran N K and Prather M J. 1990. Climate change and the middle atmosphere. Part I: The doubled CO_2 climate. *J. Atmos. Sci.*, **47**, 475—494.

Rind D, Chiou W D, Oltmans S, Lerner J, McCormick M P and McMaster L R. 1993. Overview of the Stratospheric Aerosol and Gas Experiment. *J. Geophys. Res.*, **98**, 4835—4857.

Roble R G and Dickinson R E. 1989. How will changes in carbon dioxide and methane modify the mean structure of the mesosphere and thermosphere? *Geophys. Res. Lett.*, **16**, 1441—1444.

Ropelewski C F and Halpert M S. 1986. North American precipitation and temperature patterns associated with the El Niño/Southern Oscillation. *Monthly Weather Rev.*, **114**, 2352—2362.

Ropelewski C F and Halpert M S. 1987. Global and regional scale precipitation patterns associated with the El Niño/Southern Oscillation. *Monthly Weather Rev.*, **115**, 1606—1626.

Rosati, A., K. Miyakoda, and R. Gudgel. 1997. The impact of ocean initial conditions on ENSO forecasting with a coupled model. *Monthly Weather Rev.*, **125**, 754—772.

Sandroni D, Anfossi D and Viarengo S. 1992. Surface ozone levels at the end of the nineteenth century in South America. *J. Geophys. Res.*, **97**, 2535—2540.

Schimel, Alves D D, Enting I, Heimann M, Joos F, Raynaud D, Wigley T, Prather M, Derwent R, Ehhalt D, Fraser P, Sanhueza E, Zhou X, Jonas P, Charlson R, Rodhe H, Sadasivan S, Shine K P, Fouquart Y, Ramaswamy V, Solomon S, Srinivasan J, Albritton D, Derwent R, Isaksen I, Lal M and Wuebbles D. 1996. Radiative forcing of climate change. Pp. 65-131 in Climate Change 1995-The Science of Climate Change, Houghton J T, Meira Filho L G, Callander B A, Harris N, Kattenberg A and Maskell K. (eds.). Contribution of Working Group I to the Second Assessment Report of the Intergovernmental Panel on Climate Change. Cambridge University Press, Cambridge, U. K. 572 pp.

Schulze E-D. 1989. Air pollution and forest decline in a spruce (Picea abies) forest. *Science*, **244**, 776—783.

Sentman D D and Wescott E M. 1993. Observations of upper atmospheric optical flashes recorded from an aircraft. *Geophys. Res. Lett.*, **20**, 2857—2860.

Serafin R. 1991. Study on observational systems—A review of meteorological and oceanographic education in observational techniques and the relationship to national facilities and needs. *Bull. Am. Meteorol. Soc.*, **72**, 815—826.

Serafin R, Heikes B, Sargeant D, Smith W, Takle E, Thomson D and Wakimoto R. 1991. Study of observational systems: A review of meteorological and oceanographic observational techniques and the relationship to national facilities and needs. *Bull. Am. Meteorol. Soc.*, **72**, 815—826.

Shannon J D and Voldner E C. 1995. Modeling atmospheric concentrations of mercury and deposition to the Great Lakes. *Atmos. Environ.*, **29**, 1649—1661.

Shay L K, Black P G, Mariano A J, Hawkins J D and Elsberry R L. 1992. Upper ocean response to Hurricane Gilbert. *J. Geophys. Res.*, **97**, 20227—20248.

Shepard L J. 1993. Lifting the Veil: The Female Face of Science. Shambala Press, Boston and London. 329 pp.

Shine K P, Fouquart Y, Ramaswamy V, Solomon S and Srinivasan J. 1995. Radiative forcing. Pp. 163-203 in Climate Change 1994—Radiative Forcing of Climate Change and an Evaluation of the IPCC IS92 Emission Scenarios, Houghton J T, Meira Filho L G, Bruce J, Hoesung Lee, Callander B A, Haites E, Harris N and Maskell K (eds.). Reports of Working Groups I and II of the Intergovernmental Panel on Climate Change, forming part of the IPCC Special Report to the first session of the Conference of the Parties to the UN Framework Convention on Climate Change. Cambridge University Press, Cambridge, U. K. 339 pp.

Shine K P, Fouquart Y, Ramaswamy V, Solomon S and Srinivasan J. 1996. Radiative forcing of climate change. Pp. 65-131 in Climate Change 1995—The Science of Climate Change, Houghton J T, Meira Filho L G, Callander B A, Harris N, Kattenberg A and Maskell K (eds.). Contribution of Working Group I to the Second Assessment Report of the Intergovernmental Panel on Climate Change. Cambridge University Press, Cambridge, U. K. 572 pp.

Shope R E. 1991. Global climate change and infectious diseases. *Environ. Health Perspect*, **96**, 171−174.

Silverman S M. 1992. Secular variation of the aurora for the past 500 years. *Rev. Geophys.*, **30**, 333−351.

Simpson J and LeMone M A. 1974. Women in meteorology. *Bull. Am. Meteorol. Soc.*, **55**, 122−131.

Skoog B G, Askne J I H and Elgered G. 1982. Experimental determination of water vapor profiles from ground-based radiometers at 12.0 and 31.4 GHz. *J. Appl. Meteorol.*, **21**, 394−400.

Smith W L, Revercomb H E, Howell H B, Woolf H M, Knuteson R O, Decker R G, Lynch M J, Westwater E R, Strauch R G, Moran K P, Stankov B, Falls M J, Jordan J, Jacobsen M, Dabberdt W F, McBeth R, Albright G, Paneitz C, Wright G, May P T and Decker M T. 1990. GAPEX: A ground-based atmospheric profiling experiment. *Bull. Am. Meteorol. Soc.*, **71**, 310−318.

Solomon S, Garcia R R, Rowland F S and Wuebbles D J. 1986. On the depletion of Antarctic ozone. *Nature*, **321**, 755−758.

Solomon S, Sanders R W, Garcia R R and Keys J G. 1993. Increased chlorine dioxide over Antarctica caused by volcanic aerosols from Mount Pinatubo. *Nature*, **363**, 245−248.

Soon W H, Baliunas S L and Zhang Q. 1994. A technique for estimating long-term variations of solar total irradiance: Preliminary estimates based on observations of the Sun and solar-type stars. pp. 133−144 in The Solar Engine and Its Influence on Terrestrial Atmosphere and Climate, E. Nesme-Ribes (ed.). Springer-Verlag, New York. Published in cooperation with NATO Scientific Affairs Division.

Staehelin J and Schmid W. 1991. Trend analysis of tropospheric ozone concentrations utilizing the 20-year data set of ozone balloon soundings over Payerne. *Atmos. Environ.*, **9**, 1739−1749.

Staehelin J, Thudium J, Buehler R, Volz-Thomas A and Graber W. 1994. Trends in surface ozone concentrations at Arosa (Switzerland). *Atmos. Environ.*, **28**, 75−87.

Stephens G L. 1990. On the relationship between water vapor over the oceans and sea surface temperature. *J. Climate*, **3**, 634−645.

Stephens P L and Kazarosian C. 1992. Results of the AMS membership survey. *Bull. Am. Meteorol.*

Soc., **73**, 486—495.

Stowe L L, Carey R M and Pellegrino P P. 1992. Monitoring the Mt. Pinatubo aerosol layer with NOAA-11 AVHRR data. *Geophys. Res. Lett.*, **19**, 159—162.

Tans P P, Bakwin P S and Guenther D W. 1996. A feasible Global Carbon Cycle Observing System: A plan to decipher today's carbon cycle based on observations. *Global Change Biology*, **2**, 309—318.

Tarasick D W, Wardle D I, Kerr J B, Bellefleur J J and Davies J. 1994. Tropospheric ozone trends over Canada: 1980—1993. *Geophys. Res. Lett.*, **22**, 409—412.

Taubenheim J, von Kossart G and Entzian G. 1990. Evidence of CO_2-induced progressive cooling of the middle atmosphere derived from radio observations. *Adv. Space Res.*, **10**, 171—174.

Taylor F W, Fr hlich C, Lecolle J, Strecker M. 1987. Analysis of partially emerged corals and reef terraces in the central Vanuatu arc—Comparison of contemporary coseismic and nonseismic with quaternary vertical movements. *J. Geophys. Res. -Solid Earth and Planets.*, **92**, 4905—4933.

Taylor H R, West S K, Rosenthal F S, Munoz B, Newland H S, Abbey H and Emmett E A. 1988. Effect of ultraviolet radiation on cataract formation. *N. Engl. J. Med.*, **319**, 1429—1433.

Theon J S. 1994. The Tropical Rainfall Measuring Mission (TRMM). *Advances in Space Research*, **14**, 159—165.

Thomas G E. 1991. Mesospheric clouds and the physics of the mesopause region. *Rev. Geophys.*, **29**, 553—575.

Trenberth K E, Branstator G W, Karoly D, Kumar A, Lau N-C and Ropelewski C. 1998. Global atmospheric diagnostics and modeling for TOGA. *J. Geophys. Res.* (in press).

U. S. Department of Commerce. 1990. Fifty Years of Population Change Along the Nation's Coasts, 1960—2010. National Ocean Survey, National Oceanic and Atmospheric Administration, Washington, D. C.

U. S. Department of Commerce. 1992. Natural Disaster Survey Report, Hurricane Andrew: South Florida and Louisiana, August 23-26, 1992. National Weather Service, National Oceanic and Atmospheric Administration, Silver Spring, Md.

U. S. Department of Commerce. 1994. Natural Disaster Survey Report, Superstorm of March 1993. National Weather Service, National Oceanic and Atmospheric Administration, Silver Spring, Md.

USGCRP (U. S. Global Change Research Program). 1996. Our Changing Planet: The FY 1997 U. S. Global Change Research Program: A Report. A Supplement to the President's Fiscal Year 1997 Budget. U. S. National Science and Technology Council, Subcommittee on Global Change Research. Available from Global Change Research Information Offices, Washington, D. C. 162 pp.

USGCRP. 1997. Our Changing Planet: The FY 1998 U. S. Global Change Research Program: A Report. A Supplement to the President's Fiscal Year 1998 Budget. U. S. National Science and Technology Council, Subcommittee on Global Change Research. Available from Global Change Research Information Offices, Washington, D. C. 118 pp.

Van Dijk H F H, deLouw M H J, Roelofs J G M and Verburgh J J. 1990. Impact of artificial, ammonium-enriched rainwater on soils and young coniferous trees in a greenhouse, Part II: Effects on the trees. *Environ. Pollut.*, **63**, 41—59.

Vitousek P M, Walker L R, Whiteaker L D and Matson P A. 1993. Nutrient limitations to plant growth during primary succession in Hawaii Volcanoes National Park. *Biogeochemistry*, **23**, 197—215.

Volz-Thomas A and Kley D. 1988. Evaluation of the Montsouris series of ozone measurements in the nineteenth century. *Nature*, **332**, 240—242.

Vong R J, Sogmon J T and Mueller S F. 1991. Cloud water deposition to Appalachian forests. *Environ. Sci. Technol.*, **25**, 1014—1021.

Wang W C and Sze N D. 1980. Coupled effects of atmospheric N_2O and O_3 on the Earth's climate. *Nature*, **286**, 589—590.

Wang W C, Budek M P, Liang X Z and Hiehl J T. 1991. Inadequacy of effective CO_2 as a proxy in simulating the greenhouse effect of other radiatively active gases. *Nature*, **350**, 573—577.

Ware M, Exner M, Feng D, Gorbunov M, Hardy K, Herman B, Kuo Y, Meehan T, Melbourne W, Rocken C, Schreiner W, Sokolovskiy S, Solheim F, Zou X, Anthes R, Businger S and Trenberth K. 1996. GPS sounding of the atmosphere from low Earth orbit: Preliminary results. *Bull. Am. Meteorol. Soc.*, **77**, 19—40.

Webster P J and Lukas R. 1992. TOGA COARE: The Coupled-Ocean Atmosphere Response Experiment. *Bull. Am. Meteorol. Soc.*, **73**, 1377—1416.

Weeks M E. 1968. Discovery of the Elements. *Journal of Chemical Education*, Easton, Pa. 896 pp.

Weinberg A M. 1963. Criteria for scientific choice. *Minerva.*, **1**, 159—171.

Wennberg P O, Cohen R C, Stimpfle R M, Koplow J P, Anderson J G, Salawitch R J, Fahey D W, Woodbridge E L, Keim E R, Gao R S, Webster C R, May R D, Toohey D W, Avallone L M, Proffitt M W, Loewenstein M, Podolske J R, Chan K R and Wofsy S C. 1994. Removal of stratospheric O_3 by radicals: In situ measurements of OH, HO_2, NO, NO_2, ClO, BrO. *Science*, **266**, 398—404.

WHO (World Health Organization). 1992. Global Health Situations and Projections, Estimates. WHO, Geneva, Switzerland.

WHO. 1996. Climate Change and Human Health. WHO, Geneva, Switzerland.

Williams E R. 1992. The Schumann resonance: A global tropical thermometer. *Science*, **256**, 1184—1187.

WMO (World Meteorological Organization). 1989. Fourteenth Status Report on Implementation. Publication 714. WMO, Geneva, Switzerland.

WMO. 1995. Scientific Assessment of Ozone Depletion, 1994. Global Ozone Research and Monitoring Project. Report No. 37. WMO, Geneva, Switzerland.

Zebiak S E and Cane M A. 1987. A model El Niño/Southern Oscillation. *Monthly Weather Rev.*, **115.**, 2262—2278.

Zevin S F and Seitter K L. 1994. Results of survey of society membership: Demographics. *Bull. Am. Meteorol. Soc.*, **75**, 1855—1866.

附 录 A

缩写词索引

ACE	气溶胶特征试验
ACE-1	(南半球海上)气溶胶特征试验
ACRIM	主动腔辐射仪辐照度记录器
ADEOS	先进地球观测系统
AF	空军
AMIP	大气模式比对计划
AMS	美国气象学会
AOML	大西洋海洋学和气象学实验室
AOT	气溶胶光学厚度
ARM	大气辐射测量(项目)
ASOS	自动地面观测系统
AVHRR	先进甚高分辨率辐射仪(卫星仪器)
AWIPS	自动天气交互处理系统
BASC	大气科学和气候专业委员会
CAAA-90	1990年清洁空气条款修正案
CAAI	大气应用和信息委员会
CAPE	对流有效位能
CAPS	风暴分析和预报中心
CASH	商业飞行感测湿度(项目)
CASR	大气服务和研究委员会
CBL	对流边界层
CCM	共同性气候模式
CCN	云凝结核
CDNC	云滴数浓度
CEDAR	大气区域的耦合能量学和动力学
CEES	地球和环境科学委员会
CENR	环境和自然资源委员会
CERN	欧洲核研究委员会

CFC	氯氟碳化物
CLIVAR	气候变率和预测计划
CME	日冕物质抛射
COARE	耦合海洋－大气响应试验
COMET	业务气象、教育和培训合作计划
CSSP	太阳和空间物理学委员会
CSTR	日地研究委员会
Dec-Cen	年代到百年时间尺度气候变率
DIAL	差分吸收激光雷达
DMS	二甲基硫
DOC	美国商务部
DOD	美国国防部
DOE	美国能源部
DOI	美国内政部
DU	陶普生（臭氧）单位
EMEP	欧洲长距离空气污染监测和评估合作项目
ENSO	厄尔尼诺/南方涛动
EOS	地球观测系统
EPA	美国环境保护署
ERBE	地球辐射收支试验
ERS-1	欧洲遥感卫星
EUV	远紫外
FAA	联邦航空管理局
FCCSET	联邦科学、工程和技术协调委员会
FY	财政年度
GCM	大气环流模式
GCOS	全球气候观测系统
GDP	国内生产总值
GEM	地球空间环境模拟
GEWEX	全球能量和水循环试验
GISS	戈达德空间研究所
GLOBE	环境效益的全球认知和观测
GOALS	全球海洋－大气－陆地系统
GOES	地球静止业务环境卫星
GONG	全球振荡网络组
GPS	全球定位系统
GTS	全球通信系统

HCFC	氢氯氟碳
HF	高频
HIS	高分辨率干涉仪探测器
ICAS	大气科学跨部门委员会
IGAC	国际全球大气化学（项目）
IMF	行星际磁场
IN	冰核
IOM	医学研究所
IPCC	政府间气候变化委员会
IS	非相干散射
ISCCP	国际卫星云气候学计划
JMA	日本气象厅
KPNO	Kitt 峰国家观象台
LAWS	激光大气风探测器
LEARN(NCAR)	在 NCAR 的大气研究实验室试验
LES	大涡模拟
LTER	长期生态研究
MBA	工商管理硕士
MCS	中尺度对流系统
MF	中频
MPP	大规模并行处理器
MRF	中期预报
MST	中间层-平流层-对流层
MUF	最大可用频率
NAAQS	国家环境空气质量标准
NAE	国家工程院
NARSTO	北美对流层臭氧研究战略
NAS	国家科学院
NASA	国家航空和航天局
NCAR	国家大气研究中心
NCEP	国家环境预报中心
NCLAN	国家农作物减产评估网
NCTM	国家数学教师委员会
NDSC	平流层变化探测网
NESDIS	国家环境卫星、资料和信息局
NEXRAD	下一代天气雷达
NHC	非甲烷碳氢化合物

NIMBUS	试验环境研究卫星系列
NMC	国家气象中心
NOAA	国家海洋和大气局
NRC	国家研究委员会
NSF	国家科学基金会
NSTC	国家科学和技术委员会
NSWP	国家空间天气计划
NWP	数值天气预报
NWS	国家气象局
OFCM	联邦气象学协调人办公室
ONR	海洋研究室
OSSE	观测系统模拟实验
OSTP	科学和技术政策办公室
PCB	多氯联苯
PM	颗粒物
PSC	极地平流层云
QBO	准两年振荡
RASS	无线电声学探测系统
RISE	太阳对地球的辐射输入
SAGE	平流层气溶胶和气体试验(仪)
SAR	大气研究分委员会
SBUV	太阳后向散射紫外光谱仪
SEASAT	海洋卫星(美国海洋卫星)
SEP	太阳高能粒子
SGS	次网格尺度
SMM	太阳极值任务(卫星)
SOHO	太阳和日球层观象台(卫星)
SSM/I	特殊微波成像探测器
SST	海面温度
SSTA	海面温度异常
STE	平流层－对流层交换
SUNRISE	到达地球的太阳辐射入射计划
TAO	热带大气海洋(阵列)
TOG	热带海洋全球大气(计划)
TOMS	臭氧总量测绘光谱仪
TRMM	热带降水测量任务(卫星)
UARS	高层大气研究卫星

UAV	无人航空器
UCAR	大气研究大学联合体
UK	英国
UN	联合国
USDA	美国农业部
USGCRP	美国全球变化研究计划
USWRP	美国天气研究计划
UV	紫外
VLF	甚低频
VOC	挥发性有机物
WCRP	世界气候研究计划
WFO	天气预报室
WMO	世界气象组织
WOCE	世界海洋环流试验
WSR-88D	(美国国家天气局)天气服务雷达1988多普勒天气雷达系统
WWW	世界天气监测(联合国)
WWW	世界万维网
XBT	投弃式海温测量仪
YMP	CRAY超级计算机模式

附 录 B

大气科学委员会和大气科学与气候委员会自1958年以来的报告一览表

1. 气象学研究和教育。1959
2. 大气科学的科学信息会议文集。1959
3. 发展中的气象学。1960
4. 气象学研究和人力资源状况。1960
5. 大气与海洋的相互作用。1961
6. 大气科学,1961—1971。1962
7. 大气臭氧研究:一个国际观测计划大纲。1966
8. 全球观测和分析试验的可行性。1966
9. 人工影响天气和气候:问题与前景。1966
10. 通过遥感的大气探索。1969
11. 全球大气研究计划的教育意义。1969
12. 大气科学和人类需求:未来的优先方向。1971
13. 人工影响天气和气候:问题与进展。1973
14. 大气化学:问题与机会。1975
15. 长期天气预报。1975
16. 大气科学特别工作组委员会评审NASA地球辐射收支计划的报告。1976
17. 大气科学:问题与应用。1977
18. 大气研究计划的规划与管理。1977
19. 强风暴:预报、探测和预警。1977
20. 长期天气预报评估。1979
21. 大气降水:预报和研究问题。1980
22. 大气科学:20世纪80年代的国家目标。1980
23. 美国当前中尺度气象研究。1981
24. 变化中的气候,二氧化碳评估委员会的报告。1983
25. 厄尔尼诺和南方涛动——一个科学计划。1983
26. 低高度风切变及其航空灾害,与航空和空间工程委员会的联合研究。1983
27. 大气科学研究简报小组报告,科学、工程和公众政策委员会。1983

28. 全球对流层化学：一个行动计划，全球对流层化学专家组。1984

29. 国家日—地研究计划。日—地研究委员会。1984

30. 一个海洋气候研究战略。Ferris Webster：资深委员，国家研究委员会。1984

31. 增强美国参与中层大气计划的研究建议。中层大气规划小组，日—地研究委员会。1984

32. 日地资料联接、分发和存档。空间科学委员会下的太阳和空间物理学委员会和大气科学和气候委员会下的日—地研究委员会的联合报告。1984

33. 研究简报。天气预报技术研究简报组的报告。1985

34. 大气气候资料——问题和机遇。气候相关资料小组。1986

35. 国家气候规划——早期成就和未来方向。Woods Hole 研讨会报告，1985 年 7 月 15—19 日。1986

36. 30 个风廓线站网的建立与使用。中尺度研究组的通讯报告。1986

37. 美国参与 TOGA 计划——一个研究战略。热带海洋和全球大气（TOGA）计划。1986

38. 大气变化的当前问题。一次研讨会的总结和结论（1986 年 10 月 30—31 日）。1987

39. 长期日—地观测。日—地研究委员会长期观测组。1988

40. 空间活动的气象支撑：回顾和建议。空间活动气象支撑组。1988

41. 太阳物理学领域：地基太阳研究的回顾和建议。太阳物理学委员会。1989

42. 臭氧耗减、温室气体和全球变化。大气科学和气候委员会及全球变化委员会联合会议文集。1989

43. 促进美国中尺度天气的认识和预报。天气分析、预报和研究委员会。1990

44. TOGA：进展回顾和未来机遇。热带海洋和全球大气（TOGA）计划咨询组。1990

45. 能源部的大气化学规划。一个评论性回顾。1991

46. 四维模式资料同化——一个地球系统科学战略。1991

47. 扩展全球大气预报时效的前景。1991

48. 在城市和区域空气污染中臭氧问题的再思考。与 NRC 的环境研究和毒性学委员会合作。1991

49. "国家天气中心现代化规划的气候学考虑"。见：走向一个新的国家天气中心，NRC 国家天气中心现代化委员会的第 2 次报告。1992

50. 海岸带气象学——一个科学状况回顾。1992

51. 国际气候研究十年——世界气候研究计划（WCRP）第一个十年计划。1992

52. 认识和预报大气化学变化——美国全球变化研究规划的一个责任。1993

53. 平流层飞机对大气的影响——一个 NASA 临时评估。1994

54. 极端降水事件的估计范围——一个简要评估。1994

55. GEWEX 和 GCIP：概念和目标的初步回顾。通讯报告，1994 年 10 月 11 日

56. GOALS(全球海洋—大气—陆地系统)——为了预测季节到年际气候。1994
57. 海洋—大气观测资料支持短期气候预报。1994
58. ONR 高层大气科学研究机遇。与海军研究委员会和空间研究委员会合作。1994
59. 一个空间物理学悖论——为什么经费增加伴随着空间物理学研究开展效率的降低？1994
60. 年代到世纪时间尺度的自然气候变率。1995
61. 组织美国参加 GOALS(全球海洋—大气—陆地系统)。1995
62. "大气科学资料组的报告"。见：联邦政府选择的科学和技术纪录长期保持的研究。1995
63. 学习预报与厄尔尼诺和南方涛动有关的气候变化——TOGA 计划的成就和遗产。1996
64. 气溶胶辐射强迫和气候变化研究规划的一个计划。1996

中 文 索 引

A

ACE-1 科学和实施计划 ACE-1 Science and Implementation Plan 108
阿普尔顿异常 Appleton anomalies 158
安德鲁飓风 Hurricane Andrew 13-14,15
奥利弗赫维赛德 Heaviside, Oliver 139

B

半地转理论 Semigeostrophic theory 57
半拉格朗日方法 Semi-Lagrangian approach 123
北美大气观测系统 North American Atmospheric Observing System 50
北美对流层臭氧计划战略 North American Strategy for Tropospheric Ozone program 40
北美对流层臭氧研究战略(NARSTO) North American Research Strategy on Troposphere Ozone (NARSTO) 105
边界层各向异性效应 Inhomogeneity, effect on boundary layer 55
边界层气象学 Boundary layer meteorology 4,46,67
 边界层气象推荐的研究策略 recommended research strategies for 47,54-56
 边界层气象以及与其他大气现象的相互作用 and interactions with other atmospheric phenomena 5
 各向异性和斜压性对边界层的影响 effects of inhomogeneity and baroclinicity on boundary layer 55
 开发新型遥感器 exploiting new remote sensors 60
 水、热和痕量成分交换的观测 measurements of exchange of water, heat, and trace atmospheric constituents 55-56
 湍流和夹卷 turbulence and entrainment 55
 行星边界层、地表特征和云的相互作用 interactions of planetary boundary layer, surface characteristics, and clouds 56
 云边界层结构 structure of cloudy boundary layers 54-55
B 波段紫外辐射 UV-B radiation 140-141
表面诱导流 Flows, surface-induced 57
冰核(IN)群 Ice nucleus (IN) population 53

C

CRAY 超级计算机,YMP 模式 CRAY supercomputers, YMP model 130
财政年度(FY)支出 Fiscal Year (FY) expenditures 39
参数化 Parameterization 48-49,67
测雨雷达 Precipitation, radars for measuring 9
差分吸收激光雷达(DIAL) Differential absorption lidar (DIAL) 127
成本(见 大气信息服务的效益和成本) Costs. See Benefits and costs of atmospheric information services
持续开展综合野外试验 Integrated field campaigns, continue implementation of 105-106
臭氧层(见平流层臭氧) Ozone layer. See stratospheric ozone
臭氧破坏 Ozone destruction 6,163
臭氧探空计划 Ozonsonde program 103
触发 Triggering 120
传染病,受天气和气候的影响 Infectious diseases, affected by weather and climate 10,30
垂直廓线 Vertical profiles 126
垂直输送机制 Vertical transport mechanisms 23,27
磁暴 Magnetic storms 137
磁层 Magnetosphere 135
磁场 Magnetic fields 25,149
次网格尺度(SGS) Subgrid scale (SGS) 57

D

大尺度模式 Large-scale models
 融入地表流 incorporation of surface-induced flows into 57
 湿对流效应 effects of moist convection in 56
大规模并行处理器(MPPs) Massively parallel processors (MPPs) 122,130
大气边界层 Atmospheric boundary layer 45,113
 大气边界层研究 and studies 60
 分辨大气边界层相互作用 resolving interactions at 26-28
大气的基本认识 Fundamental understanding of the atmosphere 19

大气电学 Atmospheric electricity 4-5,45,47
 大气电学以及与其他大气现象的相互作用 and interactions with other atmospheric phenomena 5,46
 闪电产生 NO_X production of NO_X by lightning 54
 推荐的大气电学研究策略 recommended research strategies for 47,53-54
 研究全球电路和闪电作为大气稳定度和温度的度量 investigating global electrical circuit and lightning as measures of stability and temperature 54
 云内电荷分离机制 mechanisms of charge separation in clouds 54
 中层大气放电特征和源 nature and sources of middle-atmosphere discharges 54,165
大气动力学 Atmospheric dynamics 112-130
 推荐的大气动力学研究 recommended research 5-6,114-115
 小尺度大气动力学 small-scale 4,17
 大气动力学和天气预报研究卫星 Satellites in atmospheric dynamics and weather forecasting research
  采用多普勒激光雷达和海表散射仪的卫星测风 satellite measurement of wind using Doppler lidar, sea surface scatterometers 126-129
  水汽测量的 GPS 接收机和卫星传播 GPS receiver and satellite transmissions for water vapor measurement 125-126
大气分量,与地球系统其他分量的相互作用 Atmospheric components, interactions with other Earth system components 2,121-122
大气服务和研究委员会(CASR)报告列表 Committee on Atmospheric Services and Research (CASR), listing of reports of 229-230
大气辐射观测(ARM)计划 Atmospheric Radiation Measurement (ARM) program 66
大气观测(见观测) Atmospheric observations. See Observations
大气和陆地水分 Water in the atmosphere and on land 87-88
 冰 ice 59
 观测 measurements of 103-104,118,125-126,182
 加强观测各种形态的水 enhanced observation of water in all forms 207
 降水机制 precipitation mechanisms 62-63
 降雨沉降 deposition in precipitation 110
 径流 run off
 来自飞机测量 from aircraft 145
 气溶胶和云 aerosols and clouds 87-88

水凝物 hydrometeors 52
水汽 vapor 23,115
 水汽作为一个温室气体 water vapor as a greenhouse gas 99,195
 天气频道 The Weather Channel 33
 相变和大气环流 phase change and atmospheric circulation 115
 与化学成分相互作用 interaction with chemical species 58-59
 云辐射特征 cloud radiative properties 58
 云物理学 cloud physics 51-53
 云中液态水 liquid in clouds 122
 在大气中的分布 distributions in the atmosphere 68
 在地球观测系统以及全球能量和水循环试验中 in EOS and GEWEX 208
大气化学 Atmospheric chemistry
 大气化学的任务 mission 74-75
 大气化学基础设施 infrastructure 90-93
 大气化学近期回顾 recent insights 76-80
 大气化学总结 summary 5
 环境重要大气(化学)物种 Environmentally Important Atmospheric (chemical) Species 72,94-111
 推荐的大气化学研究策略 recommended research strategies for 80-88
大气化学委员会 Committee on Atmospheric Chemistry 53
大气环流模式(GCMs) General circulation models, atmospheric 47,53,172,196,213
 参数化 parameterizing 57-58
 大气环流模式的地球-海洋耦合 Earth-ocean coupling of 202,210
 大气环流模式的构造和评估 construction and evaluation of 217
 进展 progress in 202-203
大气科学 Atmospheric sciences 1,9-11,67
 大气科学成本效率 cost effectiveness of 112-113
 大气科学的关键作用 key role of 9
 大气科学的历史 history of 9,76-77
 大气科学对国家公益的贡献 contributions to the national well-being 12-19,46,70,73,133,180,218
 大气科学需求 imperatives 1-2,20-25
 大气科学在环境问题中的作用 role in environmental issues 17
 海洋学——大气科学的亲密伙伴 oceanography a close partner of 10
 进入 21 世纪的大气科学 entering the twenty-first

中 文 索 引

century 10-11
大气科学和气候委员会（BASC）Board on Atmospheric Sciences and Climate (BASC) 1,3,4,37,41
　大气科学和气候委员会的学科评估 disciplinary assessments of 4-6,20-21
　大气科学和气候委员会的需求 imperatives of 1,2, 20-25
　大气科学和气候委员会的领导和管理计划 leadership and management planning 4
　大气科学和气候委员会报告列表 listing of reports of 229-230
　大气科学和气候委员会的推荐 recommendations of 2-3,25-31
大气科学和气候委员会（BASC）建议 Recommendations of the Board on Atmospheric Sciences and Climate (BASC) 2-3,25-31
大气科学跨部门委员会（ICAS）Interdepartmental Committee for Atmospheric Sciences (ICAS) 36
大气科学内的协调 Coordination, needed within atmospheric sciences 32
大气模式比较计划（AMIP）Atmospheric Model Intercomparison Project 195,213
大气排放及其快速增加 Atmospheric emissions, rapidly increasing 3,31
大气气溶胶 Atmospheric aerosols 5,87,107-109
　大气气溶胶和全球变暖 and global warming 194
　设计和部署记录气溶胶气候的站网 designing and deploying networks to document aerosol climatology 108
　设计和实施大气气溶胶加强期野外观测计划 designing and implementing intensive field programs for 108
　设计和实施对流层气溶胶新观测技术 designing and implementing new suites of measurement technologies for tropospheric aerosols 108
　维持和扩展平流层气溶胶测量能力 maintaining and expanding stratospheric aerosol measurement capability 107
　研发大气气溶胶模拟预测能力 developing predictive model capability for 109
大气区域的耦合能量学和动力学（CEDAR）Coupling, Energetics, and Dynamics of Atmospheric Regions (CEDAR) 161
大气数值计算机模式 Numerical computer models of the atmosphere 2-3
大气位涡 Atmospheric potential vorticity 114

大气物理学 Atmospheric physics
　边界层气象学 boundary layer meteorology 54-55,59-60
　大气电学 atmospheric electricity 53-54,63
　大气辐射 atmospheric radiation 50-51
　大气水、云 atmospheric water, clouds 51-53,59,62, 68
　模式、改进和测试 models, improvement and testing 57-58
　任务 mission 48
　小尺度对大尺度现象的影响 small scale influences on large scale phenomenon 66-68
　仪器 instrumentation 68-70
　云物理学 cloud physics 51-53
大气信息 Atmospheric information
　保持大气信息自由和公开交换 preserving free and open exchange of 3,35
　大气信息的前景 prospects for 33-34
　研发提供大气信息的策略 developing a strategy for providing 32-34
大气信息反演系统 Aerometric Information Retrieval System 85
大气信息服务 Atmospheric information services
　大气信息服务基金 funding for 39-40
　发布大气信息服务 distributed 34
　优化大气信息服务 optimizing 35
大气信息服务的效益和成本 Benefits and costs of atmospheric information services 3,33,35-40
大气研究的效益 Benefits of atmospheric research 12-19,33
　保护生命和财产 protection of life and property 12-16
　维持环境质量 maintaining environmental quality 16-17
　增强国家经济活力 enhancing national economic vitality 17-19
　增强基础认识 strengthening fundamental understanding 19
大气研究分委员会（SAR）Subcommittee on Atmospheric Research (SAR) 36-37,40
大气预报（见天气预报）Atmospheric forecasting. See Weather forecasting
大气预测（见 天气预报）Atmospheric prediction. See Weather forecasting
大气中冰晶形成 Ice formation in the atmosphere 52, 59

大气中的硫浓度 Sulfate concentrations in atmosphere 70

大涡模拟（LES）模式 Large eddy simulation (LES) models 55

氮氧化物 NO_x 80,95-96
    闪电产生 production by lightning 54,64-65

到达地球的太阳辐射入射（SUNRISE）计划 Sun's Radiative Inputs from Sun to Earth (SUNRISE) program 161

地表 UV 网 Surface UV network 144
    监测 monitoring 148

地表交换观测研究 Surface exchange measurement systems 73,92

地表效应,量化和参数化 Surface effects, quantifying and parameterizing 59-60

地表诱导流,进入大尺度模式 Surface-induced flows, incorporation into large-scale models 57

地磁暴 Geomagnetic storms 153-154

地球电环境 The Earth's Electrical Environment 53

地球辐射收支试验（ERBE） Earth Radiation Budget Experiment (ERBE) 170,194

地球观测系统（EOS） Earth Observing System (EOS) 22,65,133,144,148,208

地球和环境科学委员会（CEES） Committee on Earth and Environmental Sciences (CEES) 36,40

地球静止业务环境卫星（GOES） Geostationary Operational Environmental Satellite (GOES) 119

地球空间环境模拟（GEM） Geospace Environment Modeling (GEM) 161

地球流体的基本问题 Geophysical fluid flow, fundamental problem of 3-28

地球能量收支 Energy budget for Earth 24

地形尺度 Terrain scale 120

地形对天气影响 Orographic influences on weather 114,120

地形学,连续尺度 Topography, continuous scales of 120

电荷产生的机制 Charge generation, mechanisms of 63-64

电离层 Ionosphere 6,135,138,155,159,166-168

电学（另见大气电学） Electricity. See also Atmospheric electricity

电子数据的获取和消除限制 Access to electronic data, move to limit 3,35

电子资料及消除获取资料的限制 Electronic data, move to limit access to 3,35

端-端通讯 Computer-to-computer communication

对流层臭氧（见对流层光化氧化剂） Ozone, tropospheric. See tropospheric photochemical oxidants

对流层顶 Tropopause
    物质交换 exchange of material through 148-149
    在大气动力学中的作用 role in atmospheric dynamics 114

对流层光化氧化剂 Tropospheric photochemical oxidants
    仪器发展,观测记录评估 instrumentation development, measurements documentation assessment 5,84-87,104-106

对流层气溶胶,设计和实施新的观测设备 Tropospheric aerosols, designing and implementing new suites of measurement technologies for 107-108

对流层稳定度 Tropospheric stability 54

对流层,与其他层次的交换 Troposphere, exchanges with other layers 2

对流风暴 Convective storms 158

对流集合模拟 Convective ensemble simulations 61

对流加热 Convective heating 27

对流通量传输 Convective momentum transfer 61

对流下沉气流 Convective downdrafts 114

对流有效位能（CAPE） Convective available potential energy (CAPE) 63

多氯联苯（PCBs） Polychlorinated biphenyls 109

多普勒激光,与全球定位系统（GPS）结合 Doppler laser, combining with Global Positioning System (GPS) 60

多普勒天气雷达 Doppler weather radar 25,48,117
    站网 network 15

E

厄尔尼诺/南方涛动（ENSO）循环 El Nino/Southern Oscillation (ENSO) cycle 26-27,58,118,181,184,185-189,200-203,210-211,214

厄尔尼诺事件 El Nino events 29,185
    厄尔尼诺事件对农业规划预测的价值 value of predictions to agricultural planning 19
    与厄尔尼诺事件关联的天气类型的变化 changes in weather patterns associated with 13,119

二甲基硫（DMS）的海洋产量 Dimethyl sulfide (DMS), oceanic production of 53

二氧化碳 Carbon dioxide 16,70

F

发布大气信息服务 Distributed atmospheric information

services, implications of 34
发展定量刻画 Quantitative descriptions, developing 68
发展和评估测量沉降通量技术 Deposition fluxes, developing and evaluating techniques for measuring 109-110
飞机(另见 商业飞机) Aircraft. See also Commercial aircraft
　　飞机的大气效应 atmospheric effects of 133,146-147,148
　　遥控飞机 remote piloted 25,102,148
飞行规划能力,按数字通信的飞行规划能力 Flight planning capabilities, by digital communication 33
非球形粒子媒介的辐射传输 Nonspherical particles, radiation transfer through a medium containing 50
非球形粒子媒介辐射传输 Radiation transfer through a medium containing nonspherical particles 50
非线性,基本问题 Nonlinearity, fundamental problem of 27-28,79-80,119
非相干散射(IS) Incoherent scatter (IS) 166
分辨不同尺度流之间的相互作用 Scales of flow, resolving interactions among different 25-28
风 Wind
　　测风雷达 radars for measuring 9
　　发展新的观测能力 developing new capabilities for observing 1
　　观测 observations of 24-25
风暴分析和预报中心(CAPS) Center for the Analysis and Prediction of Storms (CAPS) 118
辐射(见大气物理学) Radiation. See Atmospheric physics
辐射传输 Radiative transfer 49
　　有云大气 in cloudy atmospheres 50
辐射传输方程 Radiation transfer models 50
　　采用观测资料 using observational data 57-58

G

GPS无线电掩星探测技术 Radio occultation technique with GPS 25
高层大气过程 Upper-atmosphere processes 131-180
　　平流层过程的影响 stratospheric processes affecting 6
　　日益重视预测 growing emphasis on prediction of 9
　　推荐的研究战略 recommended strategies for studying 6
　　研究 research in 6

高层大气和近地空间研究卫星 Satellites in upper-atmosphere and near-Earth space research
高层大气研究卫星测量平流层化学 UARS measurements of chemistry of the stratosphere 144
空间环境效应卫星 satellites showing space environment effects 156
空间天气扰动引起的天气卫星损坏 weather satellite damage from space weather disturbances 150,151
太阳辐射卫星观测 satellite measurement of solar irradiance 170-171
高层大气研究卫星(UARS) Upper Atmosphere Research Satellite (UARS) 104,144,148,170,173-174
高频(HF)事件 High frequency (HF) events 119,155
戈达德空间研究所(GISS) Goddard Institute for Space Studies (GISS) 193
公共基金资料获取,维持公开获取 Publicly-funded data acquisition, preserving open access to 3,35
功率格点操作,空间天气效应 Power grid operation, space weather effects on 6,150
古气候记录 Paleoclimatic records 202,209
关键气相和异相机制的量化和刻画 Quantification and characterization of critical gas-phase and heterogeneous mechanisms 98
观测 Observations
　　保持观测的自由和公开交换 preserving free and open exchange of 1,33,35,204-206
　　风的观测 of wind 24-25
　　观测大气中的水 of water in the atmosphere 23-24
　　观测的退化 deterioration of 114,204-206
　　观测的新机遇 new opportunities for 21-22,67
　　近地空间观测 in near-Earth space 25
　　平流层观测 in the stratosphere 25
　　全球定位系统(GPS)观测 from the Global Positioning System (GPS) 21
　　商业飞机观测 from commercial aircraft 21-22,123
　　适应观测策略 adaptive strategies for making 22
观测(另见浓度观测;通量观测,观测系统) Measurements. See also Concentration measurements; Flux measurements, Observing systems
　　改进观测能力 improving capabilities for making 4, 68-70
　　观测的基础重要性 central importance of 130
　　开展近源区地基观测 conducting surface-based near source regions 101
　　水、热和大气痕量成分交换观测 of exchange of wa-

观测技术 Measurement technologies
　　对流层气溶胶、设计和实施新设备 for tropospheric aerosols, designing and implementing new suites of 107-108
　　关键气态和固态成分 for critical gas- and condensed-phase species 95-96
观测技术,提高大气、海洋和陆地之间相互作用的认识 Observational technologies, improving understanding of interactions among atmosphere, ocean, land 9,67
观测系统 Measurement systems
　　地面交换观测系统 surface exchange 5,92
　　卫星观测 satellite-based 126
观测系统 Observing systems
　　大气化学研究 for atmospheric chemistry research 73,91-92,99-102,103,105-106,107-108,110-111
　　大气物理学研究 for atmospheric physics research 60,65,68-70
　　动力学和天气预报研究 for dynamics and weather forecasting research 123-130
　　高层大气和近地研究 for upper atmosphere and near-Earth research 143-144,162,170
　　气候和气候变化研究 for climate and climate change research 182,187,203-206,208-209,214-216
观测系统模拟实验(OSSEs) Observing system simulation experiments (OSSEs) 1,23,114,116
光化电离 Photoionization 159
光化氧化剂(见对流层光化氧化剂)(另见烟雾) Photochemical oxidants. See tropospheric photochemical oxidants. See also Smog
国际气候预测研究所 International Research Institute for Climate Prediction 29
国际全球大气化学(IGAC)计划 International Global Atmospheric Chemistry (IGAC) Project 59
国际日地计划 International Solar-Terrestrial Program 161
国家大气研究中心(NCAR) National Center for Atmospheric Research (NCAR) 25,65
国家公益 National well-being
　　保持环境质量 maintaining environmental quality 19
　　大气科学的贡献 contributions of the atmospheric sciences to 12-19,46,70,73,133,180,218
　　生命和财产保护 protection of life and property 12-16

ter, heat, and trace atmospheric constituents 55-56

　　增强国家经济活力 enhancing national economic vitality 17-19
　　增强基础认识 strengthening fundamental understanding
国家海洋和大气局(NOAA) National Oceanic and Atmospheric Administration (NOAA) 15,128,160,161,192,204,209,215
国际气候预测研究所 International Research Institute for Climate Prediction 29
航空控制中心 Aircraft Operations Center 25
国家航空和航天局(NASA) National Aeronautics and Space Administration (NASA) 37,65,148,160,161,208-209,215
国家环境空气质量标准(NAAQS) National Ambient Air Quality Standard (NAAQS) 84,88
国家环境预报中心(NCEP) National Centers for Environmental Prediction (NCEP) 29,121
全球计划办公室 Office of Global Programs 124
国家极轨业务环境卫星系统(NPOESS) National Polar-orbiting Operational Environmental Satellite System (NPOESS) 215
国家经济活力 National economic vitality
　　天气和气候信息的效益 benefits of weather and climate information 17-19
　　增强 enhancing 17-19
国家科学和技术委员会(NSTC) National Science and Technology Council (NSTC) 41
国家科学基金会(NSF) National Science Foundation (NSF) 148,160,161,209
国家空间天气计划(NSWP) National Space Weather Program (NSWP) 160-161
国家农作物减产评估网(NCLAN) National Crop Loss Assessment Network (NCLAN) 111
国家气象局(NWS) National Weather Service (NWS) 15,33-34
国家闪电探测网 National Lightning Detection Network 63
国家天气信息系统,快速变化 National weather information system, rapid changes in 3
国家研究委员会(NRC) National Research Council (NRC) 131,134,138
日-地研究委员会(CSTR) Committee on Solar-Terrestrial Research (CSTR) 131,134
太阳和空间物理委员会(CSSP) Committee on Solar and Space Physics (CSSP) 131,134
国内生产总值(GDP),天气和气候信息的贡献 Gross

domestic product (GDP), contributions made by weather and climate information 17-18

过程研究观测 Process study observation 68

H

海表温度(SSTs) Sea surface temperatures (SSTs) 201,211

海表温度距平(SSTAs) Sea surface temperature anomalies (SSTAs) 188

海洋 Oceans
 大气的重要边界 critical boundary for atmosphere 10
 海洋上所需资料 data needed from over 6,25
 海洋上通量 fluxes over 26-27
 与海洋长期相互作用 long-term interactions with 26-27

海洋学,大气科学的亲密伙伴 Oceanography, close partner of atmospheric sciences 10

合作 Collaboration
 机构间所需合作 needed among agencies 182
 学科间所需合作 needed among disciplines 3,32

痕量化学成分 Trace chemical species 6,58-59,76(另见环境重要大气(化学)成分) See also Environmentally Important Atmospheric (chemical) species

痕量气体,气候直接辐射强迫 Trace gases, direct radiative forcing of climate by 51

化学(见 大气化学) Chemistry. See Atmospheric chemistry

化学成分 Chemical constituents
 化学成分的科学预报 disciplined forecasting for 2
 开发化学成分新的观测能力 developing new capabilities for observing 1

化学、动力学和辐射的耦合 Coupling between chemistry, dynamics, and radiation 96-98

化学气候,记录 Chemical climatology, documenting, 72

化学气象系统,发展 Chemical meteorology system, developing 92

化学仪器设置,持续发展和验证 Chemical instrumentation, continue development and validation of 105

环境管理系统 Environmental management systems 5,73
 评估环境管理系统效益 assessing efficacy of 5,72,90

环境和自然资源委员会(CENR) Committee on Environment and Natural Resources (CENR), 37-38

空气质量研究分委员会 Subcommittee on Air Quality Research 40

环境健康 Environmental health 1

环境应力 Environmental shear 61

环境质量 Environmental quality
 臭氧 ozone 16
 化学排放的长期后果 long-term consequences of chemical emissions 78-79
 环境质量与全球变化 and global change 16-17
 氯氟碳化物(CFC)气体 chlorofluorocarbon (CFC) gases 16,78-79,138-139
 气溶胶 aerosols 17
 维护环境质量 maintaining 16-17
 温室气体 greenhouse gases 16-17

环境重要大气(化学)成分 Environmentally Important Atmospheric (chemical) Species 5,72,74-76,81,89-90
 大气气溶胶 atmospheric aerosols 5,87-88,107-109
 发展对环境重要大气成分整体和综合认识 developing holistic and integrated understanding of 5
 光化学氧化剂 photochemical oxidants 5,84-86,104-106
 平流层臭氧 stratospheric ozone 5,81-82,93-98
 温室气体 greenhouse gases 5,82-84,98-104,202
 营养物质 nutrients 5,89,109-111
 有毒物质 toxics 5,89,109-111

环流系统,准平衡和非平衡 Circulation systems, quasi-balanced and unbalanced 114

挥发性有机化合物(VOCs) Volatile organic compounds (VCCs) 81

混沌理论 Chaos theory 28,65
 气象学的发展 outgrowth of meteorology 19

火山效应 Volcanic effects 6,133,144-145,148

火险天气预报 "Fire weather," forecasting 114,120-121

J

机构(见 联邦政府和机构) Agencies. See Feferal government and agencies

基本凝态过程 Fundamental condensed phase processes 73

基础结构 Infrastructure
 倡议需要的基础结构 initiatives needed 90-92,131
 观测基础结构 observational 9
 基础结构模拟 modeling 9
 提高大气化学研究所需的基础结构 needed to ad-

vance research in atmospheric chemistry 3,73

基于观测的推理研究 Inferential observation-based studies 106

激光大气风探测器(LAWS)仪器 Laser Atmospheric Wind Sounder (LAWS) instrument 128

激光雷达系统 Lidar systems, 24,60(另见差分吸收激光雷达) See also Differential absorption lidar

激光系统,用于大气分析 Laser systems, for atmospheric analysis 9

吉特峰国家观象台(KPNO) Kitt Peak National Observatory (KPNO) 178

极地平流层云(PSCs) Polar stratospheric clouds (PSCs) 78

极光发射 Auroral emission 153

疾病媒介物,受天气和气候影响 Disease vectors, affected by weather and climate 10,30

集成观测系统 Integrating observing systems
    采用多种资料库 using multiple data bases 22
    采用信息组织系统 using information organizing systems 22
    通过国际合作 through international collaboration 22
    同化新型资料 to assimilate new forms of data 22
    与模拟研究 with modeling efforts 22
    与增强的计算机能力 with increased computing power 22

集合预报 Ensemble forecasting 113,119,121

计算机工作站 Computer workstations 130

计算机可视化 Computer visualization 66

计算机(另见大规模并行处理器(MPPs)) Computers. See also Massively parallel processors (MPPs)
    计算机能力不断增强 increasingly more powerful 1,9,66
    计算机用于大气分析 for atmospheric analysis 9,130

计算机模式 Computer models 9

记录气溶胶气候、设计和部署的站网 Aerosol climatology, designing and deploying networks to document 108

技术转让计划 Technology transfer programs 5,73,92

夹卷 Entrainment 55,66

监测(见气候监测) Monitoring. See Climate monitoring

监测网(见观测系统) Monitoring networks. See Observing systems

将大气信息融入决策,天气依赖企业 Incorporating atmospheric information into decision making, weather-dependent enterprises 3

降水事件,落区变率 Rainfall events, variability in location of 24

降水形成 Precipitation formation 49,67
    提高降水形成认识 improved understanding of 52

交叉学科研究的需求 Interdisciplinary studies needed 3,30-31
    在气候变化下水资源管理方面 in management of water resources in changing climate 3
    在气候、天气和健康方面 in climate, weather, and health 3
    在向大气排放快速增加方面 in rapidly increasing emissions to the atmosphere 3

飓风动力学 Tornado dynamics 118

飓风统计 Hurricane statistics 13

飓风统计 Tornado statistics 13

飓风预报 Hurricane forecasting 117-118
    救助生命和财产的最佳时机 greatest opportunity to save lives and property 117
    描绘结合飓风预报的最优观测系统 delineating optimal measurement system combinations for 6

决策,融合大气信息 Decision making, incorporating atmospheric information into 3

K

开展面向过程的外场研究用于算法发展和评估 Field studies, carrying out process-oriented, for algorithm development and evaluation 111

柯朗-弗里德里奇斯-列维稳定性判据 Courant-Friedrichs-Lewy stability criterion 126

科学预报过程 Disciplined forecast process 2,28-30

科学战略 Scientific strategy
    科学战略的关键内容 key components of 45-46
    支持科学战略的倡议 initiatives supporting 46

可预报性 Predictability 120

克林顿政府 Clinton administration, 36

空间气候 Space climate 151

空间天气 Space weather 137,149-162
    电离层 ionospheric 159
    扰动 disturbances 151
    所需研究 research needed in 6,133
    预报 forecasting 2,4,6,30,131-132

空间天气系统 Space weather system 151-155

空间物理学活动,近地球空间,改进数值预报模式 Space physics activities, near-Earth, improving predictive numerical models for 1

空气质量 Air quality
    改进空气质量的数值预报模式 improvement predic-

tive numerical models for 2,5,89
  空气质量的预报 forecasting of 2,29,92
空气质量监测 Air quality monitoring 2,89,100
矿物燃料的消耗 Fossil fuels, consumption of 17

L

拉格朗日试验 Lagrangian experiments 108,123
来自卫星和其他遥感器的资料的新颖分析方法 Data from satellites and other remote sensors, innovative approaches to analyses of 50-51
雷达 Radars
  大气分析测风雷达 measuring wind for atmospheric analysis 9
  大气分析测雨雷达 measuring precipitation for atmospheric analysis 9
  早期雷达资料网 early data networks 15
联邦大气研究和业务基金 Federal funding of atmospheric research and operations 36-40
  按机构划分 by agency 39
  按类别划分 by categories 38
  联邦大气研究和业务基金的历史 historical 37,39
  设计和实施加强期野外计划 Field programs, designing and implementing intensive 108
  用于信息服务 for information services 39
  用于业务 for operations 39
联邦航空管理局(FAA) Federal Aviation Administration (FAA) 17,23
联邦科学、工程和技术协调委员会(FCCSET) Federal Coordinating Council for Science, Engineering, and Technology (FCCSET) 36,40
联邦科学和技术委员会 Federal Council for Science and Technology 36
联邦气象服务和支撑研究协调人 Federal Coordinator for Meteorological Services and Supporting Research 3,32
联邦气象学协调人办公室(OFCG) Office of the Federal Coordinator for Meteorology (OFCG) 39,40（另见联邦气象服务和支撑研究协调人）See also Federal Coordinator for Meteorological Services and Supporting Research
联邦政府和机构 Federal government and agencies
  边界互动 interactions at boundaries 25-26
  对大气信息的获取 access to atmospheric information 35
  发展新的观测能力 development of new observational capabilities 22-23
  规划和管理 planning and management 40-41
  基金(见大气研究和业务联邦基金) funding, See Federal funding of atmospheric research and operations
  历史作用 historical roles 15
  联邦政府和机构在观测中的作用 role in observations 21
  联邦政府和机构在预报学科中的作用 discipline of forecasting, role in 28-30
  生命和财产保护 protection of life and property 12-13
  突发问题 emerging issues 30
临近预报"Nowcasting" 132
领导和管理 Leadership and management 3,32-41
卤素掩星试验 Halogen Occultation Experiment 103
陆气相互作用 Land-atmosphere interaction 119-120
氯氟碳化物(CFC)气体 Chlorofluorocarbon (CFC) gases 19,82,135,147
  氯氟碳化物气体和环境质量 and environmental quality 16,78-79,138-139
  氯氟碳化物气体寿命 longevity of 169
  氯氟碳化物替代品 substitutes for 141-144
氯氟碳化物前时期 Pre-chlorofluorocarbon era 94
罗斯贝波 Rossby waves 19,145

M

煤燃烧 Coal burning 16-17
美国地质调查局 U.S. Geological Survey 160
美国国防部(DOD) U.S. Department of Defense (DOD) 160,161,215
美国国家气候计划 U.S. National Climate Program 185
美国海军研究实验室 U.S. Naval Research Laboratory 138
美国环境保护局(EPA) U.S. Environmental Protection Agency (EPA) 84,88
美国空军 U.S. Air Force 160
美国内务部(DOI) U.S. Department of the Interior (DOI) 160
美国能源部(DOE) U.S. Department of Energy (DOE) 65,160
美国气象学会 American Meteorological Society(AMS) 117
美国全球变化研究计划（USGCRP） U.S. Global Change Research Program (USGCRP) 2,15,17,25,38,40,185

美国商业部(DOC) U. S. Department of Commerce (DOC)　160,161
美国天气研究计划(USWRP) U. S. Weather Research Program (USWRP)　2,15,25,113
"蒙特利尔公约" "Montreal Protocol"　16,143
孟德尔最小周期 Maunder Minimum period　176
免疫系统,受紫外(UV)辐射影响 Immune system, affected by ultraviolet (UV) radiation　10
模糊逻辑 Fuzzy logic　22
模式垂直坐标 Model vertical coordinates　123
模式发展 Model development　120
模式和模式化 Models and modelling
　大气动力学和天气预报 in atmospheric dynamics and weather forecasting
　　伴随模式 adjoint models　116
　　参数化 parameterization for　122
　　大规模并行处理器 massively parallel processors, used for　122,130
　　大气对流研究 in atmospheric convection studies　118-121
　　地形效应 in orographic effects　120
　　集合预报 ensemble forecasting　121
　　热带气旋 for tropical cyclones　117
　　适应观测 adaptive observations　121
　　数值技术 numerical techniques　122-123
　大气化学 in atmospheric chemistry
　　长期生物源温室气体 long-term biogenic greenhouse gases　102
　　化学、动力和辐射耦合 in chemistry, dynamics and radiation coupling　98
　　紧迫的研究挑战 overarching research challenge　90
　　气溶胶研究 in aerosol research　108,109
　　业务化学预报 and operational chemical forecasting　92
　　有毒和营养物质调查 in toxic and nutrient investigation　111
　　预计的臭氧总量变化 predicted ozone column change　83
　　综合评估 in integrated assessments　106
　大气物理 in atmospheric physics
　　辐射传输 radiation transfer　50,57-58
　　快速增强的计算能力 rapidly increasing computational power　65-66
　　气旋表述 representation in cyclones　56-57
　高层大气和近地空间研究 in upper atmosphere and near-Earth space research
　　飞机的大气效应 atmospheric effects of aircraft　145-146,148
　　交互式辐射-动力-化学模式 interactive radiative-dynamic-chemistry models　144
　　空间天气预报 in space weather forecasting　161
　　平流层-对流层相互作用 stratospheric-tropospheric interactions　147,148,149
　　中高层大气研究 in middle and upper atmosphere research　167,168
　模式改进所需资料 data for improvement of　21
　模式基本问题 fundamental aspects　19
　模式基金 funding for　38
　气候和气候变化研究 in climate and climate change research construction and evaluation of
　　年代-世纪变率 in decade-to-century variability　190,191-194
　　耦合海气研究 in coupled atmosphere-ocean research　195,203,209-210
　　气候模式预测和人之间的联系 linkages between climate model prediction and human relevance　213-214
　　思索预测 in ENSO prediction　201
　　综合模式的构建和评估 comprehensive models　183,217
模式基本结构 Modeling infrastructure　9
模式识别 Pattern recognition　65
模式通量 Modeling fluxes　54
1990年洁净空气修正案(CAAA-90) Clean Air Act Amendments of 1990 (CAAA-90)　84,90,141

N

凝态化学研究所需的设备 Condensed-phase chemistry, facilities needed for studying　5,92
农业规划,灾害预测的价值 Agricultural planning, value of predictions to　19
浓度监测站网的维持 Concentration monitoring networks, maintaining current　100

O

欧洲长距离空气污染监测和评估合作计划(EMEP) Cooperative Programme for the Monitoring and Evaluation of Long Range Air Pollutants in Europe (EMEP)　110-111
欧洲遥感卫星(ERS-1) European Remote Sensing Satellite (ERS-1)　25,129

欧洲中期天气预报中心 European Centre for Medium Range Weather Forecasts 119
耦合海洋-大气响应试验（COARE）Coupled Ocean-Atmosphere Response Experiment (COARE) 61
耦合系统,见地球环境各成分 Coupled systems, seeing components of Earth's environment as 2

P

皮肤癌,受紫外（UV）辐射影响 Skin cancer, affected by ultraviolet (UV) radiation 10
皮纳图博山 Mt. Pinatubo 144-145,191,193
偏振雷达 Polarimetric radar 118
平流 Advection 126
平流层 Stratosphere
 观测 observations in the 25,148
 推荐的研究战略 recommended research strategies for 133-134
 在气候系统中的作用 roles played in climate system 131-132,133,147-148
平流层变化探测网（NDSC）Network for Detection of Stratospheric Change (NDSC) 103
平流层臭氧 Stratospheric ozone 5,81-82,93-98,133,141-144,148
 关键气相和异相机制的量化和刻画 quantification and characterization of critical gas-phase and heterogeneous mechanisms 98
 观测关键气态和固态成分 measuring critical gas- and condensed phase species 95-96
 和环境质量 and environmental quality 16
 化学、动力和辐射间的耦合 coupling between chemistry, dynamics, and radiation 96-98
 监测分布 monitoring distribution of 94-95
平流层-对流层交换（STE）Stratosphere-troposphere exchange (STE) 146-147
 优化刻画 better characterization of 149
平流层-对流层交换 Stratospheric-tropospheric exchange 97
平流层飞机 Stratospheric aircraft 6
平流层过程 Stratospheric processes 6,136-137,139-149
平流层模拟 Stratospheric modeling 148
平流层内输送 Intrastratospheric transport 97
平流层气溶胶 Stratospheric aerosols 148
 维持和扩大观测能力 maintaining and expanding measurement capability 107
平流层气溶胶和气体试验（SAGE）Stratospheric Aerosol and Gas Experiment (SAGE) 103
迫切研究挑战,大气化学 Overarching Research Challenges, atmospheric chemistry 87-88
曝光评估站网,部署 Exposure assessment networks, deploying 91

Q

气候 Climate 181-218
 当前观测能力退化 deterioration of current observational capability 204-206
 近几十年研究结果 results of research in recent decades 185-200
  气候的年代-世纪变率（DEC-CEN）decade-to-century variability (DEC-CEN) 189-193,211-212
  人类活动影响 anthropogenic effects 194-195
  温室气体强迫和气溶胶联合效应 joint effects of greenhouse gas forcing and aerosols 196-199
  历史和古气候资料,及其利用 historical and paleoclimatic data, use of 209
  气候的季节-年际变化 seasonal-to-interannual 184,185-189
 气候监测 climate monitoring 1,187,207
 气候敏感企业 climate sensitive enterprises 18
 气候,天气和健康 climate, weather and health 30
 气候研究优先级 priorities for climate research 214-217
 气候预测的改进 improvements in climate prediction 212-213
 气候预测,及其技巧增长 climatic prediction, increase of skill in 210-212
 任务声明 mission statement 185
 研究的关键驱动力 key drivers for research 200-204
 增强观测能力 enhancing observational capability 207-209
气候变率和预测计划（CLIVAR）Climate Variability and Prediction Program (CLIVAR) 208,211,217
气候的温室气体强迫 Greenhouse forcing of climate 198
气候辐射强迫 Radiative forcing of climate
 痕量气体和气溶胶 by trace gases and aerosols 51,197
 瞬时 instantaneous 198
气候和气候变化研究卫星 Satellites in climate and climate change research
 卫星观测平流层温度 stratospheric temperatures from satellite measurement 192,193

卫星际测量偏差 intersatellite measurement bias 204-206
气候季节预报 Seasonal climate forecasting 6,119
气候研究体制布局 Institutional arrangements for climate research 218
气溶胶辐射强迫和气候变化 Aerosol Radiative Forcing and Climate Change 107
气溶胶（另见 大气气溶胶和大气化学）Aerosol. *See also* Atmospheric aerosols and atmospheric chemistry 27
 气溶胶的化学和物理特性 chemical and physical properties of 87-88
 气溶胶对气候的直接辐射强迫 direct radiative forcing of climate by 50
 气溶胶和环境质量 and environmental quality 23
 气溶胶以及与其他大气现象的相互作用 and interactions with other atmospheric phenomena 5,59
 预测气溶胶尺度分布 predicting size distributions of 52-53
气溶胶物理 Aerosol physics 45
气体交换,开展大尺度研究 Gas exchange, conducting large-scale studies 101
气旋发生 Cyclogenesis 26
全球变化 Global changes
 全球变化和环境质量 and environmental quality 16-17
 影响低层大气 affecting lower atmosphere 6
 影响中高层大气 affecting middle and upper atmosphere 133
全球电路作为大气稳定度和温度的度量 Global electrical circuit, as measure of stability and temperature 54,63
全球定位系统(GPS) Global Positioning System (GPS) 125-126
 全球定位系统的观测 observations from 22
 全球定位系统的精度 accuracy of 156
 全球定位系统无线电掩星技术 radio occultation technique with 25
全球观测系统 Global observing system 73
全球海-气-陆系统(GOALS) Global Ocean-Atmosphere-Land System (GOALS) 183,208,211,216
全球能量和水循环试验(GEWEX) Global Energy and Water Cycle Experiment (GEWEX) 31,208,216
全球平流层硫层 Global stratospheric sulfate layer 107
全球平流层硫层 Sulfate layer, global stratospheric 107

全球气候观测系统(GCOSs) Global climate observing systems 182,204,207
全球输运系统 Global transport system 9
全球通信系统(GTS) Global telecommunication system (GTS) 186
全球无线电探空网,中断 Global rawinsonde network, halting
 全球无线电探空网退化 deterioration in 6,114-115
全球振荡网络组(GONG) Global Oscillation Network Group (GONG) 177

R

热带大气海洋(TAO)阵列 Tropical Atmosphere Ocean (TAO) array 26,182,187,206
热带海洋全球大气(TOGA)计划 Tropical Ocean Global Atmosphere (TOGA) program 29,61,182,187,201,206,210,217
热带海洋全球大气-热带大气海洋(TOGA-TAO)阵列 Tropical Ocean Global Atmosphere-Tropical Atmospheric Ocean (TOGA-TAO) array, 23,26,215
热带降水测量任务(TRMM) Tropical Rainfall Measurement Mission (TRMM) 24
热带气旋 Tropical cyclones 116-118
 动力学 dynamics of 114
 强度变化 changes in intensity of 6
 热带气旋运动物理学 physics of motion of 6
 以及与上层海洋相互作用 and interactions with upper ocean layers 6
 中纬度 midlatitude 56-57
热带气旋移动的物理学 Motion of tropical cyclones, physics of 6
人工影响天气 Weather modification 63
人工智能(AI) Artificial intelligence (AI) 65
人类健康 Human health
 空间天气效应 space weather effects on 6
 受天气和气候的影响 affected by weather and climate 10
 推荐的研究 research recommended in 30
人为活动影响 Anthropogenic influence 163,194-199
 人为活动影响的预测能力 ability to predict 169,218
 人为活动影响低层大气 affecting lower atmosphere 6,16-1770
 人为活动影响平流层过程 affecting stratospheric processes 139
 人为活动影响驱动全球化学变化 driving global

chemical change 78
人为活动与太阳活动影响的分离 separating from solar 171-174
日地联系 Sun-Earth connections 149
日地系统,模式需要 Solar-terrestrial system, need for models of 6
日地研究委员会(CSTR) Committee on Solar-Terrestrial Research (CSTR) 131,134
日冕物质抛射(CMEs) Coronal mass ejections (CMEs) 25,151,153-155,158,161
日震学 Helioseismology 177

S

SEASAT(海洋卫星)海洋学卫星 SEASAT (sea satellite) oceanographic satellite 128
山洪暴发预报 Flash floods, forecasting 119-120
闪电 Lightning
    全球监测 global monitoring of 54
    闪电的传播 propagation of 63-64
    作为大气稳定度和温度的度量 as measure of stability and temperature 54,63
闪电产生氮氧化物 NO_x Production of NO_x by lightning 54
商业飞机观测 Commercial aircraft, observations from 21-22,123
商业飞行感测湿度(CASH)项目 Commercial Aviation Sensing Humidity (CASH) program 24
上层海洋,以及与热带气旋相互作用 Upper ocean layers, and interactions with tropical cyclones 6
上对流层中的水汽 Upper-troposphere, water vapor in 45
社会,对预报有更大信心 Society, greater confidence in forecasts 1,9
生命和财产 Life and property
    生命和财产保护 protection of 12-16
    生命和财产对预报和预警的需要 need for forecasts and warnings 13-15
生命科学 Life sciences 10
生态系统 Ecosystems 10
生态系统曝光监测站网,设计和实施 Ecosystem exposure monitoring networks, designing and implementing 110-111
生态系统曝光系统 Ecosystem exposure systems 5,73
湿对流 Convection, moist 56,60
湿对流 Moist convection 60
    大尺度模式中的湿对流效应 effects in large-scale models 56
时滞 Time lagging 121
世界海洋环流试验(WOCE) World Ocean Circulation Experiment(WOCE) 208
世界气候研究计划(WCRP) World Climate Research Programme (WCRP) 31,183-184,185,211-213, 216-217
世界气象组织(WMO) World Meteorological Organization (WMO) 204,206
世界天气观察(WWW) World Weather Watch(WWW) 204
世界万维网(WWW) World Wide Web 33
试验预报,启动 Experimental forecasts, initiating 2
适应观测策略(自适应观测战略) Adaptive observation strategies 113,123-124
舒曼共振 Schumann resonances 54
输送 Transport 49
    垂直 vertical 23,27
    平流层内 intrastratospheric 97
    全球 global 9
    湍流 turbulent 67
数值技术 Numerical techniques 122-123
    模式垂直坐标 model vertical coordinates 123
    平流 for advection 123
数值天气预报(NWP)模式 Numerical weather prediction (NWP) models 118,122
数字计算机,用于大气分析 Digital computers, for atmospheric analysis 9
数字通讯,用于航空气象和飞行计划能力 Digital communication, for aviation weather and flight planning capabilities 33
水分循环 Hydrological cycle
    水分循环以及与其他大气现象的相互作用 and interactions with other atmospheric phenomena 5
    提高水分循环的认识 improving understanding of 113
水凝物,预测尺度分布 Hydrometeors, predicting size distributions of 52-53
私营气象部门 Private meteorological sector
    更新议程 in fashioning the agenda 41
    领导和管理 in leadership and management 32
    提供天气服务 in providing weather services 33-34
    制作预报 in preparing predictions 17

T

太阳 Sun 134-135,151-155

评估其状态 evaluating state of 176
太阳变率 Solar variability 6
    对全球气候系统的效应 effects on global climate system 6
    和全球变化 and global change 133-134
太阳高能粒子(SEPs) Solar energetic particles(SEPs) 151,153
太阳和空间物理学委员会(CSSP) Committee on Solar and Space Physics (CSSP) 131,134
太阳和日球层观象台(SOHO) Solar and Heliospheric Observatory (SOHO) 177
太阳黑子记录 Sunspot records 173
太阳极值任务(SMM)飞行器 Solar Maximum Mission (SMM) spacecraft 170
太阳能量输出,一个太阳周期 Solar energy output, over a solar cycle 170-171,177
太阳现象 Solar phenomena
    长期变化 long-term changes in 177
    近日风 near-Sun wind 25
    来自太阳耀斑的流 streams from flares, 9
    与近地空间相互作用 interactions with near-Earth space 19
太阳效应 Solar effects 145
    与人类活动效应的分离 separating from anthropogenic 171-174
太阳影响 Solar influences 138,169-180
陶普生单位(DU) Dobson unit (DU) 83
特殊微波探测器/成像仪(SSM/I) Special Sensor Microwave/Imager (SSM/I) 24,117
"天空样板"操作 "Skycam" operations 126
天气服务雷达(美国国家天气中心)1988多普勒天气雷达系统(WSR-88D) Weather Service Radar (U.S. National Weather Service) 1988 Doppler Weather Radar System (WSR-88D) 24-25,118
天气敏感企业 Weather-sensitive enterprises 18
天气敏感企业,把大气信息融入决策 Weather-dependent enterprises, incorporating atmospheric information into decision making 3,33
天气卫星 Weather satellites 15
天气预报研究 Weather forecasting research 149(另见气候预测) See also Climate forecasting
    初始试验 initiating experimental 2,34
    对流 convection 118-119
    和风暴 and storms 116-118
天气预报 Weather forecasts 112-130
    集合预报 ensemble forecasting 121

建议 recommendations 114-116
经济利益 economic benefit of 17-19
数据操作 data manipulation 121-122
数值技术 numerical techniques 122-123
提高天气预报的四路伙伴 four-way partnership for providing 12-13
提供天气预报的新系统 new systems for providing 33,113
相关空间尺度 spatial scales relevant to 1-2
相关时间尺度 temporal scales relevant to 1-2
资料获取 data acquisition 123-130
天气灾害 Weather damage 14-15
天气灾难 Weather fatalities 13-15,115
通量观测 Flux measurements
    发展海洋通量观测方法 from oceans, improving methods for 101
    在不同生态系统开展多年通量观测 conducting multi-year, over different ecosystems 100-101
通讯部队 Army Signal Corps 15
通讯系统的空间天气效应 Communication systems, space weather effects on 6,151,153-160
投弃式海温测量仪(XBTs) Expendable bathythermographs (XBTs) 186
土壤水分 Water in soil 119-120
    和水文学 and hydrology 115
湍流 Turbulence 45
    和夹卷 and entrainment 55
团队,重要性 Teamwork, importance of 4,218

W

微波临边探测器 Microwave Limb Sounder 104
卫星和大气化学研究 Satellites and atmospheric chemistry research
    高空化学研究小卫星 small satellites useful to study chemistry at high altitudes 115
    平流层气溶胶卫星观测 satellite measurement of stratospheric aerosol 107
    卫星观测暴雨降水强度 satellite inferences of storm-associated rain rates 117
    温室气体多尺度全球化学测量 global chemistry measurement of greenhouse gases on a range of scales 101
    遥感和现场观测最优组合建议 recommendation for optimal combinations of remote sensing and in situ observations 114
卫星和大气物理研究 Satellites and atmospheric physics

research
GCM 参数化与国际卫星云气候计划资料比较 GCM parameterization compared with data from the International Satellite Cloud Climatology Project 58
海洋上空测雨卫星 satellites for characterizing precipitation over the oceans 68
卫星观测水凝物和云特征 inferring hydrometeor and cloud characteristics from satellite observations 67
由卫星资料的泛化和外推进行的过程研究参数化 process study parameterizations generalized and extrapolated by satellite data 68
资料分析新方法 innovative approaches to the analysis of data from 50
位涡 Vorticity, potential 114
温带气旋（另见热带气旋）Cyclones, extratropical 116 See also Tropical cyclones
温室气体 Greenhouse gases 5,16-17,77,82-84, 98-104,194
改进海洋通量观测方法 improving methods of measuring fluxes from oceans 101
改进和发展模式 improving and developing models 102
开展不同生态系统多年通量观测 conducting multi-year flux measurements over different ecosystems 100-101
开展大尺度气体交换研究 conducting large-scale studies of gas exchange 101
开展源近区地基测量 conducting surface-based measurements near source regions 101
扩展监测网实现垂直廓线测量 expanding monitoring networks to include vertical profile measurements 100
设计新的系统准确测量浓度 devising new systems to make accurate concentration measurements 101-102
水汽 water vapor 103-104
维护当前浓度监测网 maintaining current concentration monitoring networks 99-100
主要温室气体 primary 99
涡动相关法 Eddy correlation method 101
无人航空器（UAVs）Unmanned aerospace vehicles (UAVs) 65
无线电声学探测系统（RASS）Radioacoustic sounding system (RASS) 128
无线电探空测风跟踪 Rawinsonde tracking 123
无线电探空观测网，早期 Radiosonde observational networks, early 15
无线电探空网 Radiosonde networks 23,25
世界范围 worldwide 22
退化 deterioration of 204
早期 early 15
物理过程（另见大气物理过程）Physical processes. See also Atmospheric physical processes
辐射和物理过程相互作用 interactions between radiation and 51
气候模式次网格尺度物理过程 occurring on subgrid scales in climate models 57
物理过程参数化 parameterizing 122
物理学（见大气物理学）Physics. See Atmospheric physics

X

X-射线 X-rays 174-175
下投探空跟踪 Dropsonde tracking 127
下一代天气雷达（NEXRAD）Next Generation Weather Radar (NEXRAD) 33,116,118
现象（见大气现象）Phenomena. See Atmospheric phenomena
相互作用 Interactions
不同尺度大气现象之间的 among atmospheric phenomena of different scales 2,60-62
不同类型大气现象之间的 among atmospheric phenomena of different sorts 5
长期 long-term 26-27
大气和地球系统其他部分之间的 between atmosphere and other Earth system components 2
地表 surface 26
非线性 nonlinear 28
分辨 resolving 25-28
复杂性 complexity of 45
观测研究 observational studies of 2
理论研究 theoretical studies of 2
陆-气 land-atmosphere 119-120
模式研究 modeling studies of 2,167,168
水物质 water substance 46
行星边界层、地表特征和云的 of planetary boundary layer, surface characteristics, and clouds 55-56
向大气的排放，及其快速增长 Emissions to the atmosphere, rapidly increasing 3,31
小尺度动力学 Small-scale dynamics 4
把表面诱导流放进大尺度模式 incorporation of surface-induced flows into large-scale models 57

大尺度模式中的湿对流效应 effects of moist convection in large-scale models 56

推荐的研究战略 recommended research strategies 47,56-57

与大尺度过程的相互作用 interactions with larger-scale processes 60,62,66-68

中纬度气旋小尺度特征的刻画 representation of small-scale features in midlatitude cyclones 56-57

小尺度特征，在中纬度气旋中的动力描述 Small-scale features, dynamical representation of in midlatitude cyclones 56-57

斜压性,对边界层的效应 Baroclinicity, effect on boundary layer 55

信号处理 Signal processing 65

信息(见大气信息) Information. See Atmospheric information

行星边界层,地表特征 Planetary boundary layer, surface characteristics of 56

气溶胶辐射强迫和气候变化研究计划 A Plan for a Research Program on Aerosol Radiative Forcing and Climate Change 59

行星地球卫星计划任务 Mission to Planet Earth satellite program 167

行星际磁场(IMF) Interplanetary magnetic field (IMF) 25,134

行星际空间 Interplanetary space 134-135

需要的研究(见需要的交叉学科研究) Studies needed. See Interdisciplinary studies needed

学科评估 Disciplinary assessments 4-6

Y

烟雾 Smog 16,77,80

盐度重大距平 Great Salinity Anomaly 189

验证 Verification 48-49,120

遥感能力 Remote sensing capabilities

 大气分析卫星遥感 satellites for atmospheric analysis 9

 改进 improving 1,107

 开发 exploiting 60

业务共同体,与研究共同体互动 Operational community, interacting with research community 1

业务模式 Operational models 68

业务气象、教育和培训合作计划(COMET) Cooperative Program for Operational Meteorology, Education, and Training (COMET) 119

夜光云 Noctilucent clouds 162,163

仪器发展计划 Instrument development programs 5, 73,92

异相化学 Heterogeneous chemistry 73,148

 异相化学研究所需设备 facilities needed for studying 5,92

营养物质 Nutrients 5,89,99,109-111

 发展和评估沉积通量观测技术 developing and evaluating techniques for measuring deposition fluxes 109-110

 设计和实施生态系统曝光监测网 designing and implementing ecosystem exposure monitoring networks 110-111

 为算法发展和评估开展面向过程的外场研究 carrying out process-oriented field studies for algorithm development and evaluation 111

影响云的微物理过程 Microphysical processes influencing clouds 118,133,134

 参数化 parameterizing 53

有毒物 Toxics 5,89,109-111

 发展和评估沉积通量观测技术 developing and evaluating techniques for measuring deposition fluxes 109-110

 发展和评估算法开展面向过程的野外研究 carrying out process-oriented field studies for algorithm development and evaluation 111

 设计和实施生态系统曝光监测网 designing and implementing ecosystem exposure monitoring networks 110-111

有云大气中的辐射传输 Cloudy atmospheres, radiative transfer in 50

宇宙射线 Cosmic rays 136

雨云7号实验环境研究卫星 NIMBUS-7 experimental environmental research satellite 144,170

预报(见气候预测；天气预报) Forecasting. See Climate forecasting; Weather forecasting

预报模式 Predictive models

 发展预报模式的需求 need to develop 5,90

 发展预报模式能力 developing capability 108-109

 改进数值预报模式 improving numerical 1

预测(见天气预报) Prediction. See Weather forecasting

远紫外(EUV)辐射 Extreme ultraviolet (EUV) radiation 131,174-175

云 Clouds

 层积云和卷云 stratocumulus and cirrus 58

 分辨云 resolving 53,68

 提高云在气候中作用的认识 improved understanding

夜光云 noctilucent 162,163
云的反馈 feedback from 195
云的作用 consequences of 27
云对辐射流的效应 effect on radiation streams 27
云模拟 modeling 62
云以及与其他大气现象的相互作用 and interactions with other atmospheric phenomena 5,58
云中电荷产生 charge generation in 63-64
云的次网格尺度影响，参数化 Subgrid-scale influences of clouds, parameterizing 53
云滴数浓度（CDNCs）Cloud droplet number concentrations (CDNCs) 52
云量和辐射特征 Coverage and radiative properties of clouds 51
云凝结核（CNN）Cloud condensation nuclei (CNN) 46
 云凝结核群 populations of 53,59
云天边界层结构 Cloudy boundary layers, structure of 54-55
云物理学 Cloud physics 4,45,67
 参数化云和微物理过程对云模式的次网格效应 parameterizing subgrid-scale influences of clouds and microphysical processes on cloud models 53
 大气中冰晶形成 ice formation in the atmosphere 52
 改进降水形成的认识 improving understanding of precipitation formation 52,62-63
 推荐的云物理学研究策略 recommended research strategies for 46,52-53
 预测影响辐射传输的水凝物和气溶胶的尺度分布 predicting size distributions of hydrometeors and aerosols affecting radiative transfer 52-53
 云量和辐射特征 coverage and radiative properties of clouds 52
云中电荷分离的机制 Charge separation in clouds, mechanisms of 54
云中电荷分离机制 Mechanisms of charge separation in clouds 54

Z

灾变性事件 Catastrophic events 115,200
 灾变性事件潜力 potential for 71
灾害统计 Disaster statistics 15
灾难 Fatalities 13-15,46
整体研究策略 Holistic research strategy, need to develop 90
政府间气候变化委员会（IPCC）Intergovernmental Panel on Climate Change (IPCC) 17,196
植物性毒素 Phytotoxics 99
智能系统 Intelligent systems 65
置信度 Confidence
 气候变化预测置信度 in climate change predictions 17
 预报置信度 in forecasts 1,9
中层大气 Middle-atmosphere 135,136
 放电特征和源 nature and sources of discharges 54,63-64
中层大气放电特征和源 Nature and sources of middle-atmosphere discharges 54
中尺度对流系统 Convective systems, mesoscale 114
中尺度对流系统（MCSs）Mesoscale convective systems (MCSs) 56,61,118
中尺度锋面气旋 Frontal cyclones, mesoscale 114
中高层大气 Middle-upper atmosphere
 监测敏感参数 monitoring sensitive parameters of 166
 监测输入 monitoring inputs to 166-167
 全球变化 global change in 132,137,162-169,168-169
中间层-平流层-对流层（MST）Mesosphere-stratosphere-troposphere(MST) 167
中频（MF）Medium frequency (MF) 167
中纬度气旋中的小尺度特征 Midlatitude cyclones, small-scale features in 56-57
重力波 Gravity waves 61
主动腔辐射仪辐照度记录器 Active Cavity Radiometer Irradiance Monitor (ACRIM) 170
主要温室气体 Primary greenhouse gases 99
专家系统 Expert systems 22,24
准地转理论 Quasi-geostrophic theory 57
准两年振荡 Oscillation effects, quasi-biennial 145
准两年振荡（QBO）Quasi-biennial oscillation (QBO) 145,165
资料 Data
 海洋上所需资料 needed from over oceans 6
 利用公共基金为公共目的获得的资料 acquired for public purposes with public funds 35
资料否定试验 Data denial experiments 114,125
资料同化技术 Data assimilation techniques 113,121-122
紫外（UV）辐射 Ultraviolet (UV) radiation 9,141-144
 变率 variability in 173
 健康效应 health effects of 10,30

强度增强 increasing intensity of　168-169
  太阳 solar　135
 紫外通量 UV flux　144
 自动地面观测系统（ASOS）Automated Surface Observation System(ASOS)　15

 自动天气交互处理系统（AWIPS）Automated Weather Interactive Processing System(AWIPS)　15
 综合评估 Integrated assessments, support　106
 最大可用频率（MUF）Maximum usable frequency (MUF)　155